趣说
量子世界
"上帝"的游戏

阿布大树·著

电子工业出版社
Publishing House of Electronics Industry
北京·BEIJING

图书在版编目（CIP）数据

趣说量子世界："上帝"的游戏 / 阿布大树著 .
北京 ：电子工业出版社，2025. 1. -- ISBN 978-7-121
-49127-6

Ⅰ . O413-49

中国国家版本馆 CIP 数据核字第 20241JN831 号

责任编辑：赵诗文

印　　刷：北京启航东方印刷有限公司
装　　订：北京启航东方印刷有限公司
出版发行：电子工业出版社
　　　　　北京市海淀区万寿路 173 信箱　邮编：100036
开　　本：720×1000　1/16　印张：28.5　字数：414 千字
版　　次：2025 年 1 月第 1 版
印　　次：2025 年 1 月第 1 次印刷
定　　价：98.00 元

凡所购买的电子工业出版社图书有缺损问题，请向购买书店调换。若书店售缺，请与本社发行部联系，联系及邮购电话：（010）88254888，88258888。

质量投诉请发邮件至 zlts@phei.com.cn，盗版侵权举报请发邮件至 dbqq@phei.com.cn。

本书咨询联系方式：（010）88254210，influence@phei.com.cn，微信号：yingxianglibook。

前言

欢迎您打开这本书！

敢于翻开一本量子物理科普书的人，一般分为两类。一类是充满好奇心的小白，他们并不知道自己翻开的书里面是什么内容，只是觉得封面不错，就翻开看看这本书到底描述了什么有趣的事情。另一类则是饱受打击的量子物理的爱好者，已经尝试读过各种科普读物，可能在读完各种充满公式和搞笑漫画的入门读物之后，还是"满脑子糨糊"，于是抱着不死心的态度，又翻开这一本，看看会不会找到一本真的可以拯救自己的宝典。

如果你是前者，那么我建议你先看完第1章，再决定是不是要放下它。因为你很可能从此发掘出一个新的宝藏，一个你从未了解过，但是令你倍感兴趣的科学领域。如果的确如此，那么恭喜你，你可以继续看下去，这本书非常适合新手入门。

如果你是后者，那么恭喜你获救了！因为这是一本和你以往看过的其他书完全不同的科普书。其最大的不同之处在于，以往你读的科普书大多由专家学者所写，他们虽然很专业，但写出的文字往往难以理解，令普通读者望而生畏——这也是你读不下去的原因。

然而，这本书却是由一位资深的游戏制作人撰写的，而且作者本人还是一个没有任何学术背景，甚至和物理学八竿子打不着的上班族——看到这里，你是不是马上想放下这本书，心想千万别被这个不靠谱的"民科"作者带到沟里？

且慢，先容我解释一下。

首先，本书内容是经过专家严格审阅的，每位审核专家都是"头顶光环"的大学者（这里要特别感谢腾讯首席量子科学家张胜誉和香港中文大学刘仁保两位教授对本书的审阅和支持），所以你不用担心会读到什么奇怪荒诞的民间理论，书中内容的专业性和准确度是有保证的。

其次，写科普书籍与写学术论文不同，科普书籍不需要写得过于高深和专业，而是应该写得浅显易懂、引人入胜。一本优秀的科普书，应该能够帮助每一位读者顺畅地进入并了解一个陌生的领域，将复杂的科学语言变成普通人能够直观理解的概念，而这正是我擅长的事情。

在我从事游戏研发长达十几年的职业生涯中，我积累了丰富的经验，特别擅长引导各种玩家快速熟悉全新的游戏，帮助他们从新手逐步成长为高手和行家。而写作科普书籍正好可以用到这些经验，因为一本优秀的科普书籍如同读者的"引路人"，它需要带领你轻松进入一个专业的领域，并帮助你学会理解和思考。

最后，一本优秀的科普书籍，并不需要罗列大量复杂难懂的数学公式和专业术语，而应该用通俗易懂的语言把问题讲明白，将晦涩难懂的科学理论转化成人人皆知的日常逻辑，让读者真正地理解，并学会科学家的思维方式，就像优秀的电竞教练并不需要展示赢得比赛胜利的技巧，而是要教会队员通过自身的技术逐步提升至"王者"段位。

这本书就将带给你这样的感受，我会尝试让你仅用日常玩游戏的思维（对！没错，就是游戏思维）去理解量子理论中的复杂概念，真正体会到透彻理解的乐趣，并不需要你有任何高深的物理知识作为背景。阅读本书既不需要你理解物理公式，也不需要你使用高等数学知识进行推导计算，但我依然可以令你真正地看懂并透彻理解量子物理。相信我，这会是一种相当奇妙的学习体验。

在本书中，我将开动神奇的"量子号"观光旅游列车，并会化身为一位科学导游，陪伴你从最简单的量子现象开始，一路前进并不断深入，见识各种神奇的量子现象，如波粒二象性、海森堡不确定性、量子隧穿、量子纠缠、宇称不守恒等；一览当今最先进的量子技术，如反事实通信、量子加密、量子计算等。在旅程的后半段，我们还将逐渐揭示现实世界的表象，探索这个世界的本质，你将从一个意想不到的角度重新认识世界万物和我们的宇宙，甚至重新认识自己。

这是一趟前所未有的科学旅程，相信你一定会收获满满、不虚此行！

你能理解量子物理吗?

难懂的量子——你感觉弄不懂是对的,其实大家都弄不懂。

你能理解量子物理吗? 我不是单指理论,而是指它的本质。

你也许会说"能"。

因为你可能是个大学生,学的正好是理工科专业,也许还是"双一流"大学的高才生,甚至你可能已经读完了研究生,学的正好是理论物理方向,你的量子场论考试还得到过高分,所以你能够很有信心地回答:"能!"

不过,且慢!

虽然我已经把你假设得如此专业(大多数人是达不到这种专业水平的),我仍然不相信你真的能够理解量子物理。因为很多比你更专业、更厉害的人,如物理学界的很多著名的物理学家,甚至诺贝尔物理学奖的得主们,他们对自己是否真的理解量子物理都无法确定。

1964年11月,美国物理学家理查德·菲利普斯·费曼(Richard Phillips

物理学家费曼

Feynman）在康奈尔大学开展了系列讲座"物理定律的本性"（The Character of Physical Law），其间非他常诚恳地讲了下面一段话：

> 我认为我可以有把握地说，没有人真正理解量子力学。因而，不必太认真地对待我的这一讲座，不必觉得你真的通过我所描述的某种模型弄懂了什么，你只要自由自在地欣赏它就好了。

费曼作为著名的费曼图发明者，以及提出了一大堆量子理论的顶级物理学家，为什么还会这样说？他有如此高的学术成就，怎么还会如此不自信呢？

其实不光费曼这样说，还有很多物理学家，甚至包括尼尔斯·玻尔（Niels Bohr）、保罗·狄拉克（Paul Dirac）这些量子力学的开山鼻祖们，也说过类似的话。

另一个距离我们更近的说法来自我国的著名量子物理学家潘建伟教授。他在西湖大学的一次论坛上接受采访时曾说："经过30多年（的研究工作），我才慢慢能够比较好地从正面的角度来看量子物理所带来的困惑。但我确实非常认可你（主持人）的观点，到现在为止，也肯定还是没有人理解量子物理。"

潘建伟教授在西湖大学论坛接受采访

潘建伟教授在很多的场合都提到过类似的观点，他经常坦言自己其实不知道量子为什么会存在各种奇异的现象，甚至表示自己最大的愿望就是能够明白"量子纠缠"背后的奥秘。

为什么这些物理学家越研究量子物理越感到无法理解呢？为什么他们研究得越深入却越感到困惑呢？

现在，你还敢很有把握地说你真的理解量子物理吗？

其实在物理学发展到量子物理阶段之前，都是易于理解的。例如，经典物理学的理论就非常符合人类的思维直觉。

牛顿经典力学的三大运动定律，我们理解起来没有任何问题，因为这些理论和我们的日常感受基本一致，就算偶有差异，多半也是由于需要设想现实中没有的理想条件而已，略微思考也能想通。

还有经典物理学的一些其他分支，如光学、开尔文的热力学、麦克斯韦的电磁理论，以及分析力学等，这些理论知识的学习难度，基本可以转化为数学技巧的运用难度，其原理本身都不难理解，很符合我们日常的思维直觉。

但是，等到学习量子物理时，各种奇怪的反常识的情况就出现了。

学习量子物理要掌握的第一个概念就是光的波粒二象性（Wave-Particle Duality）。光既表现波动性质又表现粒子性质，而光是波还是粒子，取决于我们怎样观测它，为什么会出现这种现象？在经典物理学中从未提及过一个客观物体的性质能被主观观测改变。光又怎么知道我是否在"看"它呢？

这已经很反常识了，幸好科学不屈从常识，科学家想不明白就不想了，姑且认为光就有这种特性吧，也许观测行为本身有什么特殊的物理含义呢！

第二个概念是所谓的叠加态[1]（Superposition State）。如果一个粒子的状态

---

1 叠加态指一个量子系统可以处在不同量子态的叠加状态上，经典物理学中没有这种概念。

有概率改变，你不观测，就不能确定它是否真的改变，那么它就会处于一种各种可能状态的"叠加态"。什么是叠加态？在现实中完全没有类似概念，是不是有一种"趁我看不见，你就可以使劲忽悠"的感觉？但是没有办法，我们姑且认为猫就是可以"又死又活"的吧！

第三个概念是约翰·惠勒（John Wheeler）的延迟选择实验（Delayed Choice Experiment），这个实验就更加离谱了。科学家摆弄来摆弄去，居然发现现实世界连因果规律都不遵守了。大家都知道，凡事有果必有因，两者也不可能倒置——我们不能说"因为吃饱了，所以要吃饭"。但是在量子世界里，一切的因果顺序都乱套了，为什么会这样不符合规律呢？没有人知道。幸好科学也不屈从规律，实验结果如此那就如此吧，科学家只相信事实。

第四个概念是光子的全同性[1]问题（Identical Principle）。两个光子，或者很多基本粒子，居然是不能用编号区分的，它们不分彼此，而且一旦混淆，用来区分它们的现象也就随之消失了。这又是极度违背常识和规律的现象，我们知道两件东西就算长得再相似，也是可以彼此区分的，为什么粒子就不可以？物理学家也不知道，还是只能相信实验结果。

第五个概念是更加诡异的粒子的自旋现象。粒子的自旋具有奇怪的特性，你每测量一次，它就有可能变化一次；明明刚用磁场测量并将自旋方向一致的粒子区分出来，再次测量时，它们还是一半向上一半向下混在一起的，这符合常识吗？当然不。物理学家只好用一句"自旋现象没有经典对应"来一语带过。

第六个概念是量子纠缠问题（Quantum Entanglement）。在那超越光速的超距作用（Action at a Distance）现象中，仿佛连空间都不是真实存在的，为

1　量子力学中把属于同一类的具有完全相同的内禀属性的粒子称为全同性粒子。

什么会这样？物理学家还是不知道，哪怕他们用数学公式来描述纠缠现象，甚至把这个规律实际运用在保密通信上，还是没有人能给出一个符合直觉和逻辑的简明解答。

当然，你可以说物理学界存在很多学派的诠释，例如，哥本哈根诠释（Copenhagen Interpretation）、多世界诠释（The Many-Worlds Interpretation，MWI）、GRW（Ghirardi-Rimini-Weber）诠释、交易诠释（Transactional Interpretation of Quantum Mechanics，TIQM）等，可是这些诠释似乎都无法令人信服。世界在不断分裂成平行世界？时光会回溯？全世界就一个电子？存在可以随时间倒流的粒子？事情的发展越来越像科幻小说的剧情。

物理学家只能承认，量子现象是无法用直觉来理解的。也就是说，无论你如何了解这些现象及其规律，你的内心都不能对其有真正透彻的理解。很多研究了一辈子量子物理的"大神"，都坦言自己的困惑依然存在。

甚至很多在量子领域从事研究的物理学家，竟然选择了直接"躺平"。这是因为有太多试图去化解直觉和事实之间矛盾的人都失败了，甚至像爱因斯坦这样的"大神"也是如此，最后不得不认输和放弃。

所以现在有很多学派为了回避无意义的争论，干脆宣称自己的学术态度为"闭嘴只管算"（Shut up and Calculate）。想不到吧，这些绝顶聪明的"大神"在量子物理的难题面前居然也束手无策。

那么我们还要尝试理解量子物理吗？就连顶级物理学家都无法做到的事情，我们普通人是不是就不要迎难而上了？

其实不然，正因为我们是普通人，反而可以不被"严谨性"的枷锁禁锢，我们既不用担心自己的设想是否符合什么数学模型，也不用考虑胡思乱想的结果会不会在未来被哪个实验推翻。作为业余爱好者，我们自然有爱好者的觉悟，能读懂一些皮毛就好，所以可以怎么有趣就怎么理解，怎么好玩就怎么诠释。

话虽如此，但在当今各种量子营销概念漫天飞舞的市场环境下，哪怕我们只是理解了一些皮毛，也足以在很多事情上辨明真假，可以不踩愚昧的坑，少上无知的当，还能看懂最前沿的新闻。最重要的是，如果可以掌握一点高深的量子物理知识，茶余饭后跟人聊天时也能多一个无比高端的话题，说不定还能收获一众粉丝。

其实，想让量子物理的知识听起来更好懂一点，并非做不到的事情。本书就将给大家提供一个更容易理解的量子物理的通俗解释，大家会发现，本书的通俗解释和课本上那些专业的高级理论相比，不仅理解起来更加容易，阅读起来也更加有趣。

本书不会出现任何需要理解的复杂公式，也不需要你有深厚的数理基础。阅读本书时，你只要具备中学水平的基础数学和物理知识，再加上一些玩游戏的经验，就完全能够理解那些以前看起来深奥晦涩的量子知识。

不相信吗？

这辆专门为量子物理的普通爱好者打造的"量子号"观光旅游列车正好即将发车，如果你有兴趣，那么现在就上车，跟我们一起出发吧！

本次列车将要前往神秘未知的微观世界，而我作为本次列车的导游，将带领和陪伴大家在量子世界的深处畅游，我们将一起穿越知识险地，拜访哲学圣境，一路重温伟大的量子科学探索史，同时领略量子世界的各种绝妙奇景。各位乘客，请调整好座椅，准备好脑洞，翻动书页，让我们鸣笛启程，开始享受这趟奇妙的旅程吧！

欢迎搭乘专为普通爱好者打造的"量子号"观光旅游列车

目录

01

不确定的猫
VS
没有刷出的怪

薛定谔的猫 —— 在你看见前，其实怪根本没有刷出来。

我们的量子之旅从哪里开始呢？第一站，先让我们去看看那只猫吧——那只著名的"薛定谔的猫"。薛定谔的猫（Schrödinger's Cat），是当年奥地利著名物理学家埃尔温·薛定谔（Erwin Schrödinger）为了说明量子的叠加态概念所提出的一个思想实验的例子。

"量子叠加态"是量子物理中的一个基础概念，指的是微观粒子在未被观测前，会出现多种可能的状态同时存在的状况。很多人不理解这个概念，薛定谔就想出了一个有趣的思想实验来解释这个概念。

该思想实验设想将一只猫关在一个密闭且不透明的容器里，容器里还放着一个由极少量金属镭和含有剧毒的氰化物组成的机关。

镭是一种放射性元素，镭原子会自发地随机发生放射性衰变，一旦镭原子发生衰变，就会立刻触发机关，释放氰化物，杀死容器里的猫。不过，镭原子的衰变概率具有不可预测的随机性，因此我们无法预测机关什么时候会被触发。如果镭发生了衰变，猫就会立即死亡；如果镭没有发生衰变，猫自然就会活着。

根据量子物理理论，如果我们不进行观察，我们只能知道在任何时刻具有放射性的镭原子都处在衰变和没有衰变这两种可能性的叠加状态中，所以，在机关的影响下，猫就理应处于"死猫"和"活猫"的不确定状态中，是一种"死"和"活"的叠加状态。

这个实验的核心思想是，单个镭原子发生自发衰变这件事是一个"量子事件"，而我们没有任何的方法来准确预测量子事件。也就是说，我们无法预测某个镭原子会在什么时候衰变，它可能一秒不到就衰变了，但也可能十年都不衰变。所以，我们也就无法判断与镭原子关联的机关什么时候会被触发，从而无法判断容器内的猫是否已经死亡。

对于量子事件，我们只能统计其在宏观数量上发生变化的概率，而无法精确预测个体的演变时间，哪怕掌握再多的信息也做不到，因此在没有观测时，我们无法判断镭原子是否发生衰变。

如果我们通过某种方式将这种不可预测的微观层面的事件放大到宏观层面，那么相应的宏观事件同样会变得无法预测，因此我们甚至无法判断一只猫的死活。

可能你会觉得无法判断猫的状态，不等于猫没有实际状态，就像骰盅里面的骰子一样，虽然我们看不到，但它肯定已经出现了某个确切的点数。

然而这个问题并没有这么简单，量子的不确定性不只是"不知道点数"，它是真正的"不确定"——在你没有观察它的时候，它连确定的状态都没有。类比到骰子，就代表它一直处在旋转状态中，根本没有停下来。

这就超出了我们的认知，"没有确定的状态"是什么状态？"没有确定的状态"反映在宏观物体上又会有什么现象？

你看，微观的量子世界的概念一旦延伸到宏观的现实世界，就会立刻变得匪夷所思起来。

这时，物理课本就会告诉你，"量子的不确定状态会导致猫处于一种死活叠加态"，甚至列出一个活猫和死猫叠加的公式给你看。

薛定谔的思想实验：叠加态的猫

可是，究竟什么是猫的死活叠加态呢？我们很难通过公式去理解这种状态。

你心里肯定还是会一直盘旋着一个问题：此时的猫到底是死还是活呢？

按照以往的经验，我们肯定认为这就是一个骰盅，虽然没打开，但是骰子一定会停下。那么，猫也一定是有一个确定状态的，怎么能说它又死又活呢？在我们的日常生活中哪有这种事情呢？

其实，在日常生活中还真有这种事情。

如果你玩过电脑游戏，你就可能碰到过类似的现象。

举个例子，假如你正在玩一款名称为"量子世界"的角色扮演游戏（RPG），你的角色正打算去游戏中的恶龙谷猎杀一条巨龙。而恶龙谷巨龙存在的概率为50%，在你的角色进入恶龙谷之前，请问这条巨龙存在吗？

你肯定要说，那得看随机刷怪的程序运行的结果，如果运行结果是有，巨龙就存在。

可是，开发游戏的工程师们设计的游戏逻辑是：只有当你的角色进入恶龙谷时，游戏才会运行随机刷怪的脚本进行概率计算，再根据计算的结果决定是否生成这条巨龙。

那么，请问在你的角色进入恶龙谷之前，有巨龙吗？

可能有，也可能没有。

可以说，在刷怪脚本运行前，巨龙还处于一种有和无的叠加态，在你的角色进入恶龙谷的那一瞬间，随着脚本的运行，叠加态才会坍缩出一个具体的结果。

你看，这不就是"又死又活"的状态吗？

所以说，如果我们所处的世界跟我们玩的电脑游戏一样，也是虚拟的，那么量子现象就变得很好解释了！

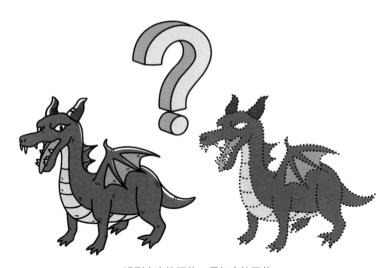

没刷出来的巨龙 = 叠加态的巨龙

不信吗？再来看一个例子。

我们高中时期就学过光具有波粒二象性，那么光到底是波还是粒子呢？

量子物理告诉我们，这取决于你观测它的方式。

如果你用观测粒子的手段去观测光，那么它就会表现得像粒子一样；如果你不去观测它，那么它就会表现得像一种波一样。这在量子力学里被称为"互补原理"，简单地说，就是观测微观粒子时，它们的粒子性和波动性互为补充，但是绝不会同时表现出来。

用来展示光的这种神奇特性的最为著名的实验，就是流传甚广且"细思极恐"的杨氏双缝干涉实验[1]。

实验方法很简单，让一束光通过硬木板上的两条平行的缝隙，我们就可以在木板后面的幕布上看到明暗相间的条纹。

这个实验证明了光具有波动性，因为光波在通过两条平行的缝隙后发生了自我干涉：波峰与波峰相遇时，幕布上的条纹亮度就会增强；波峰与波谷相遇时，条纹亮度就会减弱；于是出现了明暗相间的干涉条纹。

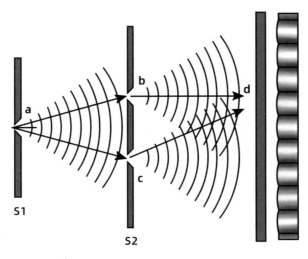

光波自我干涉示意图

1　由英国医生、物理学家托马斯·杨（Thomas Young，1773—1829年）在1801年完成的著名实验，通过双缝干涉现象展现了光的波动性特征，该实验被认为是物理学上最重要的实验之一。

这个实验早在19世纪初就被科学家们完成了，之后的100多年里，大家也没有觉得这个实验除证明光具有波动性外还有什么特殊之处。进入20世纪后，这个实验却开始被物理学家高度重视起来。

为什么会这样呢？

因为在爱因斯坦提出光的波粒二象性后，科学家们意识到必须用两种看似互相矛盾的理论来解释同一种物理对象，因为这两种理论都无法单独解释光的所有特性。

所以他们就很希望搞清楚，到底什么情况下光应当被看作粒子，什么情况下应当被看作波。

科学家们从最基本的实验现象开始研究，他们忍不住思考：如果在"双缝干涉"实验中，只向双缝发射单光子，会出现什么现象呢？

这样一来，人们似乎就不得不产生疑问，既然光在最微观的层面是一个个粒子，那么当单光子通过缝隙的时候，还会不会出现干涉条纹呢？

实验表明，当单光子一个个通过缝隙的时候，幕布上依然会逐渐呈现干涉条纹。只不过，光并不是靠单光子就能够呈现条纹的，单光子其实在幕布上还是只会呈现为一个点。但是，随着光子数量不断地增加，这些光子形成的点叠加成的整体图案慢慢形成了条纹。

于是科学家们更好奇了：为什么这些顺序通过的光子好像事先约好了一样会叠加成图案？光子呈现出的这种整体协调性似乎表明，并不是每个光子都化身为波并和自己发生了干涉，而是另外有某种看不见的波在发生干涉，然后引导着光子形成了条纹。

为了弄清楚到底是谁和谁发生了干涉，科学家们决定先弄清楚一件事，那就是如果我们只发射单光子，这个光子到底通过了两条缝隙之中的哪一条呢？弄清楚这件事很重要，因为如果单光子只通过了其中一条缝隙，显然就不是光子与自己在发生干涉，但是如果单光子不能同时经过两条缝隙，那么干涉条纹又不可能出现，所以在这种矛盾的情形下光子究竟会如何表现呢？

科学家们打算在缝隙上安装探测器，用来监测光子究竟是走了左边的缝隙还是走了右边的缝隙。

为了便于监测，科学家们决定采用电子替代光子，因为电子更容易被监测到，而且电子同样具有和光子一样的波粒二象性。

"单电子的双缝干涉"实验，科学家们先后做了很多次，从20世纪50年代就开始不断反复地验证，而且一次比一次做得完美。

现在大家公认比较有代表性的实验是1989年由日本物理学家外村彰（A.Tonomura）等完成的。我们就以这次实验为例，来看看科学家们观察到了什么现象。

外村彰等人在以往实验的基础上，更加完美地规划了实验方案。他们采用了先进的高性能电子枪来发射电子，并将电子束的能量调到极低的水平，以确保每次不会有多于两个电子同时通过缝隙，随着电子逐一落在屏幕上，他们就拍下了下面的图像。

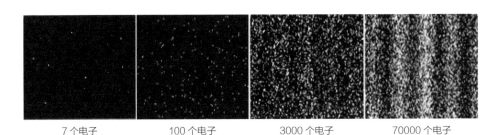

| 7 个电子 | 100 个电子 | 3000 个电子 | 70000 个电子 |

电子在屏幕上的成像

很明显可以看出，就算是只有一个电子通过狭缝，它也会和自己发生干涉，并且以服从波动干涉规律的方式落在屏幕上，最终整体呈现出清晰的干涉条纹。

接着，外村彰打开了缝隙上的探测器，为了避免探测器发出粒子干扰到电子的轨迹，他们还采用了被动感应式的探测器。

探测器启动后，令人震惊的事情发生了！

探测器监测到了电子的轨迹，但是随着电子路径的确定，屏幕上的干涉条纹随之消失，并出现了两条普通的亮斑。而当科学家们关闭探测器以后，干涉条纹又出现了。这就是所谓毁人"三观"的杨氏双缝干涉实验，这个实验可以说是学习量子物理学的入门实验，它不仅揭示了光子、电子等基本粒子的确具有波动性和粒子性两种属性，还证明了这些粒子能够表现出的属性完全取决于研究者的观测方式。

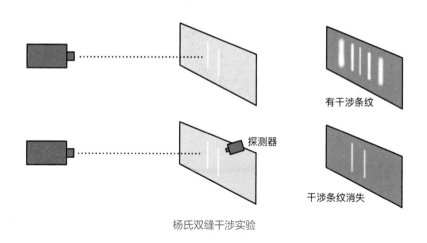

有干涉条纹

探测器

干涉条纹消失

杨氏双缝干涉实验

这又是一个类似薛定谔的猫一样的现象：某个事物的性质似乎不是客观存在的，而是受观测者主观行为影响的。

那么，可以用虚拟游戏的逻辑来理解这件事吗？

当然可以。

可以想象一下，假设我们在虚拟游戏中用一个类似波函数的脚本来描述一个光子的传播。当光子在毫无阻挡的情况下传播时，我们可以根据光的直线传播性质和波幅的变化来确定光子落在屏幕上的位置。

这时，路径上出现两条缝隙，光子传播路径被一分为二，虽然光子只有一个，但是脚本并不是实体，所以波函数脚本不会选择某条路径，而是将两条路径分别计算，最终由函数脚本计算出光子落点处。光子会遵循两个参数略有不同的波函数输出结果，这两个波函数的输出结果互相叠加，相当于两个波函数相加，这样自然形成了一个新的周期函数，而这个函数的图样就是我们所看到的干涉条纹。

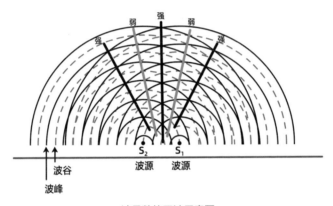

波函数的干涉示意图

当然，我们不会直接看到这个周期函数的图形，它只是一个概率分布而已。但是，随着每个光子都遵循这样的概率分布规律不断落在屏幕上，当数量足够多时，光子叠加形成的图案自然就呈现出这个周期函数的明暗分布条纹——这其实很容易理解，就像你不断对着靶子射击，最后弹孔在靶子上的分布，一定与你射击水平的函数分布图形一样——而这个周期函数的条纹就是我们观察到的干涉条纹。

假如我们在一条缝隙上安装探测器，因为探测器需要波函数输出光子的具体位置，所以波函数不得不在到达屏幕前提前进行计算，然后把计算的结果（有或无）告知探测器，直到计算完成，光子才会按照波函数的输出结果重新出发，直到到达屏幕。

这次与上一次的情况有什么不同？它们的不同之处在于，这次后半程每回合只有一条路径上有波函数。

波函数被观测后重新出发，
就只能选择其中一条缝隙

被观测的波函数单侧继续传播

在缝隙处，波函数因为需要经过探测器，所以必须提前进行计算，让缝隙处的探测器得到粒子位置的确切结果，这个计算行为直接影响了后续光子的传播。

在缝隙处设置的两个探测器必然只有一个探测器能报告光子是否通过。也就是说，波函数只能在一个探测器的位置输出结果，要么出现在左边，要么出现在右边，总之不会同时出现在两边。由于两条缝隙的后续路径里也就只有一条路径存在波函数，也就是说，光子到达屏幕位置时，只有一个波函数需要被计算。因此，屏幕上没有两个函数的叠加现象，自干涉被破坏，干涉条纹也就消失了。

神奇吧！这个解释有效说明了为什么本该出现的条纹会因为光子途中被观测而消失，只要撤掉缝隙上的观测仪器，且函数只在屏幕上统一输出结果，干涉条纹就会再次出现。

如果我们尝试在虚拟游戏里用代码来模拟一束光波，按照这个计算逻辑，就会出现和现实中的物理实验完全相同的情况。

之前，很多物理学家对单粒子的干涉实验一直感到困惑的原因是，这种实验表明，单粒子的自干涉行为似乎只是自身不同"可能性"的互相影响，并不是某种实体交互造成的，这令人费解。

不过，如果我们把粒子想象成某种代码，就很容易理解了。因为代码确实代表了某种结果的"可能性"，所以代码的运算过程就是不同"可能性"之间的计算，当所有可能性互相影响完毕后，才会最终输出一个确定的结果。

如果我们把虚拟游戏和真实世界一一对应起来，不观测时，光子就是一种波函数代码，按函数方式计算；而观测时，光子就是函数代码输出的具体数值，包括具体的位置、频率、相位等。所谓观测，就是对波函数代码的一种求值运算。

我们在观测点如何计算波函数的结果呢？其实很简单，将光子从出发点到观测点的所有路径上的波函数叠加起来即可。这种算法非常方便快捷，事实上，物理学家早就发现可以用这种方式来计算波函数的传播结果。例如，著名的费曼教授发明了一种"路径积分"的方法，来计算波函数是如何传播的，从而建立了量子场论的基础。

我们都知道，在虚拟世界里，一切虚拟物体也是以两种形态存在的：一种是存在于代码里的函数态，或者说代码态；另一种是经过执行得到的具体数值态，或者说结果态。

从代码态到结果态的转换，就是代码被执行的过程，或者说被观测并计算输出结果的过程。这两种形态，也正对应着现实世界的所谓波和粒子。

在现实世界里，从波到粒子的转换，就是波函数被观测坍缩并输出结果的过程，与虚拟世界的代码被执行输出结果的过程完全一致，而这个过程正是执行了路径积分的过程，代表波函数的代码完成了所有传播路径的积分叠加，得到最终具体的观测结果。

这个过程类似于我们在虚拟世界发射一束光，随后搜索所有的传播路径来计算最终叠加形成的波函数，如果某条路径因被观测而提前运算，必然也对终点的波函数叠加结果产生影响。

因此，我们的任何观测行为都会影响波函数的输出结果，而输出结果又会重新回馈到下一阶段的计算里，结果就导致我们的任何观测行为都会改变后续所有的输出结果。这种观测居然能够改变现实走向的现象听起来似乎就很"虚拟"，但是这正是量子力学里的投影公设[1]所阐述的规律。

怎么样，是否感觉波粒二象性也不是那么难以理解？杨氏双缝实验也没有那么匪夷所思？

在量子理论中，不仅是光子，所有基本粒子都具有波粒二象性。这意味着，任何粒子在未被观测的状态下，都可以被看作为没有实体的波函数。

一个虚拟世界里的所有元素也必然如此。当你的角色在游戏里跑动时，远方的场景会逐渐地被渲染出来；但在你看不到的地方，这些场景实际并不存在，它们只是在代码数据库里，等待被调出。所谓的现实世界，其实只有你自己看到的那么大。

1　投影公设：全称为冯·诺依曼投影公设（von Neumann's projection postulate），这个公设描述了量子态在进行测量时的坍塌过程，即量子叠加态会在测量的瞬间坍塌到测量算符的某一本征态，这是量子力学的一个基本特征。

其实不光是波粒二象性问题，其他很多量子现象以虚拟世界的视角思考，都可以得到非常完美的解释。

例如，粒子的全同性，在真实世界很难理解，但在虚拟世界里就很好解释。

我们经常玩的游戏就是一种最常见的虚拟世界，由于在游戏里面打怪掉落的钱币数量太多，为了方便携带，玩家拾取后钱币就会落到一个背包格子里，这时新拾取的钱币和格子里面原来的钱币就无法区分，因为这种大数量的道具系统是不做区分的，血瓶、材料等也是同样的情况。

是不是可以理解为全世界就一份金币？

确实是，游戏的系统只是用一份金币的代码在虚拟世界中到处生成道具金币而已，同一个代码生成的无编号道具当然是全同的，你拿那些全同量子的实验来类比，全部完美解释。

如果我们把粒子理解为用代码函数模拟出来的对象，那么粒子的那些奇怪的内禀属性就不再神奇了。

例如，电子的自旋属性，要不是我们非要把电子想象成一个小球的话，哪里有什么东西在自旋？只不过是粒子函数在电磁场中表现的一些运动特性罢了。也不用思考为什么转两圈只能算一周，我们只要知道每次进入磁场，带电荷属性的粒子函数就要被输出一次，函数代码需要根据自身的所谓自旋值随机输出一个运动方向。所以用磁场来触发的粒子函数每输出一次，总会有一半向上，一半向下。再次触发还是调用同样的函数，当然是同样的结果，不会受上次调用的影响，波函数永远没有确定的输出值，所以你也永远无法将不同方向的粒子分清楚。

当然，采用类似方式能诠释的量子现象还有很多，我在后面会一一给大家详细地分析和解读。

总之，在大家之前看过的有关量子物理的科普文章里面，其实最令人费解的就是各种各样反常识、反直觉的奇怪逻辑。还有叠加态、纠缠态、希尔伯特空间、狄拉克符号等奇怪的名词，正是这些反直觉的逻辑又叠加了拗口且晦涩的专业名词才妨碍了我们理解量子知识。

其实学习量子物理基础知识根本不用这么麻烦，不一定非要掌握高等数学、能看懂复杂的公式推导，也不一定非要有本科水平以上的物理知识储备，只要你玩过游戏就有足够基础了。如果再懂得一点编程技术，那么理解起来会更容易。

在本书中，我将尝试用类似上述例子里普通人能理解的虚拟视角，或者说是游戏视角，来降维解读那些复杂的量子现象，让大家像玩游戏一样感受神秘的量子现象背后的逻辑和知识，用我们丰富的游戏经验去碾压那些高深的量子物理理论。

我承诺过本书将尽可能不使用艰深的数学公式和专业术语，所以我会用大家容易理解的语言来介绍量子世界的各种奇妙风景，让你一趟下来就轻松成为超越95%以上读者的量子物理"专家"。

好了，刚刚"量子号"观光旅游列车已经经过了本次旅程的第一站，我们刚刚尝试了如何用虚拟视角或游戏的观点来理解量子的叠加态及光的波粒二象性问题，还顺便从虚拟世界视角学习了如何解读量子物理的入门级实验——杨氏双缝干涉实验。

怎么样，作为普通爱好者也能谈论物理专家们的专属话题，这种感觉非常美好吧！

让我们保持这种感觉，因为我们要继续出发了，接下来我们将从更有趣的量子现象展开，请各位继续撑大脑洞，我们的"量子号"观光旅游列车就要继续深入量子世界了。

02

游戏设计师
能拯救因果律

延迟选择——"鸡贼"的程序员假装他的光回溯了过去。

随着"量子号"专列继续前进，我们将要见识一个更为复杂的量子实验。

让我们直接开门见山——这次要介绍的实验称为延迟选择实验，它是以双缝实验为基础演变而来的更为复杂，同时也更为有趣和知名的一个量子实验。这个实验的名气之大，几乎已经到了要"出圈"的地步。因为它是号称量子物理学中最难以让人理解，甚至具备摧毁正常人三观能力的超级恐怖实验，它的恐怖之处在于实验所揭示的现实逻辑相当具有颠覆性。那么究竟这是一个怎样的实验呢？让我来详细介绍一下。

这个实验的全称是"惠勒延迟选择实验"（Wheeler's delayed-choice experiment）。

惠勒延迟选择实验的构想其实已经诞生40多年了。这个实验构想最早是在1979年纪念爱因斯坦诞辰100周年时，科学界在普林斯顿大学召开的一场讨论会上被提出的。

爱因斯坦的同事约翰·惠勒通过一个戏剧化的思维实验提出，如果我们改进电子的双缝干涉实验，将检测电子的时机改为在电子通过双缝之后，也就是说，我们在发射单电子后就计算时间，等电子穿过了木板上的缝隙之后，再打开后面路径上的探测器，那么我们会观测到什么呢？电子究竟是以波的形式同时通过了双缝，还是以粒子的形式通过了某条单缝呢？

这个思维实验初听起来似乎没有什么特别的地方，如果你认真读过上一章的内容，理解了粒子的波粒二象性，应该会理所应当地认为：电子穿过缝隙之后再启动探测器，电子肯定已经一分为二，以波的形式同时穿过两道缝隙之后，后面的探测器必然会在两边路径上都探测到电子。

可是，结果并不是这样的！

试想，惠勒延迟选择实验既然能赢得"世界观颠覆者""人生观毁灭者""因果律杀手""理科生躁郁症的重大致病首因"等各种响亮称号，自然不会是浪得虚名的。那么实验的结果究竟是怎样的呢？

我们不着急揭晓答案，先详细看看这个实验具体应当怎么做。

惠勒实验是以双缝干涉实验为原型改进的，为了达成更好的效果，一般都改用光子+半透镜干涉的方式。为方便不太了解该实验的读者理解，我拿出一点篇幅来描述实验的具体设置和过程。

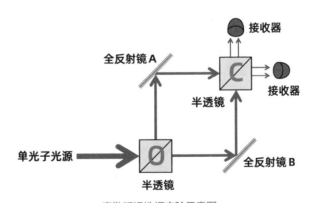

惠勒延迟选择实验示意图

如惠勒延迟选择实验示意图所示，该实验的装置设置非常简单，一共用到7件主要的实验仪器，分别是单光子光源、半透镜O、全反射镜A和B、半透镜C和两个接收器（探测器）。

半透镜的样子

实验中用到的半透镜是一种半镀银的透镜，光子通过和被反射的概率均为50%。这种半透镜在光学上其实起到类似双缝的作用，当光子到达镜面后：如果是粒子形态，就会随机透过镜面或被反射，如果是波形态，就会发生反射并同时透过镜面。

我们先看示意图，假如我们先不在C处放置任何透镜或接收器，这时从光源处发射单光子，光子会怎样传播呢？不太熟悉量子物理的读者可能会说，光子应该按50%的概率走上边，沿着OAC路径传播；按50%的概率走下边，沿着OBC路径传播。这样说也没错，如果现在光呈现出粒子特性，的确会如此。

但是，我们知道光具备波粒二象性，它还可能像波一样传播。如果光呈现出波动性，那么它会沿着上下两条路径同时到达C点。这时候，如果在C点放置一个屏幕，同时沿着两条路径到达的光波还会与自身发生干涉现象，在屏幕上呈现出干涉图案。

那么，光到底是呈现粒子特性还是呈现波动特性呢？

答案是，取决于实验者所采取的观测手段。

如果实验者在OAC或者OBC路径上放置探测器，检查光子具体沿哪条路径传播，那么光子会马上呈现出粒子特性，随机走其中一条路径，在C点屏幕上的干涉图案自然就消失了。而如果我们不去检测光子走哪条路径，故意忽视光子的路径信息，光子就会呈现波动特性，干涉图案又出现了。

说到这里，大家应该会心一笑，说我们早就知道量子的这个"德性"了，上一章不是讲过吗？不检测就相当于虚拟世界里的粒子代码不执行，所以波函数的后续计算就要包含两条可能路径，在C点观测时不同路径上的波互相叠加干涉图案自然就出现了；如果在路径上添加了检测点，自然就是代码提前被执行并输出了位置，那么C点的波函数就只会计算一条路径，自然产生不了干涉图案。

如果你能充分理解上面这段话，说明上一站你学得很认真，你的理解也很正确。不过，这并不是这个实验真正有趣的地方；真正有趣的地方在于我们决定按照约翰·惠勒的想法进行尝试，将实验再推进一步。我们让光子先出发，然后根据光速计算时间，等到光子经过全反射镜A或B之后，再决定如何观测。

具体的做法是，在C点再准备一个半镀银的透镜和两个探测器，先等待光子发射，精确地计算光子的飞行时间，等到光子经过A点或B点之后，再决定是否插入半透镜C。应当可能出现两种情况。

第一种情况：不插入半透镜C，那么检测器可以确认光子走哪条路径，光子将呈现出粒子特性，上下两个探测器检测到光子的概率均为50%。

第二种情况：插入半透镜C，那么不同路径的光子将再次经过半透镜的概率反射，这次概率反射将导致光子的路径信息被彻底混淆，我们无法判断光子具体的路径信息，光子就呈现出波动特性，并在C点发生自我干涉，经过调整可使一边的探测器始终能检测到光子。

这样，我们就可以通过不同的探测器输出模式来判断光子究竟展现的是何种特性，以及插入半透镜C有没有影响光子之前的行为。

如果我们按照光速计算好时间，等光子通过半透镜O点之后再决定是否插入半透镜C，就能验证约翰·惠勒的想法。

大家肯定认为，如果按时间计算，光子都经过半透镜O点了，甚至都经过全反射镜A和B了，那么要么是已经以波的形式同时走了两条路径，要么是以粒子的形式只走了一条路径，总之这些已经发生过的事情总应该是确定的吧？鉴于光子在到达C点以前肯定没有被观测过，理论上应该是以波的形式同时走了两条路径，等你决定是否在C点插入半透镜后任何行动应该都无法改变已经发生过的事情；也就是说，无论实验者再怎样去操作C点的半透镜，应该都不会改变光子已经同时以波的形式经过了两条路径这个发生过的事实。所以，我们应该只能在一边的探测器上探测到光子才对。

但是，令人大吃一惊的现象发生了！在实验中我们居然发现，光子经过A点或B点之后再插入半透镜C，这个行为依然会影响最后的观测结果。

也就是说，在光子飞到C点前的任何时刻，只要我们插入半透镜C，干涉现象就会出现；只要不插入半透镜C，干涉现象就不会出现——不管光子是否已经越过了O点。

这种现象说明了什么？

说明先前发生的光子行为居然非常诡异地被后面发生的观测行为所影响，实验者在C点插入半透镜的行为虽然是在光子经过A、B点的时间点之后，却反过来决定了光子之前在整个传播过程中的特性。

天哪，原来这才是令人震惊的地方！

这个实验不仅证明了观测会影响粒子的特性，更夸张的是颠覆了事件的因果关系。

我们在光子经过透镜之后实施的行为，怎么可能反过来去改变光子之前已经发生的传播行为呢？这就像是两者之间的因果关系被倒置了一般，真实世界为什么会发生这种怪异的事情？

我们再来梳理一下，从实验逻辑上来看，实验中事件发生的顺序似乎是这样的：

单光子发射 → 经过半透镜O → 经过全反射镜A或B → 半透镜C被插入

→ 回溯修改传播路径 → 经过半透镜 C → 到达探测器

这已经完全不能理解了吧？科学家们还在此基础上继续推进了一步——他们决定将实验中 OA 和 OB 的距离继续加大到星际空间的尺度，采用引力透镜[1]来代替实验中的普通透镜。

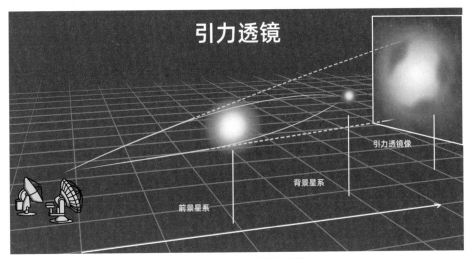

用星系的重力场形成引力透镜

大家猜猜结果会怎样？

不出意外，实验结果与距离大小无关，光子依然我行我素。

不过在这个实验里，将尺度放大到这么夸张的地步后，给人的感觉就非常毛骨悚然了。

假设 OA 和 OB 的距离有 100 万光年，那么会发生什么情况呢？我们可以在光子发射并飞行了 100 万年之后，再决定是否插入半透镜 C，而一旦观测手段改变，光子就得去修改之前 100 万年的传播路径。

1　引力透镜效应是爱因斯坦的广义相对论所预言的一种现象。由于时空在大质量天体附近会发生畸变，使得光线经过大质量天体附近时发生弯曲。如果在观测者到光源的直线上有一个大质量的天体，则观测者会看到由于光线弯曲而形成的一个或多个像，这种现象称之为引力透镜现象。

那么，这漫长的100万年的岁月里，这颗光子究竟在哪里呢？是同时在OA和OB二处？还是二处都不在呢？它又如何改变百万年前发生的事情呢？

100万年啊，人类的历史都没有这么长。而且，如果只是做思想实验，理论上我们可以通过观测行为去影响无论多久以前的事情，那么整个宇宙的历史还是真实存在的吗？我们到底生活在一个怎样的世界里？

这个实验里蕴含的逻辑是不是令人"细思极恐"？是不是无愧其各种盛名？

但是，大家不要恐慌，幸好我们还有普通人的虚拟视角。

我们先放下这个问题，来看看虚拟世界版本的延迟选择实验是如何诠释的。

假设我们要继续开发"量子世界"游戏，游戏里面要设定一个新的场景，于是我们首先定义一下这个场景的开发需求：

场景里有一位会发射隐形火球的法师，他发射的隐形火球既能像粒子一样飞行，也能像波一样传播，至于究竟什么时候火球会怎样移动，先放一边不去设想。

接着我们还需要一些道具，包括两块以一半概率反射火球法术的魔晶O和C，还有两面魔法反射镜A和B以及两个被当作靶子的挨打小精灵。

按实验示意图摆好位置后，一个魔法版的延迟选择实验场景就布置出来了。

魔法版的延迟选择实验场景

接着，我们找来一位"程序员"，让他来编写这个实验过程的整个程序。

程序员愁眉苦脸地琢磨起来，他首先思考要如何描绘法师发出的火球，考虑到计算资源的紧张，他发现不能去计算火球每时每刻的位置和状态，这样做既消耗资源又没有意义，只要在关键时刻计算火球的命中结果就可以了。

那应该在哪个时间点进行计算呢？程序员分析了火球飞行的全过程，发现有几个时间点可以选择。

第一个时间点是火球刚刚发射时，这时候发射路径的方向已经确定，因此全路径情况系统基本已经得知，但缺点是在火球飞行的过程中路径上的情况会随时变化，所以系统需要关注路径上的任何变化，这样计算量比跟踪火球所需的计算还大，所以此时计算明显过早。

第二个时间点是路程中发生交互事件时，如遇到魔晶，或者是突然现身的小精灵等，但是这类事件太多了，例如火球碰到了空气中的灰尘算不算呢？如果交互事件过多，连续进行跟踪计算岂不是和实时计算也没多大区别？

程序员思来想去，感觉在火球命中小精灵之前的最后一刻计算最好，因为这样计算不会漏掉任何路径。所以程序员选择了第三个时间点，也就是命中小精灵前的最后一刻（或者说命中的同时）进行火球飞行的全路径计算。

程序员决定这样来安排整个实验的事件过程：

（1）先计算出火球的飞行路径，遍历所有命中目标（观测点）的可能路径，随后播放火球发射动画。

（2）系统每隔一个循环时间就判断所有路径上火球应该到达的位置上有无命中（观测）事件发生，如果没有，系统就继续idle（待机），进入空闲等待状态。

（3）一旦系统检测到命中（观测）事件，就立刻根据命中（观测）位置回溯检查火球飞行路径上的所有交互事件，并进行概率计算。因为系统并没有记录火球飞行路径上发生的任何变化，所以系统只能用当前的路径情况进行计算。系统会回溯观测点到发射点的所有火球可能同时抵达的路径，并以波函数的形式把路径上的一切交互事件，哪怕是再小的概率事件全部都汇总在一起进行最终的概率叠加计算，以得到最后的总概率函数。

（4）系统根据计算出的最终总概率波函数进行坍缩，进而输出观测结果。

（5）最后系统重置火球的函数，并准备下一段的传播计算（如果有的话）。

程序员进行了测试，这个最终点结算的算法非常节省系统资源，而且结果误差也很小，完美满足了客户需求。

唯一的问题就是，在最后计算时，因为系统已经没有火球飞行路径上的变化信息，所以只能忽略火球在飞行过程中发生的变化，而以最后观测时刻的路径情况来进行概率计算。

现在大家明白了吧？程序员的这个省事算法中不完美的地方，其实就是造成实验中诡异现象的直接原因。

因为程序员的算法并没有关注火球飞行过程中发生的任何实时事件，而是默认到观测点时当下的路径情况就是火球飞行过程中所经历的实际情况，这样的结果在玩家看来当然会出现因果倒置的错觉。

因为这会导致玩家趁火球飞行时在路径上所做的各种事情都变得毫无意义。玩家会发现，无论自己如何掐着时间操作那些魔晶或反射镜，最后火球的命中结果只与命中时路径上最后的状态相吻合，这样看上去似乎是火球改变了自己过去的行为，但是其实不然。

玩家插入魔晶C时，以为火球越过了A、B魔法反射镜，正在前往魔晶C的飞行路径上；但我们现在知道，这个所谓飞行中的火球只不过是玩家的想象，实际上并不存在，而在这个过程中系统后台其实什么都没干，只是在等待而已，玩家插入/取出魔晶的那些行为其实都只不过是白忙活。就像魔术揭秘一样，只要玩家把那个飞行中的火球的幻觉一拿走，这一切马上就变得一点都不神奇。

在虚拟世界里，这其实很正常。

对于虚拟世界的物体来说，有玩家看（观测）才有输出，未和外部发生交互时，系统待机就好，用不着时时刻刻地去移动火球位置，也不用时时刻刻更新火球的函数状态。所以在每个火球被观察之前，火球没有任何行为发生，它只是待在代码库里，静静地等待观测事件的发生。

这种看起来很"鸡贼"的做法，其实很好地反映了称职程序员的技术修养。优秀的程序员肯定只会关注用户需要的输出结果，而不设计无须表现的逻辑。所以在没有观测事件时，系统当然没有必要将一个物体在三维坐标系里移来移去地浪费资源，一切看不见的运动过程在程序员眼里都毫无意义。

比如，开发FPS射击游戏的程序员会在玩家开枪时给他设计一个并火的动画，并根据距离计算子弹飞行的时间，等飞行时间结束，再根据实际情况计算命中概率和位置，如果命中，再播放一个击中动画就好了。

FPS游戏里其实并没有飞行的子弹

子弹的飞行过程？不存在的。

所以，或许在我们的现实世界中并没有什么光子或者其他粒子在飞行。每个光子被发射后就不存在实体，只是宇宙母机的系统在后台默默计时并等待观测事件发生。

来自遥远星空的光子也不用千辛万苦耗费百万年的飞行时间来到我们眼前，或者来到天文台望远镜的底片上，这些观测事件在我们抬头仰望星空的一瞬间，就已经被合理地处理。

所以，在晴空的深夜，我们仰望星空的每一眼，可能意味着维持宇宙运行的后台系统都要立刻将每个可能到达我们视网膜中的光子的传播路径上的一切当前事件代入它们的波函数进行实时计算，系统需要瞬间计算完当前几十甚至上百万光年路径上的各种交互事件对每个光子波函数的影响，包括星云、引力透镜等引起的光线反射、折射、衍射、干涉、多普勒效应等，并立刻将计算结果输出到你的视网膜细胞上，以便让视网膜上的视神经细胞进一步向大脑或意识输出信号，从而让你欣赏到美妙而又合理的星空。

所以，大家没事的时候多看看星空，你看到的每一点星光都展示了我们这个虚拟宇宙的庞大无比的惊人算力。

不过，这也已经是非常优化的算法。

我们的宇宙是如此的宏大，组成它的粒子数量自然也是浩如烟海的，无数的粒子又无时无刻不在做繁复无比的运动。如果系统要关注每个粒子在每个时刻的具体信息，再强大的计算系统也难以支撑。

所以，我们的宇宙不会关心这些粒子平时的任何行为，或者说宇宙并不关心物质的任何中间状态，宇宙只关心一件事情：那就是观测行为。

只有有意识的观测行为才需要宇宙向观测者输出具体结果，而只有在这一刻，宇宙才会动用它的庞大算力来计算应该输出些什么。

到了这里，可以说我们已经从虚拟世界的视角破解了那个细思极恐的延迟选择实验。

我们现在已经知道在延迟选择实验里，光子发射后不管科学家们怎么把路径上的透镜倒来插去，系统最终只会以观测前最后时刻的路径情况来呈现结果，所以哪怕科学家们刚刚在前一个普朗克时间[1]才插入半透镜，系统依然按照两条路径瞬间完成计算来呈现出来干涉结果。

这个虚拟世界版本的解释维护了神圣的因果律，维护了我们一贯依赖的思维逻辑的直觉。因果律在我们的虚拟世界里依然有效，之前的错觉只是我们对系统的运行机制的误解造成的。

不过，如果宇宙系统打算假装光子的确在飞越遥远的距离，那么它假装得并不成功，至少在因果律上就露出了破绽。

但是这个破绽反而吓到了我们的大科学家们，因为他们一直以为我们的世界是客观实在的，他们既不愿意否认实在性，又不愿意否认因果律，于是只好挖空心思地想出很多匪夷所思的解释，如平行世界理论、意志决定论、时光倒流等等。而那些复杂无比的解释也都是非常的晦涩难懂，远远超出普通人的理解范畴。这些高深的涵盖物理和哲学的玄妙理论自然也成了普通人理解量子理论的鸿沟和壁垒。

幸好我们发现，当用虚拟世界的视角来审视这些现象时，理解门槛顿时降低了，甚至中学生都能够轻松地弄懂其中的逻辑。

现代的年轻人本来都是上着网、玩着游戏长大的，从小也都多少学习过一些编程知识，所以这些虚拟世界的算法逻辑大家理解起来几乎没有障碍，这远比什么多宇宙之类的理论更平易近人。不是吗？

---

1 普朗克时间是指时间量子间的最小间隔。约为 5.39×10^{-44} s。在物理学上没有比这更短的时间存在，与之相关还有最小物理尺寸普朗克长度，普朗克时间＝普朗克长度/光速。

其实谈到这里，大家会发现一个问题：既然我们可以用虚拟世界的逻辑来理解现实，那么这个世界的创造者为什么要留下这些破绽呢？为什么不能做到天衣无缝，让微观和宏观规律得到统一呢？

其实如果你是个程序员，就不会问出这种问题。如果你不是，那么你找个程序员问一问就知道了，他们会觉得这些做法非常自然。

为什么？

因为编写任何程序都要尽量合理地节省计算资源。

而出现各种诡异的量子行为似乎也都是出于这个理由。

如果我们的世界是某个游戏公司创造的，你会和这个游戏团队的技术总监发生如下对话：

——为什么不事先在地图上把怪刷好，非要有玩家进去再刷？

——因为要节省资源……

——为什么要设计一些不可区分的道具，不能所有道具都有唯一的ID吗？

——因为要节省资源……

——为什么粒子的自旋值每次都要复位，不能记录下来吗？

——因为要节省资源……

——为什么粒子非要等到有人观测时才确定状态，不能事先就生成吗？

——还是因为要节省资源。宇宙场景是很大的，我们哪能做到把全宇宙里所有粒子在每个普朗克时长的状态都计算出来啊？这些海量的粒子的代码每执行一次都要消耗大量的计算资源，既浪费也没有必要，你要看哪个我就算哪个不就行了？只要你不认真琢磨，看起来和全算状态其实也没什么区别……而且，支撑宇宙运转的主机是很强大的，绝对不会在你飞快跑动时让你看到正在渲染的色块。当然，前提是你不要跑得太快了，所以我们要把这个世界的最大运动速度限制在光速以内。

这样是不是很符合一个程序员的想法？

天啊，我们是不是无意中发现了世界的什么真相？

难道这个世界真的是被某种高级智能存在设计出来的？

其实这样的质疑早就已经不算什么新奇问题，在哲学界和科学界一直都存在着"世界目的论""宇宙智能设计论""宇宙微调论"等各种不同诠释版本的设计论观点，这些观点也都是哲学家、科学家通过观察、思辨和逻辑推演后提出的，总体来说就是：宇宙中太多的事情安排得过于巧合，这不可能是自然发生的，一定是有人刻意安排的。

不过这种观点不一定就是某种神学思想，更多的科学家只是认为我们的世界可能存在先天的安排，但不一定是大家想象中的宗教意义上的神灵，可能只是某种高级智慧造物者。

很多有名的科学家都会支持类似的说法，比如赫赫有名的物理学家、诺贝尔奖获得者杨振宁教授，在一次网络公开课的访谈中就曾经这样谈到自己对有没有上帝的看法："如果你问我：有没有上帝呢？那么你所谓的上帝是一个人形状的，我想是没有的。你如果问有没有造物者，我认为是有的。因为整个世界的结构不是偶然的，而所有的这些不偶然，力量这么大、影响这么大的东西，是哪来的呢？"

杨振宁教授参加网易公开课

杨教授接着继续阐释自己的世界观："我现在90多岁了，我年纪越大的时候，对于这个问题的看法在改（变）。在20岁的时候，我对于造物者或者自然形象化，是坚决反对的。可是我年纪渐渐大了以后，反对的动力在降低。什么缘故呢？年纪越来越大的话，自信心变小了。因为看见的东西，妙的东西多得不得了，自己觉得能够把这些东西贯彻地了解的可能性越来越小。所以，你说这个就是比较有宗教感，我想（这）是一个正确的讲法。"

很多人用这段采访来宣传杨振宁教授认为上帝是存在的，其实仔细思考杨教授的回答，他所支持的其实只不过是某种泛智能设计论，也就是怀疑我们整个宇宙应该是某种智能存在设计出来的；至于这个存在是不是传统宗教意义上的上帝或者神，他并不完全认同，但是随着年龄的增长和见识的增多，他还是越来越觉得宇宙可能存在一个设计者，不然无法解释会有这么多的巧合。

你看，世界顶级科学家对宇宙背后真相的怀疑是不是与我们的想法很相似呢？所以，这的确是一个很有趣而且值得深思的问题。不是吗？

好吧，让我们震惊一会儿吧！不过等我们震惊完还要继续前进，量子世界还有更多更有趣的现象等待着我们去探索去发现。大家也最好习惯于这种震惊感，因为未来的我们还将不断地展现这个世界的神奇之处，让大家慢慢见识到量子世界背后各种更加令人震惊的真相。

那么，还是让我们随着"量子号"观光列车继续前进吧！

之前我们已经快速地"参观"了两个有趣的量子实验，了解了不少量子的习性；但如果我们想要更深刻地理解量子世界的奥妙，那么就需要学习一些更基础的概念，所以后面我们将真正接触一些量子的核心理念，以便参透量子世界的深层规则。

下一站，我们要像拆解沙盒游戏一样，看看这个世界究竟是怎么构成的。

03

沙盒量子世界

不 连 续 性 —— 上 帝 玩 的 也 是 沙 盒 游 戏 。

我们自从出发以后，搭乘着"量子号"观光游戏列车在量子世界里一路疾驰，连续欣赏了几个有趣的量子实验；不过风景虽好，却总是感觉有点走马观花。

如果我们来到量子世界，只是接触一些零散的实验现象，那么我们也就无法系统化地去了解量子理论。

因此，本站我们将停靠站点短暂休息。一方面让大家有机会下车，亲身感受这个奇妙的微观世界；另一方面，我们也可以脚踏实地学习量子理论的基础知识。

那么，当我们漫步在这个神奇的领域中，想要更全面地了解这个世界时，最需要掌握的基础知识是什么呢？

首先应当是"量子"究竟是什么吧？

的确，我们一直在谈论着各种量子现象和有趣的实验；可是我们连量子究竟是什么都还没有谈到。

那么就让我们一边散步，一边来谈谈所谓量子的本质吧。

其实，量子这个名称大家虽然经常提到，但是并不明确它究竟指的是一种粒子、一种能量还是一种状态；比如我们常说的光量子、量子态，或者量子化，又分别是什么意思呢？

现在市场上打着量子旗号的各种产品营销概念非常多，如"量子保健""量子治疗""量子冰箱""量子显示器"，甚至"量子去污""量子速读"等等。"量子"一词已经被滥用，仿佛万事皆可量子，以致互联网上流传着"遇事不决，量子力学"的顺口溜。这些乌七八糟的营销词汇几乎完全混淆和污染了这个物理学概念，让大家感觉"量子"都快要成了各种骗子的专用话术。

那么量子究竟应该是什么呢？普通人可以弄明白它的概念吗？我们能不能也试着用虚拟世界的视角来理解它呢？

还是先来回顾一下物理学历史上这个概念的诞生过程吧，顺便还能看看物理学家们是如何面对矛盾问题的，比如对于同一个现象人们提出了两个互相矛盾的理论时，会发生什么？

量子这个词最早由德国科学家马克斯·普朗克（Max Karl Ernst Ludwig Planck）创造，他在那篇让他荣获诺贝尔物理学奖的论文中首次使用了一个类似的词"能量子"（Energieelement），但随后很快在另一篇论文里，他就改称其为"量子"（Elementarquantum），英语就是Quantum。这个词来自拉丁文Quantus，本来的意思是"多少量"；这个词使用到现在，其针对的概念当然也有了一些变化。

普朗克最早创造这个词其实是为了解决一个当时物理学上的大麻烦，这个麻烦来自当年物理学家们对于"黑体辐射"问题的研究。

19世纪末，物理学家开始对黑体模型的热辐射问题产生兴趣。

什么是黑体呢？

学过中学物理的人应该都知道，一个物体之所以看上去是白色的，是因为它反射了所有频率的光波。反之，如果它看上去是黑色的，那么是因为它吸收了所有频率的光波。物理上定义的"黑体"，指的是那些可以吸收全部外来辐射的物体。比如将一个空心的球体，内壁涂上吸收辐射的涂料，外壁开一个小孔；那么，因为从小孔射进球体的光线基本上无法反射出来，这个小孔看上去就是绝对黑色的，这就是一个"黑体"。不过黑体不一定是黑色的，只要不会反射外来光线的物体都可以看作是黑体，而黑体自己也是可以发光的。比如太阳也是一个黑体，因为它基本不反射外来的光线，所有的光都来自自身。

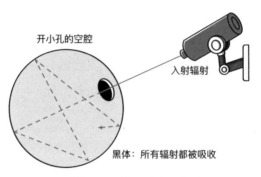

黑体就是不反射任何辐射的物体

其实很早的时候，人们就已经注意到黑体的温度和它对外的辐射频率似乎有一定的对应关系。比如把一块铁放在火上加热，到了一定的温度时，它会变得暗红（其实在这之前有不可见的红外线辐射）；温度再高些，它会变成橙黄色；到了极度高温时，可以看到铁块呈现蓝白色。人们发现黑体对外辐射能量的频率与温度之间有着一定的函数关系。

科学家们研究黑体现象时最早使用经典热力学的两个公式来计算。一个称为维恩分布公式，也称维恩定律；另一个称为瑞利-金斯公式。为什么要用两个公式呢？因为这两个公式都不完全符合黑体辐射的实际实验数据；维恩分布公式在短波长范围内与实验数据非常吻合，但是在长波长范围内产生了很大的误差；而瑞利-金斯公式正好相反，它在长波长范围内吻合实验数据，但在短波长范围内的误差却是显而易见的。瑞利-金斯公式显示，随着黑体辐射的波长越来越短，释放的能量会呈指数级别上升；如果到达紫外线波段，辐射能量甚至会趋于无穷大。这个结果实在是太荒谬，以至于有的物理学家把这个事件称为"紫外灾变"（Ultraviolet Catastrophe）。

你看，物理学家经常遇到这种糟心事，两个公式在各自的领域中都是对的，但是又不能完全覆盖所有情况。这就像是你有一双皮鞋，可惜都是左脚的；有一双运动鞋，可惜又全都是右脚的。你虽然拥有两双鞋子，而且分别都是合脚的，却凑不出一双能穿的，这可是太难受了。

一般来说，物理学家遇到这种困境就会明白，变革的时代来了，这一定说明现有的旧理论过时了，需要一个全新的更加普适的理论体系才能解决问题。但具有革命性的划时代理论可不是随随便便就会诞生的，这往往需要具有惊世之才的大师来开创。

不过幸运的是，这个问题出现的时机特别好，此时正逢20世纪初期物理学发展的超级黄金年代。那个年代正是人类天才迭出、高手乱入的神奇时期，各路"神仙"正在等待机会登场，而这种机必然会成就"大神"。果然，还没有多久，就有一位大神盯上了黑体问题——大名鼎鼎的德国物理学家马克斯·普朗克，一位留着小胡子、脸庞消瘦且略微谢顶的中年男人，他看上去像一个很普通的图书管理员。当然他年轻时还是很帅气的，只是中年形象似乎变得猥琐了一点，但这不重要，重要的是他马上要做的事情开创了新的时代。

大约从1894年起，36岁的普朗克就开始研究棘手的黑体辐射问题。刚开始的时候他的野心不大，只是想看看能不能单从数学角度来解

决这个问题。于是他开始反复琢磨两个经典的物理公式，经过一番折腾，成功地用这两个公式拼凑出了一个全新的公式。他将新公式的计算结果与实验数据进行了比较，发现居然非常吻合，不管是在长波段还是在短波段，这个新公式的计算结果都能很好地吻合实验数据。

这个公式长下面这样，当然，你不必理解它，看不懂也没关系，我放在这里，只是因为它太重要了。

$$\rho = \frac{c_1 \lambda^{-5}}{e^{\frac{c_2}{\lambda T}} - 1}$$

普朗克公式

一开始普朗克以为自己只是简单发现了一个经验公式。但是凭借天才的智慧，他很快发现这个公式一点都不简单，似乎蕴藏着一种超越时代的崭新理念。

在他之前用来拼凑的两个传统公式中，维恩分布公式是从玻尔兹曼运动粒子的角度来推导辐射定律得到的，这个公式把能量看作一种粒子；瑞利–金斯公式则是从麦克斯韦电磁辐射的角度来推导的，把能量看作一种波；而普朗克创造的新公式把两者结合起来了。那么新的公式究竟是建立在粒子论的基础上，还是建立在波动论的基础上呢？

对于这个问题的深入思考，似乎能够推动什么伟大的变革一样。

20年之后，即1920年，普朗克站在诺贝尔奖的领奖台上发表演说，他这样回忆道："……经过一生中最紧张的几个星期的工作，我终于看见了黎明的曙光。一个完全意想不到的景象在我面前呈现出来。"

"这个完全意想不到的景象"是什么呢？原来普朗克发现，为了解释这个新公式，仅仅引入分子运动理论是不够的，简单以波动理论来理解也是不够的。在处理熵和概率的关系时，要使这个新公式成立，就必须作一个假定：能量在发射和吸收时，不是连续不断的，而是分成一份一份的。

这个假定在当时是极具颠覆性的——因为人类之前创造整个经典物理学的数学基础，就是建立在对现实世界的连续性假设基础之上的，人们原本认为自然界的一切变化都应当是连续的。

例如，我们认为距离变化是连续的，一个人从A地到B地，必然要经过从A到B之间的每个点，而且是无穷多个点。时间是连续的，从A时刻到B时刻，必然要经过其中的无数中间时刻。还有，质量变化是连续的，温度变化是连续的，力的变化是连续的，能量变化自然也应当是连续的。

我们理所当然地认为只有连续的世界才是最自然的，大自然怎么可能出现离散的能量呢？怎么可能有不可细分的最小能量单位呢？如果存在一个物理量不是连续的，那么我们人类对现实世界的认知都要从根本上被颠覆了。

整个经典物理学大厦被牛顿、开尔文、麦克斯韦这些"大神"搭建起来后，从来没有任何一个人动摇过这座宏伟大厦的任意一根柱子或一面墙壁，人们也从未觉得有任何力量能够动摇这样稳固宏伟的大厦。但是普朗克，这个来自德国的中年男人，他向这座大厦发起了看起来微不足道，实际上却能侵蚀其数学基础的冲击。

1900年12月14日，普朗克在德国物理学会上发表了他的大胆假设。他宣读了那篇名垂青史的题为"黑体光谱中的能量分布"的论文，普朗克拿着几页纸，认真地说出了这段堪称具有创世意义的话：

"为了找出n个振子具有总能量U_n的可能性，我们必须假设U_n是不可连续分割的，它只能是一些相同部件的有限总和……"

（德文原文：Die Wahrscheinlichkeit zu finden, dass die N Resonatoren ingesamt Schwingungsenergie U_n besitzen, U_n nicht als eine unbeschränkt teilbare, sondern als eine ganzen Zahl von endlichen gleichen Teilen aufzufassen.）

这段话很晦涩，大意就是我们必须假设能量是不连续的，它有基本的单位。这个基本单位，普朗克把它称作"能量子"（Energieelement）。但随后在另一篇论文里，他就改称其为"量子"（Elementarquantum），英语就是Quantum。

宏伟的经典物理学大厦在看似平淡无奇的这段话的轻轻一击之下，竟然分崩离析，顷刻间坍缩成一栋新的更宏伟的物理学城堡门口的一件小装饰品，而那栋新城堡上悬挂着一块崭新的耀眼招牌："量子物理学"。普朗克仅用能量变化的不连续性假设，就将整个经典物理学都变成了他新拓展的更宏大的物理学体系中宏观角度的一种局部理论。这是何等的开创性。

为什么一个能量不连续的假设就有这么巨大的威力呢？因为对物理量的连续性认知的颠覆，其实是对我们所处的现实世界的本质的旧有传统认知的彻底颠覆。

这里要提到哲学上非常有名的芝诺悖论[1]。芝诺（Zenon）是古希腊爱利亚学派创始人巴门尼德的学生，曾经提出过很多和运动有关的哲学悖论，最有名的就是四大芝诺悖论，其中第二悖论又称"阿喀琉斯追龟"，这里面便牵涉到时间和空间的连续性问题。

下面简述一下这个悖论。阿喀琉斯（Achilles）是荷马史诗《伊利亚特》

---

1 历史上记载芝诺从"多"和运动的假设出发，一共推出了40个各不相同的悖论。现存有记录的芝诺悖论至少有8个，其中关于运动的4个悖论最为著名，分别是：两分法，阿克琉斯追龟，飞矢不动，运动场悖论。

里面的希腊英雄，他跑得非常快。有一天他碰到一只乌龟（谁也不知道为什么他能和乌龟交流），乌龟竟然嘲笑他说："别人都说你厉害，但我看你如果跟我赛跑，还追不上我。"

阿喀琉斯大笑道："这怎么可能？我就算跑得再慢，速度也有你的10倍不止，哪会追不上你？"

乌龟说："好，那我们假设一下。你离我有100m，你的速度是我的10倍。现在你来追我了，但当你跑到我现在这个位置，也就是跑了100m时，我也已经又向前跑了10m。当你再追到这个位置时，我又向前跑了1m；你再追1m，我又跑了1/10m……总之，这个过程会永远继续下去，而你也只能无限地接近我，但永远也不可能追上我。"乌龟说完，狡黠的光芒在小眼睛里明显一闪。

阿喀琉斯怎么听怎么觉得有道理，一时竟然丈二和尚摸不着头脑。

芝诺第二悖论"阿喀琉斯追龟"

这个故事便是具有世界声誉的著名悖论之一。可能学过高中数学知识的朋友一听就笑了，这不就是个极限问题吗，虽然有无数项相加，但我们来算一下这个时间数列的总和不就知道追赶所需的时间了吗？

其实事情没有那么简单，我们之所以能够用数学计算出追赶的时间，是因为我们凭经验知道阿喀琉斯肯定是能够追赶上乌龟的；也就是说，无限项的追击时间相加可以限制在一个有限值里面。但是数学并没有告诉我们为什么会这样。为什么无限项相加是一个有限值，而不是无穷大呢？有些数学结果其实是人们凭借经验来设定的，例如无穷小虽然不是零，但是我们可以把它当作零处理；也就是说，人们其实还是凭借经验预设了答案，而数学只是把我们的经验精确量化而已。但是，所谓极限求和的过程到底是在哪里以及如何终结的，大家并不知道。

所以量子理论一诞生，大家就发现了解决无限细分问题的新思路，这个思路提供了对芝诺悖论的另一种解释，那就是我们这个现实世界的一切都不是连续的，无论是空间还是时间，都是有最小单元的——最小的不可分割的大于无限小的单元。一旦存在最小的不可分割的非无限小单元，那么就不存在所谓的无穷极限问题，我们对时间的分割就是有尽头的，所以总有那么一刻，乌龟会发现自己没有更小的时间段可用，它只能停住不动被速度更快的阿喀琉斯超越。

不过，反过来思考，幸好我们的现实世界是不连续的，否则在理想世界里，我们连只乌龟都追不上，或者说一切事物可能都无法正常运行。

正因如此，芝诺发现了连续时空里不存在物质的运动，所以他还有一个著名的第三悖论，称为"飞矢不动"，这是芝诺在思考射出箭矢的飞行过程时提出的。

芝诺认为由于箭矢在其飞行过程中的任何瞬间都有一个暂时固定的位

置，所以它在这个位置上和不动没有什么区别，那么箭矢应该一直没动才对。中国古代名家惠施也提出过"镞矢之疾，而有不行不止之时"（飞射的箭矢，既可以看作不动的，也可以看作不停止的）的类似说法，这说明不同的古代哲人都从逻辑角度察觉到了连续时空下存在运动现象的矛盾性问题。

芝诺第三悖论"飞矢不动"

芝诺的观点从哲学逻辑的角度来看的确是有道理的。我们不妨思考一下，如果"瞬时"（无限小时间）是存在的，那么箭矢在这个无限小时间里就不可能有任何运动（速度必然无限小），但是宏观时间又是由无数个无限小的时间单位组成的，为什么单位时间里是不动的，叠加起来却能够运动呢？无数个零相加应该还是零，所以如果无限小的时间存在，那么在宏观时间上飞出的箭矢就不应当处于运动状态。

我们从纯数学的角度上看，无数个无限小的值求和应该等于任意值，而不应该等于一个确定值，这也和我们在现实世界里面观察的结论不相吻合，所以只要有"无限小"这个概念存在，数学和现实就无法真正地达成统一。

芝诺并没有察觉到现实世界的时间其实并不是连续的，现实世界也并不存在所谓"无限小"的时间元素，所以他才会感觉这个哲学悖论完全无法解释。如果时间不能无限细分，是有最小单位的，那么当不同单位时间之间物质的状态又存在差异时，这种差异其实就是运动。就箭矢而言，它在不同时间单位里连续的空间位置差异的累积就形成了箭矢的连续运动。

从虚拟视角来看也是如此，没有最小时间单位的世界就好像没有系统频率的计算机一样，将完全无法执行任何指令，整个系统是完全停滞的。系统时钟必须振荡起来才能驱动各种子系统开始运转，让计算机正常工作，代码也才能够被执行。所以，任何一个虚拟世界必然都是要依靠不连续的系统脉冲来驱动运转的，谁也不可能设计出一个绝对光滑连续的运算体系。

这可是一种颠覆世界观本质的新思路，原来现实世界的一切运动都是建立在时空不连续的基础上的。

那么有没有可能，整个宇宙诞生的原因就是之前的连续时空突然破碎了呢？

在连续时空下，一切都是死的，没有任何变化。而只有当时空破碎离散之后，物质才会出现运动，万物才会有生机，宇宙也才能开始演化，所以宇宙诞生的起点难道就是时空连续和不连续的分界点吗？

这让大家想到了什么？对，就是系统启动，一个计算机启动之前就是一个没有脉冲频率没有系统周期的死寂系统，一旦加电点亮的瞬间，其实就是系统时钟开始周期振荡，驱动系统运转的时刻。有了那样的一刻，世界从此就有了光，有了空间时间，有了物质能量，也有了万事万物的运动和演化。

不过这个猜想实在有点太过深远，已经涉及宇宙起源的奥秘，这种级别的真相我们自然是无法轻易探知和验证的，所以我们先把脑洞缩回一些，还是回到量子世界吧。

自从普朗克提出不连续的量子思想之后，一切不连续就成了量子理论的根基。我们在直觉上很难想象不连续的时空到底是怎样的，但是物理学家却发现，在量子世界里，一切物理量的确都有最小单位。比如时间的最小单位是普朗克时间，空间的最小单位是普朗克长度[1]，而能量的最小单位就是量子。所以，量子这个概念的第一层含义就是能量的最小、最基本的单位。

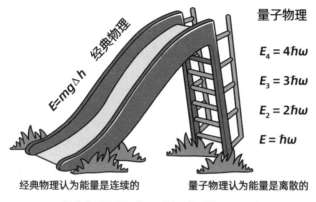

经典物理认为能量是连续的　　量子物理认为能量是离散的

经典物理和量子物理对能量性质的不同看法

之所以说这是量子的第一层含义，是因为量子还有其他的含义，我们随后就会提到；但是到了这里，大家可能还是会有一种荒谬感，虽然理论上如此，但难道我们日常所感受的一切事物竟然都是不连续的？

学习几何时，老师就会告诉我们，一条直线上有无数个点，一个面上有无数条直线，一个立方体里又有无数个面，一切空间都是可以无限连续细分的。古人也告诉我们："一尺之棰，日取其半，万世不竭。"

这些知识早就让人产生了时空是可无限连续细分的这样根深蒂固的观念，现在你告诉我原来数学只是描述一种理想世界的情况，而在现实世界里，没有任何可以无限细分的东西，任何东西的细分都是有尽头的？

感觉很虚幻是吧？虚幻就对了。在虚幻的虚拟世界里，万物都有最小单位不就是天经地义的事情吗？比如你用的显示器或VR眼镜，无论画面显示得多么清晰和精细，一定都是有最小分辨率的，在最小像素以下就无法再进

---

1 普朗克长度是物理学上最小的尺度，小于该尺度的距离不具备物理学意义。

一步细分图像元素。

虚拟世界里一切空间设定也都是有最小单位的，至于这个单位有多大就要看这个世界的设计精度是多少。比如，你要把 1.6×10^{-35}m 定义为你的长度的基本刻度，那么它就和现实世界一致，因为这个长度正好是现实世界的最小长度——普朗克长度。当然，你要是把最小单位定义得太大，就成为我们熟悉的像素块游戏，比如"我的世界"（Minecraft）就是一个基本尺寸设置得很大的游戏。

前面提到虚拟世界也是有最小时间单位的，虚拟世界的最小时间单位就是系统时钟一次脉冲的时间，而比这更短的时间对于虚拟世界来说是没有意义的，因为在系统时钟的一次脉冲之内虚拟世界无法运行任何代码，也就无法发生任何事情，整个世界都是绝对凝固的。如果这个系统的时钟频率能达到 1×10^{-43}s，就可以与现实世界的最小时间单位——普朗克时间保持一致。

所以，我们的现实世界，不就是用普朗克长度大小的格子搭建起来，在普朗克时间的回合频率下运转的一个沙盒游戏吗？

这个世界的本质也像个沙盒游戏

回到我们的话题，在明确的实验证据下，人们终于认可了能量的不连续性，承认了量子现象的存在。量子的发现接连给物理学带来了一系列的巨大突破，最显著的结果就是人类对原子模型的认知发生了革命性的变化。

不可连续细分的思想的出现激发了著名物理学家玻尔的灵感，玻尔在此基础上提出了全新的玻尔原子模型，描绘了今天大家都熟知的原子结构：原子由原子核和核外电子构成，核外电子在特定的轨道上围绕原子核作圆周运动，这些轨道是确定的，当核外电子吸收或释放特定数额的能量之后，就能跃迁到其他轨道上。但是，电子不能存在于两条轨道之间，而且电子在轨道之间跃迁的过程是瞬时的，没有中间变轨的状态。此外，电子吸收和释放的能量多少也是确定的，只有特定频率的辐射才能激发电子的跃迁。

你看，玻尔的原子模型的描述里充满了各种特定数值、固定轨道等离散的物理量设定，不断强调在模型里电子的状态无法连续变化，也没有中间状态，就像汽车的变速挡一样，只有固定的挡位，在挡位之间的状态是不存在的，电子只能从一个能级跃迁到另一个能级。

这种观点放在经典物理学里简直是不可思议的，一个事物怎么可能从 A 位置跳跃到 B 位置而不经过中间的任何位置呢？同样，为什么只能释放和吸收固定的能量，而不能像烧水一样，无论多少能量都可以均匀地累积吸收呢？

最终，各种实验证明，在上百年前科学家凭借量子思想构建的原子模型中的不连续性的确是存在的，不连续性就是微观世界的特性。微观世界里反而没有什么存在是连续的，甚至可以说，不连续性就是量子世界的基石之一（另一大基石是不确定性原理）。

而且，对于不连续的能量阶梯为什么会是某些数值，其实科学家们没有找到任何依据，好像宇宙诞生以来就自然设定成这样，这就是造物主给我们这个世界设定好的基础数值吧。

是不是感觉这个世界的确非常像是有人刻意编程出来的一个非自然的世界？很多事物的数值都已经毫无理由地写在我们这个世界的底层代码里，我们无法理解为什么会是这些数值，也无法改变它们，只能无条件地接受这些设定。

比如，物理学那些常数，像引力常数或者普朗克常数为什么是现在的数值，而精细结构常数的意义又是什么？这些问题我们都无法解答。这些知识都来源于我们对客观世界的观察和总结，而不是通过数学逻辑推导出来的。可能那个造物主程序员在设定它们时有他自己的理由吧，比如设定某个变量时正好用的是他自己的生日，或者他最喜欢的那个球星的球衣号码。总之，不管这些数值的来源是什么，它们一旦被写进我们宇宙的底层规则里，对于我们这个宇宙来说就成为真正的铁律，所有的物质和能量都必须毫无理由地服从其约束并依此运转。

量子的不连续性加深了这种数值化游戏的感觉，这种特性可以说从数学意义上明确了现实世界和理想世界的本质差别。现实世界里没有所谓的无限小，或者绝对均匀和光滑，现实世界就像我们的游戏世界一样，不能放大细看，细看全是锯齿和马赛克。

现实就是一个大号的《我的世界》

量子的另一层含义也会给我们同样强烈的感觉。

量子除了是一个能量单位，它还有第二层含义，就是它表述了一种状态，一种不确定的状态。

怎么解释这种状态呢？打个比方说，光子在传播的时候，没有人确切地知道它会去哪里；如果我们用一个屏幕来投影，也没人知道它最终会打在屏幕的哪个位置上。虽然放电影的时候，我们好像可以看到清晰的图像；但这其实是一种宏观世界中大量光子在统计学层面上的效果，如果真的去具体定位一个光子，它的位置其实是无法预测的。

所以，爱因斯坦当年就把光子的这种不确定的状态称为量子态，因此，光子也被称为"光量子"。

不仅光子，一切微观粒子的状态其实都是无法预测的。比如我们无法预测一个放射性原子什么时候会发生衰变，无法预测一个电子什么时候会发生跃迁，无法预测一个粒子的自旋方向等。

于是，科学家们用量子态来表述粒子的不确定状态，一种还未被观测时的状态。

更加准确的解释是，量子态是对粒子的波粒二象性中的波动状态的描述。比如，物理学家们经常说某某量子如何运动，这通常是指一个未经过观测的粒子，还处于一种波函数的形态中，其各种属性也都处于叠加态中。所以也可以这么说，量子的第二层含义其实就是波，物质的波，任何未经观测的、不确定的、处于波动状态的物质都可以称为量子，而且不限于微观粒子。比如，科学家们把一些在极低温、极高密度条件下表现出特殊量子特性的宏观体系称为宏观量子，如气态原子的玻色—爱因斯坦凝聚体、超流体等。

对于量子的第二层概念，如果用虚拟世界的视角，我们该如何理解呢？

其实我们之前介绍波粒二象性时就解读过，对于物质的波动形态，我们可以将其视作未经运行的程序代码，而粒子形态则是代码运行输出的结果。所以量子自然就是用代码构成的函数，量子态就是物质的代码形态。对虚拟世界来说，绝大部分物质都存在于代码形态之中，它们在绝大多数时间都不需要运行，只需要等待着被某个观测行为触发才被调用并输出结果，然后发生进一步的变化。

所以我们在提到粒子时，其实表述的是程序运行的结果；而在提到量子，或者提到波动、波函数时，表述的才是这个程序本身。

这也是一种全新的理解世界的方式，我们可以把整个世界都视作量子化的，宇宙里的每个粒子其实都存在于一种代码状态中，它们就像电子游戏一样，在没有人体验时，整个世界都只是存储介质上凝固的数字编码和逻辑，没有什么东西在运动，也没有什么事物在变化；一旦用户登录，用户操控的角色所观测到的一切马上就会被运算出来，但用户看不到任何代码、任何量子，也看不到这个世界背后复杂的底层逻辑，用户看到的依然是一个确定的、实在的、生动的世界，一切都发生在观测的那一瞬间。

换言之，整个宇宙其实都是被你的观测所驱动的。你每观测一次，整个宇宙被你所观测的部分才会输出一次运算结果，或者说将过去直到上次观测之间的历史结算一次。你连续观测宇宙就连续输出，你停止观测宇宙就进入等待状态，宇宙一点都不会浪费算力，宇宙只为你而计算！

听起来是不是非常惊人？好了，这个惊人的话题我们后续再慢慢讨论，现在还是继续我们的旅程吧。

我们从量子的不连续性开始，探讨了对整个宇宙本质的理解，现在我们先收回思绪，看看下一站要去哪里！

之前我们说过，不连续性是量子的本质特性，也是量子世界的基石。如果不连续性是承载"量子号"列车的铁轨之一，那么另一条铁轨是什么呢？

我们看到，另一条铁轨上居然写着"不确定"！

我们不禁感慨，这趟"量子号"列车行驶起来还真是不容易，承载"量子号"列车这么庞大身躯的铁轨，一条称为不连续，另一条称为不确定。在这样两条听起来就不靠谱的轨道上，"量子号"列车居然还能够跑得稳稳当当，真是令人叹为观止。

其实，我们前面提到了量子的不确定性，但是量子的不确定性究竟是什么意思，这一概念又有多么重要呢？这是一个值得我们认真了解的问题，因为这一特性应该是整个量子体系中最基础、最核心的理念之一。

量子物理的基础

我们这就出发，前往下一站：量子不确定。

04

上帝握着的骰子

量子不确定——上帝手里到底是什么，其实他也不知道。

这一站，"量子号"列车将继续停靠，而我们接着来了解量子世界的底层逻辑。

我们之前谈到了量子世界的两大基石：不连续性和不确定性。在第3章中，我们讲到普朗克因为发现能量的不连续性而开创了量子的概念；这一章，我们来谈谈不确定性问题在物理学上引发的另外一段史诗级的往事。

物理学界其实一直以来都不太平，其内部经常发生各种学术分歧，导致爆发了很多大大小小的争论；但是要说规模最大的一次论战，还是在100多年前的索尔维会议上。当时物理界的几派"大神"之间爆发过一场世纪之争，这场论战的影响之大，甚至一直延续到了今天。这场世纪大争论因为恰逢物理学界群星璀璨的年代，大家所熟知的很多顶尖科学家都卷入了论战，所以现在甚至被很多人称为物理学界的"诸神之战"。每当我们回顾这场大论战，就宛如听闻上古神战的传说一般，可以说的确是一场旷古绝伦的史诗级科学之争。

那么这场论战究竟争论了什么呢？其实，他们争论的是，我们这个世界究竟应该是什么样子的？

也正是这场争论正式让新量子物理的思想开始被整个科学界所接受。所以，我们也应该了解一下这场争论，看看量子派是如何赢得这场大战的，顺便了解一下量子世界中最令人困惑的不确定性问题。

索尔维会议是由比利时的一位实业家索尔维（Ernest Solvay）赞助并创立的物理学论坛会议。第一届索尔维会议于1911年在布鲁塞尔召开，后来虽然一度被第一次世界大战所打断，但1921年又恢复召开，定期每三年举行一届。

索尔维会议可以说是物理学界难得的盛宴，其成果代表了当时物理学界最前沿的发展方向，各种最前卫的物理学理论几乎都会出现在索尔维会议上。当时量子理论刚刚诞生，所以自然就成了前几次会议的主题。在第一届索尔维会议上，普朗克、爱因斯坦等人就发表了大量量子物理方面的论文，推动了量子物理学早期框架的初步建立；但是随着时间的推移，玻尔等一批新量子力学的开创者开始脱颖而出，并逐渐取代了以爱因斯坦为代表的旧量子学派的势力。到了1927年，索尔维会议召开第五届会议，玻尔也第一次参加了索尔维会议。此时新量子理论的影响力已经相当广泛，但爱因斯坦等仍不甘心轻易放弃，于是这届索尔维会议就成了新旧两大学派交锋的前沿战场。

这届会议可谓群英荟萃，玻尔、爱因斯坦、薛定谔等人都如约而至。目前网上流传得最广的那张"物理学全明星梦之队"照片，就是这次会议与会者的合影。

在这张照片里，物理学家们虽然看上去年龄都不小；但其实相对他们的成就来说，大部分人都还是血气方刚的年轻人。

例如，在下面这张照片拍摄前两年的1925年，海森堡在量子理论方面就已经做出了突破性的贡献，那时候他才24岁。尽管在物理上有着极为惊人的天赋，但海森堡在别的方面无疑还只是一个稚气未脱的大孩子。他兴致勃勃地跟着青年团去各地旅行，在哥本哈根逗留期间，他在巴伐利亚滑雪，结果摔伤了膝盖，躺了好几个礼拜。在山谷田野间畅游时，他高兴得不能自已，甚至说"我连一秒钟的物理都不愿想"。

1927年第5届索尔维会议参加者合照

物理界"诸神大会"的大合影

其实，不光是海森堡，其他的那些光芒闪耀的角色们情形也都差不多。

1925年，即量子力学的突破之年，其他一些年轻俊杰的年龄分别是：泡利25岁，狄拉克23岁，乌仑贝克25岁，古兹密特23岁，约尔当23岁。和他们比起来，38岁的薛定谔、40岁的玻尔和43岁的波恩都算是年龄较大的。

不过理论物理学界向来有英雄出少年的传统，爱因斯坦1905年提出光量子假说时也只有26岁，玻尔1913年提出原子结构时是28岁；而德布罗意1923年提出物质波理论时是31岁，已经算是大器晚成了。

所以当时量子力学被人们戏称为"男孩物理学"，而波恩大学在哥廷根的理论班，甚至被人称为"波恩幼儿园"。所以这张照片可以说就是波恩幼儿园的校友聚会纪念照。

说回这场论战，其实在这届索尔维会议之前，爱因斯坦就已经对以玻尔为首的哥本哈根学派颇为不满，他不喜欢哥本哈根学派的新量子理论，因为这和他信奉的确定性的理念格格不入。在这届会议上，爱因斯坦虽然没怎么发言，但是会后和玻尔展开了激烈的讨论，他不断质疑玻尔对于量子理论的概率诠释，并提出了很多思想实验来向玻尔挑战。但是玻尔也不慌不乱，兵来将挡，水来土掩，往往是爱因斯坦苦思一夜想出一个思想实验，上午讲给玻尔听，玻尔中午回去思考一阵子，下午或者傍晚的时候就找到了漏洞将其化解。双方有来有回地交锋了好几天，谁也说服不了谁。

当时，玻尔和爱因斯坦的共同好友埃伦费斯特如此描述："爱因斯坦像一个弹簧玩偶，每天早上都带着新的主意从盒子里'咣'地弹出来，而玻尔则从云雾缭绕的哲学中找到工具，把对方所有的论据都一一碾碎。"

但如此交锋下来，两人的争论就越来越公开化。这是玻尔和爱因斯坦两人之间的第一回合交锋，双方虽然只是私下交流，但是矛盾显然已经不可调和。

时间很快又过去了三年，等到1930年，第六届索尔维会议又要召开了。经过三年的发展，新量子理论的势力更加壮大。这届会议在布鲁塞尔召开，虽然不像第五届那样盛况空前，但仍然有包括10位诺贝尔奖获得者在内的34名科学家应邀出席，同样是一次群英大会。这届会议的主题是"物质的磁性"，会议前半程的主要议程是：索末菲首先报告了对磁学和光谱学的研究；费米论述了与波函数对称性有关的量子统计性质；泡利解释了自旋的概念；狄拉克提出了巧妙的电子量子理论，将电子的自旋和磁矩这两个概念的描述和谐地结合起来。

接着，爱因斯坦登场，他没有谈及磁性方面的话题，而是打算继续就上届会议没了结的恩怨向玻尔发难。不过这次爱因斯坦是有备而来的，他已经仔细地研究过哥本哈根学派的理论基础，并做了认真准备，打算向玻尔发起第二回合的较量。

这里要说明一下，在爱因斯坦一贯所持的物理理念中，这个世界应该是定域、实在和确定的。通俗地讲，定域是指光速最大不可挑战，实在是指事物自身属性与观测无关，而确定就是指客观物体属性演化可以预测，这些都是爱因斯坦对于客观世界的认知信仰。但新量子体系的基础理论几乎条条都挑战了爱因斯坦的认知信仰，哥本哈根学派提倡用一种近似科幻的说法来解释各种量子现象，其中最重要的就是以下几点。

（1）微观粒子都可以用波函数来描述，但是波函数除了抽象的概念，不具有任何真实的存在。

（2）实验可以展示出物质的粒子行为或波动行为，但不能同时展示出两种行为。

（3）在量子系统里，一个粒子的共轭[1]物理量，如位置和动量或者能量和时间无法同时被确定，我们无法同时精确测量两者。

想要推翻哥本哈根学派的理论体系，自然必须从这几个说法着手。爱因斯坦仔细研究了哥本哈根阵地上这三个最重要的核心理论后认为：第一个显然只是一种说法，不太容易反驳；第二个已经被无数实验验证过，也不太容易推翻；那么唯一可以挑战的就是所谓测不准原理的第三个。

而第三个理论所说的内容也就是我们本章要谈到的"不确定性"，又称"测不准"原理，是由德国物理学家海森堡在他1926年发表的一篇论文里提到的，他认为任何测量都会对量子的状态产生干扰，所以我们无法精确地测

---

1 共轭是一个数学名词，含义就是按照规律相匹配的一对孪生性质的对象。

量量子的某些数值属性。这条原理又称"海森堡测不准"原理，是量子物理中最重要的基础规律之一。

那么，这个测不准，或者说不确定性到底说的是什么呢？

不确定性在物理学上其实有两个含义。一个是指未观测的微观粒子的各种状态是不确定的，必须在观测的时候才能得到一个确定的状态。这个含义其实从逻辑上就不太容易证伪，因为实验必须依靠观测，所以我们就很难证明不观测的时候粒子到底具不具有确定的状态（不是完全没有办法，之后人们也想到了验证的办法，就是贝尔不等式）。

另一个含义是测不准现象，测不准并不是说粒子的某个属性我们无法测量，而是说粒子的某一对属性我们无法同时精确测量。

比如，我们无法同时确定粒子的位置和速度，因为速度和质量的乘积就是动量，所以物理学家一般就用动量替代速度来表述：粒子无法同时精确测量其位置和动量。如果我们把其中一个属性测量得越是精确，那么另一个属性就只能得到越是粗略的结果。这对属性在物理学上被称为不对易的共轭物理量。

放到宏观世界该怎么理解呢？就好像你看到一辆行驶的小汽车，如果你能准确地知道它某个时刻在什么位置，那么你就肯定不能准确地知道它的速度，位置掌握得越精确，速度肯定就掌握得越模糊。在这里，车的位置和速度就是一组不对易的共轭物理量。

是不是熟悉的违和感又来了？

怎么回事，车上的速度表、GPS都是摆设吗？车上的外用测速雷达和高速摄像机不能测准吗？我们测量一个东西的准确位置和同时测量它的准确速度之间存在什么矛盾吗？这听起来感觉肯定不是原理问题，而是方法不对，或者技术有限。海森堡说的也是因为观测时干扰了粒子的状态，这听起来就像只是存在技术限制一样。如果我们能找到一种不干扰观测对象粒子的技术，是不是这个问题就能够解决了呢？

在我们普遍的认知里，粒子虽然小，但是本质上和别的物体是一样的，我们可以用很多间接的方法来感知它的属性。现在先进的方法很多，只要这些方法互相不干扰，肯定能够同时测准它的那些所谓的矛盾量，测不准的问题就应当能够加以克服。

你是不是也是这样想的？如果是，那么恭喜你，你已经和爱因斯坦想到一起了。

对，爱因斯坦当年也是这么想的，他也觉得直接测量可能会有些问题；但是测量手段可以花样百出，你能防得住我想出的歪招吗？

爱因斯坦信心满满，感觉以他聪慧的大脑肯定能找出一个漏洞攻破对方这个最薄弱的环节，然后就能彻底掀翻对方的堡垒甚至整个阵地。

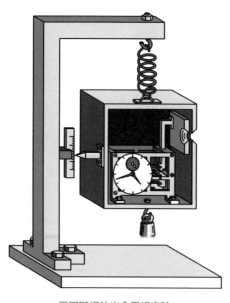

爱因斯坦的光盒思想实验

那么，具体方案要怎么构思呢？怎么才能证明粒子的位置和动量或者时间和能量是可以同时精确测量呢？

爱因斯坦苦思冥想，终于构思出了一个光盒思想实验，随即发动了攻势。具体实验过程设计如下。

试想一个装满了光子的盒子，在盒子的一边有一个装有快门的小孔，盒子内部的时钟可以通过控制器将小孔处的快门开启短暂的时间间隔，发射出一个光子，再将快门关闭。然后测量发射前后盒子的质量差，再用自己神奇的质能方程式 $E = mc^2$ 就可以计算出盒子失去的能量。这样，从理论上来说，盒子在准确的时刻的准确能量就可以确定了，于是同时测准了时间和能量，不确定性原理就会不再成立了。

玻尔作为新量子一方的防守大将，看到爱因斯坦这个刚刚打造出来的厉害的新武器时的确有点发蒙。

不得不说，爱因斯坦这次还是精心做了准备的，所以起初玻尔也被爱因斯坦这个诡异的设计镇住了，一时间竟然没看出什么破绽，紧张之下玻尔甚至有点语无伦次，他不停地喃喃自语，又跟旁边的人反复解释：这里面肯定是有漏洞的，量子的测不准原理是拥有数学基础的；如果真的被推翻，那么整个量子理论都要倒塌，甚至整个宇宙都要出问题。

但是一直等到散会，玻尔也没有找出反击的突破口，于是只好跟在得意扬扬的爱因斯坦后面一溜小跑，神色既慌张又无措。而爱因斯坦则是心里面充满了惬意，有一种世界回归正常后的愉悦，大摇大摆地回家去了。

可惜，爱因斯坦的快乐并没有持续多久，玻尔只是一时间没有想明白。回家以后，玻尔仔细地思考起爱因斯坦的光盒实验，经过了整晚的琢磨，终于找到了光盒实验的破绽所在。于是第二天，已经胜券在握的玻尔正式发表了他的反驳。

玻尔指出，爱因斯坦这个实验为了保证正确运作，必须用某种弹簧秤将盒子和内部时钟都悬吊起来感知质量变化。但是当光子飞出时会造成整个系统质量不确定的变化，并导致重力场变化，从而进一步导致重力场中时钟的测量产生不确定性（所谓的引力红移效应），然后根据爱因斯坦广义相对论里的质能方程换算这个红移效应，居然得出了符合量子定理的时间–能量不确定公式。

玻尔这招反击实在是太厉害了，他竟然用爱因斯坦的矛彻底击破了他的盾，爱因斯坦对此完全无话可说，自然无法反击。爱因斯坦心里刚刚恢复的世界又崩塌了，他为此郁闷不已，根本不想跟玻尔再在这个实验上纠缠，干脆认输，回去打磨下一件武器了（结果下一轮爱因斯坦在EPR佯谬上又输掉了）。

玻尔这次完美的反击也奠定了他所代表的哥本哈根学派作为量子理论正统学派的权威，从此哥本哈根学派就成了量子物理学中最主流的中坚学派；而哥本哈根学派创造的不确定性理论也就成为量子理论里的核心概念之一，同时不确定性理论也成为我们理解微观世界的重要基石。

不过之后随着理论的发展，人们对测不准的理解认知还是经历了一些变化。之前哥本哈根学派理论沿用的是海森堡的说法，所谓测不准其实是测量时，用光子或者其他粒子去碰撞干扰测量目标造成的。海森堡还专门为这个现象构思了一个海森堡伽马光显微镜的思想实验，来说明观测光线是如何干扰测量对象的量子状态的。所以，从海森堡的理解来看，其实并不是量子不存在同时准确的共轭量，而是我们无法用任何有效的观测手段同时精确地获取它们。所谓测不准，在海森堡看来本质上还是技术问题。

但后来人们逐渐发现，这种说法也是不准确的，人们现在认为测不准并不是技术问题导致的，而是因为量子的内禀属性；也就是说，天生就无法同时精确测量两个不对易物理量，与你用什么手段去测量无关。甚至就算我们拥有完全不影响目标状态的绝对理想的测量技术，还是无法同时精确地测量一个量子的位置和速度（动量），所以量子的测不准并不是我们的技术水平不够，而是原理不允许；就像万能的上帝也无法创造出自己举不起的石头一样，这在逻辑上就无法办到。

到底要怎样理解呢？量子为什么具备这样令人困惑的属性呢？

不过，大家不要着急，我们不是还有普通人的虚拟视角吗？

还是用我们的程序员思维来理解看看吧。

假如我们只把量子态的粒子看作一段在屏幕上显示光点的代码，运行这段代码就会随机地按一定的概率分布在屏幕上显示出连续闪烁的光点。

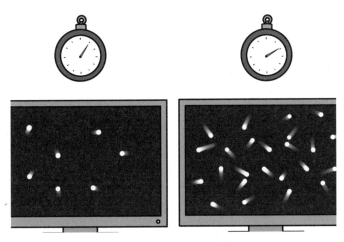

位置和速度无法同时测准

如果我们期望观测到光点比较准确的位置，运行这段代码的时间就要非常短，这样才会只有少量的几个位置显示闪烁的光点，我们的记录和统计就会比较精确。如果代码运行的时间太长，那么光点闪烁的位置就会非常多，最后屏幕上光点留下的痕迹就会变得像一团云雾一样不断发散开来，而我们对其位置确定性的了解自然就会越来越不精确。

但是，如果代码运行的时间太短，我们就很难判断光点的另一个速度属性。因为我们了解光点的速度其实是通过观测光点运动时留在屏幕上的残像拖影的长短来判断的。代码运行的时间越短，光点的残影就会越不明显，而且过短的不同残影之间差值的比例也会很大，所以我们观测光点得到的速度统计就会越不精确；只有延长代码的运行时间，我们才能更精准地掌握光点的速度。

最后我们发现同时提高对光点的位置和速度的观测精度是不可能的，我们把其中一者观测得越精确，而另一者的观测结果就会越不精确，这不是限于我们的观测技术，而是由这段代码本身的运行特性所决定的，我们无法让它的一种运行方式能够同时满足两种相矛盾的观测要求。

这两种相互矛盾的输出要求在物理学上就称为不对易性。一对不对易的共轭量，在数学上其实是可以用傅里叶变换来互相转换的。有一些数学知识的读者研究一下就会发现，所谓位置和速度不能同时精确观测，就是当一个波函数在时域上分布比较精确时，在频域上的分布就会发散，反之亦然；这就是波函数的数学特性，也就是我们认为的粒子一体两面的内禀属性。量子的这种数学特性是与生俱来的，与观测手段其实毫无关系。

还有其他类似的共轭量，如能量和时间。

量子的能量数值也是在一个小幅度范围内波动分布的，所以我们测量量子的能量时，能量的输出值也有一个随机分布的范围。如果我们想获取量子程序输出的能量数值，让程序运行时间短一些，虽然在时间上可以很精确，但对不断跳跃的能量值的统计就会不精确。如果统计足够长的时间，我们的确可以比较精确地测量出量子能量的均值，但是这样在时间上肯定就会不精确。这又是一对不可调和的测量矛盾，所以量子的能量和时间也是受到测不准原理约束的。

所以，这些测不准的问题统统和观测设备无关，它是由量子自身的属性决定的。因此，现在物理学课本上也基本不再使用"测不准"这个说法，而是改称为不确定性，或者不确定关系。

我们观测一个粒子，就好像在调试一段封装编译好的代码一样，我们只能像观察一个黑盒一样，通过不同的运行模式来判断代码的输出特性；而不确定性正是我们在对量子波函数程序运行模式的测试中发现的一个最基本特性。

这个认识能够带给我们什么启示呢？

如果说之前量子的波粒二象性让我们认识到，量子就好像是虚拟世界里面的一段生成道具的代码一样，那么量子的不确定性告诉了我们量子代码的一些运行和输出特点。

首先，这段代码不会输出非常确定的结果，它的本质还是一个概率函数，因此每次都会按照其概率分布规则随机地输出结果。就像你无法准确知道一个骰子扔出去点数是几一样，你也绝对无法知道一个光子究竟会穿过哪条缝隙。这是一种真正的随机和不确定，所以量子函数的这种特性其实也是对所谓决定论的一种直接反驳；你看，宇宙底层的结构逻辑都是不确定的，哪里有什么决定论呢？我们又怎么可能推算出绝对精确的未来呢？

其次，我们要摒弃对量子代码的实体想象。量子代码的输出完全依赖我们的运行操作（也就是测量行为），所以千万不要把它想象成某个时刻存在某种状态的客观实体。我们只有深刻地理解了这种类代码形态，才能理解为何会存在不确定性。

这也是人类观测客观世界的最大局限性，本质上说我们用测量的方式去了解量子就好像盲人摸象一样，次数太少猜不准，次数太多大象又变化了。至于到底大象是什么样子的，甚至它到底存不存在，可能我们永远也无法真正得知；不过换个角度思考，其实我们也无须得知，因为感知不到的事物也无法对我们产生任何影响。

这头大象很像著名哲学家康

依靠测量了解量子正如盲人摸象

德所描述的"物自体"。康德认为，真实世界的事物到底如何其实人类是无法得知的，因为人类只能通过自身的感官去感受客观事物；而感官传递给我们的信息必然是不全面甚至是被扭曲的，这是主观认知的固有局限，是任何人都无法克服的。

最后，我们理解量子世界就要有这种"身在此山中"的觉悟和认识，坚决放弃对任何物质的客观实在性的传统看法，用看待虚幻事物的视角来理解一切，不在无法观测的事物上耗费心神，同样不去纠结观测结果与事实的区别，接受观测结果就是事实的观念。

一旦我们深刻地理解了量子世界的虚拟本质，就会发现各种量子现象不再像之前那么诡异了。是啊，如果粒子并不真实存在，那么运行一段代码得不到我们想要的结果又有什么好奇怪的呢？这些粒子的各种反常识的特性也只不过是量子程序独有的输出规则，我们大可不必用对待真实事物的逻辑去思考它们的合理性，就像你玩游戏时从来不会质疑为什么每个怪的掉落会不一样，因为这都是设定。

好了，又有点跑题了，还是总结一下关于不确定性我们到底领悟到了什么吧。

我们常说的量子不确定性实际上涵盖了两层含义：一层是我们连续测量某个属性时，会出现不确定的概率性结果；另一层则是我们对量子进行测量时，对其两个共轭量无法同时精确测量。这两层含义其实并不是相同的现象，但是我们经常把它们混为一谈，都称为不确定性，这也会使很多人感到困惑。其实，更准确的说法是将前者称为不确定性，后者称为不确定关系。

那么，量子的不确定性对于现实世界来说，到底只是一个遥远的科学概念，还是具有某种重要的现实意义呢？

其实量子的不确定性，可以说是对我们现实的宏观世界影响最为直接的一个微观特性。

比如，人类未来要突破微观极限，不断向更微小尺度的制造技术进军，就必须更加深刻地了解和掌握量子的不确定性原理。

现代最先进制程的电子芯片线路尺寸已经接近1nm，在这个尺度下电子的量子效应已经非常明显。之前的芯片技术还可以用宏观的经典电磁物理学理论来指导，但是在纳米尺度之下，量子效应就是不可忽视的主要物理作用。

在不确定性原理的作用下，电子不会再老老实实地沿着电路运动，它们会更像概率波，任意穿越晶体管单元的栅极，使得传统的逻辑电路结构无法正常工作，从而导致人类无法将芯片的集成度进一步提升。所以，量子效应将成为终结人类传统集成电路制造技术的一道物理天堑，我们未来要想制造出皮米、飞米级别的超级芯片，就必须开发出能够利用量子效应的新型制造技术；而这种技术首先需要我们在量子基础理论上取得新的突破才有可能诞生，否则芯片的摩尔定律将会在未来数年内完全失效。

不过，量子现象除了将要成为未来微观领域技术发展的障碍，也可以为我们所用。

比如说，量子的不确定性听起来会导致我们无法对客观世界精确地度量，但是科学家充分地掌握这种特性之后，反而可以利用量子技术提高测量精度，这就是正在发展中的量子测量技术。除此之外，现在各种利用隧穿效应的电子扫描显微镜也都是利用量子的不确定性原理而实现的，量子技术帮助人类看到了尺度远小于可见光波长的原子级别的世界，这在之前是不可思议和无法想象的。

除此之外，还可以将这种技术用于医疗检查的核磁共振仪器、用于安全通信的量子加密仪器等设备的研发上。可以说未来我们发展一切微观领域技术的基础，都将建立在对量子不确定性原理的利用上。

量子的不确定性特性除了与现实世界的技术发展密切相关，从更加宏观的客观世界视角来看，我们甚至会发现，不确定性或许也是宇宙最重要的特性之一。

从宇宙演化的角度来看，如果没有量子的不确定性，不仅恒星没法发光，星系没法形成，甚至整个宇宙都没法诞生！

按照目前最新的宇宙暴涨理论，宇宙最开始从一片虚无中突然暴涨产生出时空，而宇宙暴涨最初的能量来源就是量子不确定性带来的在虚空中不断涨落的虚能量，正是这些虚能量的涨落才导致宇宙大爆炸的发生。这才是真正的无中生有，虚化万物。

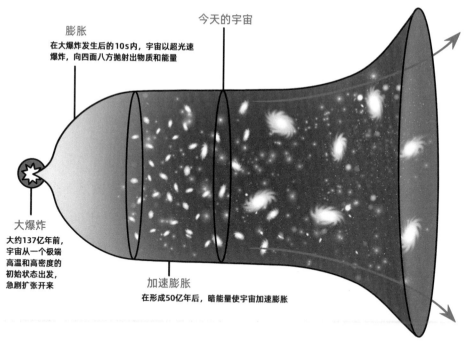

膨胀
在大爆炸发生后的10s内，宇宙以超光速爆炸，向四面八方抛射出物质和能量

今天的宇宙

大爆炸
大约137亿年前，宇宙从一个极端高温和高密度的初始状态出发，急剧扩张开来

加速膨胀
在形成50亿年后，暗能量使宇宙加速膨胀

宇宙暴涨理论

在现有宇宙里，太阳之所以能够持续稳定地发生聚变燃烧，依靠的也是量子的不确定性造成的概率波重叠，使得要求极高的核聚变反应能够在不太高的温度下一直稳定地持续发生，从而给整个太阳系提供了源源不绝的能量，这才塑造出了整个地球环境以及生命。

从物理学角度看，量子不确定性揭示了更深层次的物质存在的内涵，意味着我们所处的客观世界本质上是基于概率的。这样就会进一步表明，我们世界的底层实际上是非实在的，因为任何概率都需要通过某种事件才能转化为实在数值。这种事件便是主观的观测行为，因此我们这个世界的底层物质属性必须依赖观测现象才能表现，这就与客观实在的定义形成了矛盾。

所以深刻地认识不确定带来的各种现象，不仅能够帮助我们理解现代科学的各种相关进步，还能够进一步帮助我们理解世间万物的本质。

因此，我们接下来还要进一步了解量子的不确定性，深入了解不确定性带来的各种有趣的量子现象以及与现实世界的联系。同样，我们也会从虚拟世界的角度来进行诠释，帮助大家进一步透彻地理解它们。

那么，我们就继续前进，在"量子号"专列的下一站，我们将会见识一个非常神奇的量子实验。

05

垫小怪也有用？

反 事 实 通 信 —— 没 有 发 生 的 事 不 等 于 真 的 什 么 都 没 有 发 生。

学习了量子理论的一些基础理念之后，"量子号"列车又要出发了，我们将登车启程，继续向前飞驰，去欣赏新的量子美景。

　　在这一章中，我们来见识一个新的、相当神奇的量子实验。

　　我们这次将要了解的量子现象，其相关的实验可以说是量子物理中最不可思议的实验之一，甚至被人称为是一个展现量子神迹的实验。

　　这个实验的名称为"反事实通信"（Counterfactual Communication）。

　　这个名词听起来就十分神秘，极具科幻感。在道格拉斯·亚当斯的科幻小说《银河系漫游指南》中，有一艘神奇的飞船"黄金之心"号，这艘飞船的引擎被称为"无限非概率驱动"引擎。我一直觉得这个名称的创意与反事实通信有异曲同工之妙，同样都把两个矛盾的名词组合在了一起，比如"非概率"和"反事实"，从而呈现出一种打破宇宙规则的感觉。

　　事实上也是的确如此，在小说里"无限非概率驱动"能够让飞船出现在最不可能出现的地方，而"反事实通信"也能让信息用最想象不到的方式传递。

　　闲话少说，我们直接开始介绍吧。

　　其实这个实验的基础还是经典的杨氏双缝干涉实验，研究量子的科学家们特别迷恋于这个简单的经典实验，他们不断地改进、变形双缝实验，延伸出了很多奇特的新实验。当然，所有的实验都是围绕光的波粒二象性来展开的。

随着科学家对光的波粒二象性的理解逐渐加深，他们开始意识到光在不被测量时呈现波动状态的能力似乎不仅是可以绕过一些障碍形成干涉这么简单，光的波函数在空间中似乎具备更强的能力，于是他们做了这样一个小的实验。

首先还是原始的双缝实验，如果我们用波的概念来描绘，那么应该如下图所示。

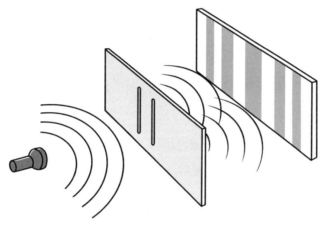

光的双缝自干涉实验

这幅双缝自干涉实验的示意图大家应该都很熟悉了，现在用我们同样熟悉的虚拟视角把这张图示意的实验过程再描述一遍：光从光源发射以后就不存在实体，变成了一个虚拟存在的波函数；这个波函数在没有被观测以前是没有被计算的。光按照其传播速度到达屏幕位置时，屏幕作为一个观测设备开始触发波函数的坍缩计算。

此时波函数应该按什么情况来计算呢？我们在第2章的延迟选择实验里就已经知道，此时波函数按照它在空间所有可能传播路径的传播情况进行概率叠加，得到到达屏幕的总波函数，最后计算出光子落点。所以，如果我们在光子落屏前一秒，于某条缝隙上加一个探测器，那么干涉条纹就会瞬间消失，这就是我们讨论过的干涉破坏实验。

这时候就有物理学家脑洞大开，他并不想去观测缝隙。这位物理学家想，如果我们干扰这个波会怎么样呢？我们现在就远远地在根本就不影响光波的地方干扰一下这个波。

从数学上讲，概率波穿过缝隙后理论上会扩散到整个空间（甚至宇宙尽头），只不过光子的随机位置主要还是集中在屏幕正中位置附近，在比较偏远的地方概率就基本为零，观测时也几乎不会有光子落在那里。比如，我们挑选一个边缘位置——也许观测几千亿个光子也没有一个会落到的地方——在这个地方放一个障碍物会怎么样呢？

从数学上讲，放置这样一个障碍物似乎会影响到屏幕上的波形。就好像朝池塘中间扔石头，波纹扩散回来的细节与池塘远处是否有头牛站在水里肯定是有关系的，但是关联非常细微。从直觉上讲，似乎很难想象其中的联系。毕竟离得那么远，光子基本不会传播到那里，传播概率基本为零；所谓概率波，给人的感觉终究只是一个数学角度的说法而已。

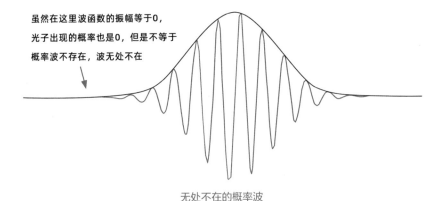

虽然在这里波函数的振幅等于0，光子出现的概率也是0，但是不等于概率波不存在，波无处不在

无处不在的概率波

那么到底有没有影响呢？

实验结果是有！真的影响到了！

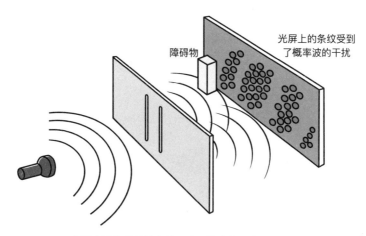

在概率波为零的地方放置障碍物也能影响干涉条纹

这个偏远的障碍物居然真的像理论计算的那样干扰了看不见的概率波，进而还影响到了屏幕上干涉条纹的分布。

是不是有再次被现实世界震撼的感觉？在一个光子根本就不会去的地方，放一个完全没有阻挡光子的障碍物，竟然影响了远处的干涉波纹。这简直就像灵异现象一样令人难以理解。

这样反常的现象，我们可能只是觉得有趣，可物理学家们一旦发现，肯定不会轻易放过。他们会思考，既然我们能在一个光子都到不了的地方操纵光子的落点，那岂不是可以不用光子就可以传递信息？

往常传递信息，都是靠对某种信号载体进行调制来实现的，比如声波、电流、电磁波或者光信号（其实也是电磁波）。这些通信再怎么复杂，本质上都是在操纵某种粒子直接传递信息。可是，如果我们用遮挡概率波的方法来传递信息，就没有对粒子进行任何操纵，粒子根本就没去，然而信息已经传递过去了。而从粒子的角度来看，这个过程中似乎什么事实性的交互都没有发生。这种用"没有发生"的事实来进行的通信，就是"反事实通信"。

有种眩晕感吧，什么都没有发生，为什么还能携带信息呢？

不要慌，我们还有普通人的虚拟视角不是吗？

还是赶快祭出我们的虚拟游戏视角来重新理解一下这件事情吧。

我们用虚拟游戏来举一个例子。

话说，在"量子世界"的RPG游戏里，一个探险小队正在探索一个副本。

探索副本的小队

队长跟大家说："大家打起精神来，我听说这个副本的大BOSS巨龙会有概率掉落一把史诗级武器。我们今天要争取得到这把武器！"

这时候，队伍里的法师说道："队长，我也想要啊，可是听说这个副本掉落史诗级武器的概率只有1%，我们只打一次副本就得到的概率实在是太低了。"

队伍里的弓箭手也说道："是啊，史诗级武器只有巨龙BOSS才会掉落，而全副本里也只有一只BOSS级别的怪物，其他的小怪都只会掉落普通武器，这样我们就算打通整个副本也很难获得史诗级武器。"

这时候，队伍里最聪明的牧师想了想，向队长发问道："队长，那副本里面的小怪有多少呢？"

队长说："不知道，很多吧，好像会刷新、杀不完一样。"

于是牧师笑了，说道："那我有办法只杀一次BOSS就得到这把武器！"

大家猜到了牧师想的是什么办法吗？

其实很简单，只需要让大家先不断地杀小怪来获取掉落的普通武器，当小怪掉落100件普通武器以后，再去打BOSS，BOSS掉落史诗级武器的概率就会高达99%，而且这个概率还可以用杀小怪拿普通武器来不断提高，不断地逼近100%。而整个过程中，对BOSS大家甚至一刀都不用砍就能轻松改变它的掉落概率，这就是用垫小怪的方式来刷装备的办法。

大家看完可能已经明白了为什么垫小怪会有用。因为我们得知，对于副本来说，史诗级武器有一个整体掉落概率，这个概率的分母并不是BOSS的掉落数量，而是整个副本所有怪物的总掉落数量。所以，我们只需要不断地打小怪掉武器来增加分子，就能不断地提高史诗级武器的获取概率。

再进一步，如果我们在副本里打了很多小怪以后，却不击杀巨龙BOSS，而是把它抓起来当作宠物（好像很少有游戏去抓BOSS当宠物的，但先假设我们的量子游戏可以吧）；我们再另外创建一个副本，进去后直接抓一只BOSS当宠物。那么这两只宠物看上去似乎完全一样，但是实际上却有巨大的区别。先抓的那只宠物因为垫过小怪，所以现在是一只几乎百分百掉落史诗级武器的怪物；而后面这只没有垫过小怪的BOSS，它掉落史诗级武器的概率还是1%。

这种看起来一模一样，但是实际掉落概率不同的宠物可以干什么用呢？

其实很容易想到，它们也可以用来编码和传递信息。我们把高掉落概率的BOSS当作1，把低掉落概率的BOSS当作0，那么如果我们有很多BOSS，就可以组成二进制数列，进而储存数据信息。接收方只要按顺序击杀这些BOSS，根据掉落武器的有无就可以解码信息。

我们制造了一队完全一样的BOSS，竟然可以用它们不同掉落概率的排列来存储信息，如果换作现实世界又会是怎样的装置？

2013年著名理论物理学家朱伯瑞（M.S. Zubairy）的团队就提出这样一个通信实验，他们用了一系列半透镜、全反射镜构造了一组奇妙的实验装置。

这套实验装置分成两部分：A部分和B部分。

实验开始以后，光子从最上面的发射器出发，最后被最下面的两个探测器D_0和D_1接收到。在发射器和接收器之间，每条可能的路线都对应着光子的概率波，但是由于概率波之间会相互叠加、相互抵消，经过巧妙设计，实验装置B部分的概率波差不多被全部抵消。如果这样的实验装置有多组，那么B部分中的概率波振幅就会趋向于0。

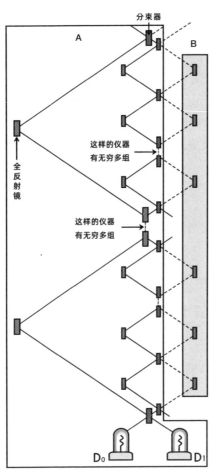

Zubairy的实验装置

这时，如果B部分任由概率波通过，整套装置中的概率波就会以一种方式相互叠加和抵消，导致所有的光子被探测器D_0接收。

但是，如果在B部分的路径上放置无穷多个障碍物，拦住其中一部分概率波（虽然这部分概率波的振幅几乎为0），剩下的概率波就会以另一种方式相互叠加和抵消，产生另一种结果，最后导致所有的光子被探测器D_1接收。

于是，实验得到了这样一个神奇的

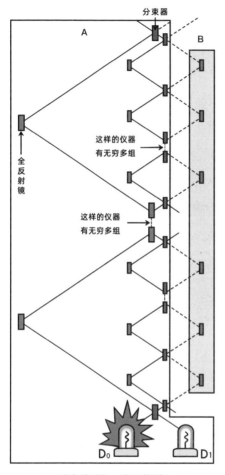

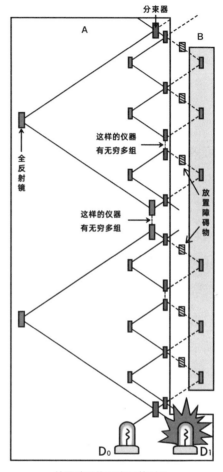

没有障碍物，光子落到D_0

放置障碍物后光子落到D_1

结果：虽然不论B部分是否放置障碍物，都不会有光子从那条路上路过；但是，发射一个光子后，只要看看是D_0还是D_1接收了光子，就能反推出B部分是否在半路上放了障碍物。也就是说，A部分和B部分之间没有任何粒子通过，仅凭"未发生的事情"（光子并没有通过B部分／并没有在B部分被障碍物挡住），就成功地从B部分向A部分传递了信息（障碍物不存在／存在）。已经发生的事情就是事实，在英文中称为factual。而"未发生的事情"就是事实的反面，所以物理学家彭罗斯将这种通信方式称为反事实（Counter factual）通信。

大家看，这个实验是不是和刚才的副本掉落模型非常相似？

实验中的A部分对应的就是副本里的巨龙BOSS，而B部分则是副本里的小怪们，探测器D_0意味着BOSS没有掉落史诗级武器，而D_1意味着掉落史诗级武器。当我们什么都不做时，史诗级武器的掉落概率很低，所以光子基本会被D_0接收，而在B部分的路径上放置大量障碍物其实就是在大量击杀小怪。所以B部分的障碍物越多，光子被D_1接收的概率也就越大，只要这个实验装置的组数足够多，也就是小怪数量足够多，我们就能让BOSS无限接近100%的史诗级武器掉落概率，而光子必定被D_1接收。

我们就一直这样在B部分增加障碍物，虽然A部分没有任何改变（我们没有碰BOSS一下），但是BOSS的武器掉落概率还是越来越高，这就充分证明了这两部分之间一定有某种看不见的联系。

这种神秘的联系有什么实际用处呢？

这次中国的科学家团队接过了这个实验，并决定继续将其发展下去。

2017年，中国科学技术大学潘建伟教授及其同事彭承志、陈宇翱等人与清华大学马雄峰合作，首次成功实现了反事实直接量子通信实验。

在这次实验中，中国科学家团队不仅验证了反事实效应的存在，而且还用这种技术成功地实现了图像传输。

潘教授改进了朱伯瑞的实验装置，他们借助量子的芝诺效应[1]，只用少量的器件就成功地实现了反事实通信，并成功传递了一张中国结的图片。该实验相关成果以*Direct counterfactual communication via quantum Zeno effect*为题，

1　量子芝诺效应（Quantum zeno effect），又称为图灵悖论（Turing paradox），指对一个不稳定量子系统频繁的测量可以冻结该系统的初始状态或者阻止系统的演化

发表在国际权威学术期刊《美国科学院院报》上。

在朱伯瑞等人的原始实验方案中，要想达到理想效果，需要有无穷多个干涉仪，这显然是不可能实现的。而潘建伟团队通过对原始方案的仔细分析和改进，对整个实验方案进行了重新设计：一方面，他们通过使用可预报单光子源和后选择方法，在较少的干涉仪数目下也可以得到完全的反事实性；另一方面，用被动筛选光子到达时间的策略替代原方案中的高速主动光开关等办法降低实现难度。研究团队还使用了先进的相位稳定技术，首次实现了复杂的嵌套、级联的单光子干涉仪，实验成功传输了一张 100 像素 ×100 像素的中国结图片，传输正确率达到了87%。而且该方案还可以进一步发展完善，用于无相互作用成像等领域。

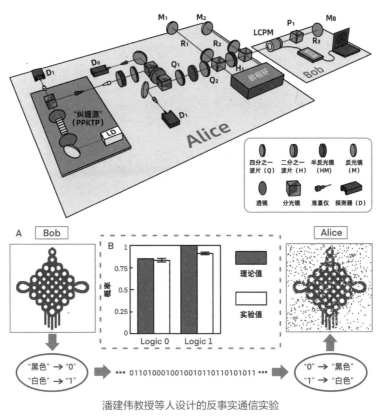

潘建伟教授等人设计的反事实通信实验

从原理上看，这种反事实通信技术如果实际应用，将有着无与伦比的安全性，甚至比目前热门的基于量子纠缠的通信技术的安全性能更高。利用量子纠缠特性通信（关于纠缠问题后面再介绍）只是能够识别出通信是否被第三方窃听，而反事实通信因为不传递任何粒子，窃听者无法截取任何信号，所以根本无从窃听。

这种通信方式究竟是怎么实现的呢？

我们思考一下就会发现，在游戏中能做到这点是因为副本中存在一个全局的整体概率变量来约束内部各个怪物的总掉落比例，从而让我们可以通过垫小怪的方式间接改变巨龙BOSS的掉落率。但在现实中，我们是怎么做到这点的呢？

我们只能承认，现实中的概率波起到了与游戏中的全局概率变量相同的作用。在实验中，虽然光子并没有跑到B部分，B部分完全没有实际的粒子存在，概率波也几乎为零，但是B部分的障碍物真真切切地影响了光子的最后落点，说明概率波这种数学概念并不是只存在于我们的理论假设里，而是真实地存在于现实物理世界中。

从虚拟世界视角来解释其实很容易。用我们之前的思路可以知道，光子在发射后其实就不存在实体了，系统也不会去进行实时路径计算，而只会等待探测事件的发生。当系统发现波函数即将被观测时，才会将波函数所有可能到达的路径上的情况进行叠加计算；在实验装置的B部分，虽然概率波接近于零，但并不是完全等于零，所以依然会被叠加计算到最终的总概率函数里，从而影响光子坍缩后的落点。

虽然放到游戏里人人都能理解，但是在现实世界中，对我们来说却是很难接受的事实。这种看不见的概率波究竟是什么呢？只能说我们还需要更深刻地认识粒子的非实在性才能理解概率波的含义。

也许，这个世界的本质其实就是概率波，而粒子只是因为观测而产生的表象，所以实际上应该是这些概率波在传递信息，而粒子只是因为观测行为而产生的现实投影。其实任何一个游戏设计师都明白，游戏里的角色、NPC或BOSS，它们的形象模型其实只是为了满足玩家体验的假象，游戏的实质是这些表象背后的数值和数值关系。

如果从这个角度来思考，其实我们的思维就不应当简单地被表象所束缚，而是应当考虑如何利用表象背后的概率波。

我们可以顺着这个角度进一步思考，在这些实验中我们并没有阻挡光子就影响了光的概率波，进而还影响了光子的落点；那么再反过来想，是不是等于我们其实不需要用光子去照射物体，就能感知到是否有物体存在？

抛开表象后，是不是突然有石破天惊、茅塞顿开的感觉？

这是什么意思？这就等于说，我们居然可以用不存在的概率波去探测现实物体。

而且这并不是大开脑洞的幻想，而是目前还存在于理论中的概率波量子雷达的基本原理。

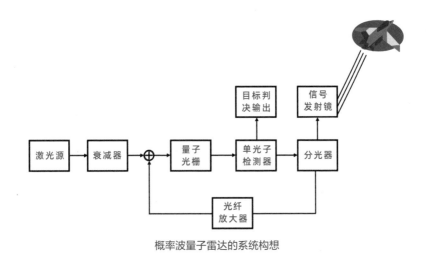

概率波量子雷达的系统构想

是不是有一种将数学武器搬进现实的感觉？

如果这种先进的概率波量子雷达制造出来了，意味着我们只需要利用单光子信号就可以探测目标，而且不需要探测目标的回波。大家可以想象一下，假如这种雷达真的用于军事领域，那么不管多么先进的隐身战机，五代机也好，未来的六代七代机也好，都将会在这种雷达的概率波下无所遁形。

因为传统的飞机隐身技术都是通过设法尽量减少对电磁波的反射或者吸收掉电磁波来躲避雷达探测，可是这种方法对于概率波雷达来说毫无作用。因为概率波雷达可以不对目标发射任何电磁波或粒子，仅仅依靠目标对概率波的微弱影响就能够感知目标的存在，而目标所在位置甚至概率波几乎为零都会被发现。

至于这个概率波到底是什么，恐怕连现在最厉害的物理学家都说不清楚，更谈不上如何防范几乎为零的概率波了。这就像量子游戏里的那只巨龙BOSS，怎样才能在连玩家都没有见到的情况下，防止自身的掉落率无缘无故地升高呢？如果你看不到系统的底层代码，就可能根本无法理解此事，更谈不上如何干预。这相当于要在现实系统底层作弊，那得是什么样的黑客技术才可以做到？

所以如何才能防止概率波的探测，或者面对概率波如何隐身，这恐怕未来会成为下一代先进战机和先进导弹将要面临的巨大挑战。

人类的战争技术经过几千年的演变，早已经发展到核武器阶段，没有人可以否认热核武器是现在人类拥有的最厉害的武器。但是未来更厉害的武器也许并不是那些威力更大的反物质武器或者能量更高的高能激光武器。如果人类更进一步地掌握了物理世界的底层规则，开发出数学概率类型的武器，就能够在无声无息中令敌方核武器中的中子源失效，将其武器中的核子材料分裂概率置零，轻而易举地令对方的核武器全部失效，而且敌方还无法用任何常规手段进行防范。

在战场上，使用概率波雷达可以全面探知任意目标的信息；反向也可以用概率维度去干扰普通电磁波雷达，干扰电磁回波的坍缩来误导敌人，实现真正的单向战场透明。概率武器还可以干扰敌方武器中的激光陀螺、卫星导航设备和其他计算设备的运行，干扰或者窃听敌方的各种空间通信。此外，使用概率波不仅可以安全通信，还能够不受干扰地引导高精度武器。

目前这些运用方式还只是一些粗浅的想象，当我们真正理解和掌握了这些底层规则之后，相信还会有更多难以想象的高维度技术出现。

在科幻小说经常出现的宇宙大战中，超级文明们都会建造出巨大的太空战舰，使用毁灭星球甚至整个星系的能量互相攻击。但或许宇宙中真正的超级文明之战，只是在无声无息中使用数学或逻辑规则互相较量。这种层级的对决，获胜可能并非取决于谁能动用更多的能量和物质，而是取决于谁掌握着更底层的物理规则，拥有着更高的技术维度。在这种超级大战中也许不会有我们能够想象的实体战舰出现，甚至不会互相发射任何的能量或者物质，但无数星系的命运可能已被规则武器彻底改变，连时空都会在规则作用下被任意扭曲，而双方争夺的可能是更高维度下的规则定义权。

这就像网络游戏一样，普通玩家还在游戏规则下努力提升等级，打造武器，而真正已经理解了底层规则的黑客们则根本不屑于这些玩家行为。他们互相争夺的其实是后台服务器的管理员（root）权限，掌握权限的一方也根本用不着在低级层面上展现什么力量，就能够轻易地将普通玩家耗费无数精力得到的强大的角色数据删除掉，也能重新制定新的游戏规则让普通玩家们按照他的要求来玩。而普通玩家对此将完全无法抵抗，甚至毫无察觉。

所以，对于低等文明来说，掌握着规则的文明，就是神明一样的存在。

　　我们的脑洞好像又有点开得过大了，好了，我们还是回到"量子号"列车上，列车又要继续轰隆隆地向前了。我们这一章再次见识到了现实世界和虚拟世界的相似之处，也见识了不通过物质也能传递信息的神奇实验。下一站，我们还将继续前行，去见识量子不确定性带来的另一个不可思议的现象——量子隧穿。

06

微观世界里的
BUG

量 子 隧 穿 —— 现 实 世 界 里 出 现 了 穿 模 BUG ？

在第3章和第4章中，我们曾经详细地介绍了承载着"量子号"列车的两大基础轨道：不连续性和不确定性。这两大理念也正是量子物理的理论体系中最重要的基础概念，深刻地理解这两大理念对于我们理解量子世界的各种奇异现象大有裨益，同时也能加深我们对于宇宙本质规律的认识。

比如之前我们对万物不连续性的讨论就彻底更新了我们对整个现实世界本质的认知，让我们认识到现实世界中任何看起来似乎是连续的事物，包括时空和能量，其实都是有不可分割的最小单位的。整个世界的本质其实就像"像素化"的游戏一样，都是由最小单位的元素单元组合拼接而成的。所以，你以为你玩的是"3A大作"，其实在现实世界里依然只是一个比较精细的"我的世界"。

而我们讨论的不确定性则会告诉我们，构成现实世界的各种微观粒子不仅可以用代码化来理解，而且就连它们的观测结果都可以用代码执行输出的概率数值来解释。

我们也了解到量子代码执行输出的数值是完全概率随机、离散分布的。这些量子被不断观测后形成的虚拟粒子按照其概率函数在空间中随机地闪烁着，随着观测的持续逐渐形成了云雾状的分布图样。

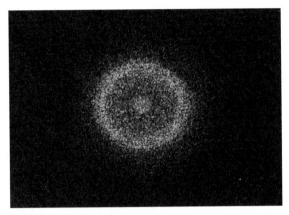

原子中的电子云

这个图景可能和你之前学习感受过的微观世界不太一样，可以回想一下，在你从中学开始学习的物理或者化学知识里的微观粒子——比如原子，课本上是以什么方式呈现的？

是不是一个个位置固定的小球？彼此之间还通过各种化学键连接在一起？

所以你可能想要反驳，气体、液体先不说了，固体中的原子难道不是固定的吗？我们在中学学习化学时就是用球棍组成的模型来表示各种化合物，其中的原子都通过各种化学键互相紧密地连接起来的，而且这些化学键还有键长、键角，难道这些原子的位置不是相对固定的吗？

其实，在中学课堂上看到的各种原子彼此位置保持不动，并通过各种化学键连接成分子的化合物结构模型，只是对于物质微观结构的一种相对初级的表述。只有在这些初级模型里才会把原子都假设成不动的小球以方便理解。但我们现在既然已经搭上了量子列车，就不应该继续依赖这种近似的初级模型了，而应该尝试想象更真实的微观世界的样子。

严格来讲，我们在中学化学课堂上所学到的连接原子之间的化学键，其精确的键长、键角都是测不出来的，这些键长、键角不对应任何可观测物理量，只是方便我们理解的近似几何量。我们不应该按照这种初级静态模型的样子来想象微观世界的状态，真实的微观世界其实更像是一锅煮沸的羹汤一样，无数的粒子在里面翻滚，快速地浮出又消失，所有的粒子都在做着各种不规则"闪现"运动，呈现出一种局部混沌又宏观有序的状态。

在量子力学的框架下，即使体系所处的状态与时间无关，任何粒子也不会有固定位置。所以"原子的位置"本身就是一种不严谨的描述。首先，原子内部本身就很空旷，我们平时所说的原子的位置通常是指原子核的位置，但原子核也是有内部结构的，体积也不是无限小。即使把原子核看作点电荷，原子核的位置也只有统计意义。其次，任何原子，它的位置必然是随着振动闪烁不断改变着的，即便是在基态（能量最低的状态），也存在零点能，对应着最低限度的振动。

降低材料温度的确能够降低原子的振动幅度，并使其位置慢慢稳定，变成一种凝聚态（BEC）物质；但是我们无法把温度降低到绝对零度（因为理论上降低到绝对零度需要无穷大的能量），所以无论再低的温度，原子还是会有轻微的振动，那么原子的位置就不会是固定不变的。

换作虚拟世界的表述就是，量子作为输出概率数值的代码，我们可以通过控制各种环境参数来缩小它的概率范围，但是永远无法把它变成一个确定的数值变量。而我们每一次去观测原子，实际上就赋予了原子一个新的位置和速度。对于量子而言，无论我们怎么观测都无法直接观察到其代码本身，只能得到代码当前的输出结果。因此我们想要比较准确地描述某个量子时，也只能描述出这段波程序输出结果的概率范围和分布状态。

就像在网络游戏里，每个小怪背后其实都是一段随机生成怪物的程序代码，如果你想要得知这段代码生成的怪物的准确位置，系统是没法告诉你的，也没法预测下个怪物会在哪里刷新，只能通过历史上玩家击杀怪物的位置分布生成一张该怪物的刷新地点的分布图，这就是系统对该怪物位置最准确的描述了。

所以量子物理学家们更喜欢用云朵来表示微观粒子。

微观世界里的每个粒子都是一朵云。

微观粒子的位置不断随机变化，所以可以把这些微观粒子都想象成不同形状的云。不仅是原子，所有的微观粒子，包括但不限于电子、正电子、中子、反中子、质子，反质子，中微子，Δ、Λ、Σ、Ξ、Ω 粒子，π、η、D、J/ψ、Υ、ρ 介子等都是云朵。

这些五花八门且稀奇古怪的粒子虽然有着各种完全不同的属性，但在不确定性特点上却是相当一致的——人类迄今为止没有发现任何一个违反不确定性的基本粒子。所以任何粒子，当我们把它们视作虚拟世界的波函数程序时，在某种程度上它们套用的算法模板都是一致的。

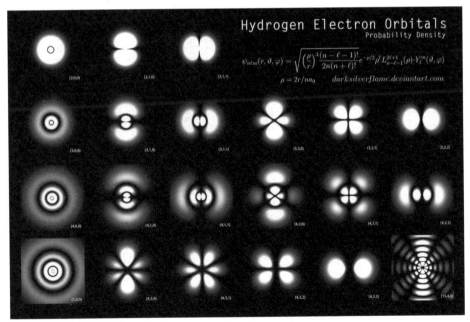

不同轨道的电子云

对于波函数的不确定性所带来的量子云，有人提出了这样一个思想实验：我们能不能用一个非常小的盒子（想象出来的），把某个粒子装在里面，限制粒子的活动范围，不让它随便乱跑，将其完全地固定起来？如果能够做到，我们是不是就可以得到一个位置确定的粒子了呢？

这个想法听起来似乎不错，虽然找不到这么小的盒子，但是我们可以用能量构筑一道墙来限制粒子的位置，不让它自由地发散开来。

你猜猜，这样做会出现什么情况呢？

又一件匪夷所思的事情发生了，粒子云并没有被墙壁挡住，它竟然穿过了屏障！云朵出现在了屏障的另一边。

概率云发生隧穿现象

我们知道，所谓云朵其实就是位置不断随机变化的粒子，云朵穿过了屏障，其实就是粒子穿过了屏障。但这怎么可能呢？

在现实世界中，物质是没有办法随意穿越屏障的，在正常认知里，一个小球哪怕是想要穿过一张极薄的纸，也不可能既不付出任何能量，也不弄破这张纸。可是在量子世界里，粒子就这样诡异地越过了足够薄的障碍。

是因为粒子太微小了，从屏障的缝隙中跑过去了吗？

当然不是，因为这个屏障本质是能量，是远比粒子能级更高的能量屏障，不可能存在任何的缝隙，我们称其为能量势垒。势垒在粒子面前就像一座山一样，在经典物理学的世界里，小球没有足够的能量是绝对无法翻越过这座山峰的，除非有足够的外力将其推过去。

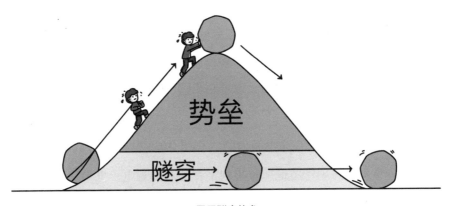

量子隧穿势垒

这么说可能还是会有人不理解，什么是能量屏障？怎么就一点缝隙都没有呢？

我们举个例子，比如一块石头放在地上，如果没有任何外力它是不会突然离开地面的，因为它无法平白无故地获得能量来克服自身重力，那么对于石头来说，重力势能就相当于一个屏障，将它牢牢地压在地上。所以，很显然在没有外力的情况下，任何宏观物体不可能自行突破屏障。

可是，量子却绝不屈服于这座山峰的阻挡，它执意要按照自己的概率云向外发散分布自己的位置，当发散分布在遇到山峰的阻挡后，它竟然打了一条隧道直接穿越过去了！

什么！量子居然会自己打隧道？

当然，打隧道只是一个形象化的说法，势垒当然没有被挖出一个洞来，但是粒子却像找到一条暗藏隧道一样，毫无阻碍地穿过了它本来无法翻越的高山。所以，我们就把这种神奇的现象称为"量子隧穿"。

提到"量子隧穿"或者"隧道效应"这些名词，大家是不是感觉不太陌生了。我们似乎偶尔也会听到类似的词汇被用在某些高新的科学设备上，比如"隧道扫描电子显微镜"之类。

其实量子隧穿现象是人类研究最早的，也是被运用最多的量子特性之一，我们利用量子的这个神奇特性，不仅制造了晶体管、传感器、电子显微镜等，据说连手机的外壳都要用隧穿材料来做，以便实现全机身的触摸感应功能。

不过量子隧穿虽然可以帮助我们制造产品，但它也会给我们制造麻烦。

量子隧穿最大的副作用是严重影响了我们对微观电子世界的掌控。比如在微电子行业里，正是因为存在量子的隧穿效应，才导致现在的微电子芯片技术发展到1纳米时代就遇上了继续缩小尺寸的物理学障碍。人们发现芯片里阻隔电子的材料如果尺寸小到5nm以下，量子隧穿效应导致的漏电现象就不可忽视了，如果尺寸进一步减小，那么漏电问题将会更加严重，电子会随机地穿越极薄的栅极，导致芯片的逻辑电路无法正常工作。

甚至有科学家说，因为量子隧穿现象的存在，人类的电子集成芯片技术的发展，已经被量子物理学设置了一道永远也无法突破的理论障壁，在人类没有找到能够解决隧穿问题的技术之前，芯片的尺寸将停留在某个极限并不能够更进一步地缩小了。

那么，量子隧穿到底是怎么回事呢？

其实量子物理学对此的解释也非常晦涩。

量子物理以微观粒子的位置和能量具有不确定性来进行解释：量子具有一些不确定的能量涨落，偶尔它们可以从虚无中凭空"借"到一些足够高的外界能量，然后借助这些能量就越过了势垒墙壁，从而实现了凭空穿墙。

凭空"借"能量穿墙？这听起来是不是非常玄幻？

找谁借？借了还不还？

这段话不好理解，但确实就是现在物理学最主流的理论诠释。大家理解不了怎么办呢？不要慌，幸好我们还有普通人的视角，我们再到虚拟世界里看一看吧。

在虚拟世界里，有没有类似的现象呢？

当然有！

对于虚拟世界，我们体验最多的其实就是各种各样的3D游戏了，大家玩3D游戏时应该都见过类似图片中这样的BUG：

这种显示BUG在各种3D游戏里很常见，称为穿模错误，是一种游戏中的模型碰撞检测失效造成的BUG现象。游戏里为什么会出现穿模BUG呢？其实是由于几种原因造成的。

游戏中的穿模BUG

最常见的原因是模型的碰撞检测点设置错误，或者是设置得不足。碰撞检测在游戏中是非常消耗资源的一种计算需求。首先3D游戏中物件非常多且繁杂，而碰撞检测的计算量是随着3D物体的数量成倍上升的。其次，这些3D物件的形状还非常不规则，比如常见一些诸如毛发、飘带等形状极不规则且不断运动变化的柔性物体，这样的物体如果需要计算碰撞，计算量显然相当可观。

所以，为了节约有限的主机性能，游戏的开发者往往在这方面会适当容许一些错误效果的产生。比如对于形状极不规则的飘带或者毛发，一般就不设置碰撞检测点了，所以我们在游戏里有时会看到飘带或者毛发类的物体无视阻挡，自由地穿过各种模型。

此外，另一种常见的碰撞检测错误则是由运动引起的，游戏里如果某个物体运动速度过快，在特定的情况下也会引发穿模BUG。

这是因为游戏引擎的碰撞检测也是不连续的，需要根据检测设置，每隔一段时间循环一次，比如每1/30s一次。因为碰撞检测的原理是判断两个碰撞体有没有重叠的区域（进入彼此的空间），如果有，就会触发碰撞事件，比如反弹或造成伤害等。所以，每轮检测循环时系统就要把所有带碰撞面的物体之间的距离全部检测一次，显然这个检测量也不小，尤其是一些比较复杂的大场面，可能场上有成千上万个3D物件，那检测一轮的时间间隔就不可能设置得太短。

如果检测时间间隔太长，有些高速运动的3D物体，可能就会在系统两次碰撞检测的间隙发生重叠，从而导致检测失效，出现了穿模BUG。这种BUG也是无法避免的，唯一的办法就是限制游戏中物体运动的速度，让物体不要运动得太快，或者对于高速运动进行特殊处理。

虽然程序员也是想尽了各种办法来优化游戏中的碰撞检测算法，比如用四叉树算法来降低检测量等，但是运行中游戏依然会在各种极端情况下出现穿模BUG，这可以说是游戏引擎算法自身所固有的问题，只要游戏世界的计算资源是有限的，这种现象就无法完全杜绝。

不过，现实世界的量子穿模其实和这两种常见的游戏BUG情况都不太一样。那么现实世界的量子穿模是什么样子的呢？可能更类似下图的效果。

特效穿模BUG

这种穿模BUG其实很多常玩游戏的读者也都见过，称为"特效穿模"。本质上就是因为游戏中的粒子特效没有实体，没有办法设置碰撞检测，所以特效中发散的粒子就可以任意穿过墙壁模型，出现在墙壁的另一边。

为什么特效穿模更接近量子隧穿呢？因为量子云本身的表现就非常像游戏中的粒子特效。在游戏中，为了表现一些云雾、流体或烟花法术之类的效果，会专门用一种特效程序来产生一种粒子状的视觉效果。这种粒子状的效果并不是真实的3D模型物件，只是一种程序根据算法随机生成的微点状的立体图案。如果我们把这种粒子特效设置成围绕一个核心不断涌现消失的形态，并且密度由内到外不断降低，视觉上就非常接近我们想象中的量子云了。

因为这些特效的微点并不具备实体模型，自然也就无法对它们设置碰撞检测，所以我们就会在游戏画面里看到，这些特效的小点是可以穿过任何模型阻隔的。仔细观察这种特效穿模的表现就会发现，它与量子隧穿的表现也非常相似，这些微粒并不是从中心辐射到四周并穿越屏障的，而是直接涌现在空间中的，它们并不是向四周扩散，而是直接出现在四周。

这正和量子云的状态一模一样，所谓的量子云就是量子不断坍缩然后随机呈现在四周不同的位置上的粒子所形成的分布图案，这个过程中如果有屏障靠近量子云，量子其实也并没有通过什么隧道穿越屏障，而是直接就出现在了屏障后面。

所以，其实对于量子来说，并没有什么穿不穿越的问题。量子本来没有确定的位置，你一个屏障挤到量子函数的分布空间来，当然挤占了人家量子的地盘，所以量子绕过屏障在其背后继续分布不是也很正常吗？

就像游戏里的物体模型挡不住本来没有实体的特效粒子一样，量子不被观测时本身就是一种没有实体的存在，屏障怎么可能挡住这种"幽灵"般的粒子呢？所以，量子云出现在屏障后面似乎也不是什么很难理解的事情。

如果我们从波函数的视角来看，就相当于量子所代表的概率波在碰到势垒屏障后，会像波浪撞上铁栅栏一样，一部分会被反弹回来，另一部分则会在被削弱后穿过屏障跑到外面。从这个角度来解释，似乎这个现象也勉强可以正常理解。

不过，真实的量子云和游戏中的粒子特效还是有一些区别的。真实的量子云所形成的"粒子云雾"从观测角度来看其实是真实存在的；而游戏里的粒子特效只是视觉效果，它没有具体模型，也就没有任何真实的碰撞问题，就算卡在别的模型内部也不会引起什么问题。但是量子云发散出的粒子是有真实的碰撞问题存在的，这些粒子如果出现位置正好处于屏障内部会发生什么现象呢？

会被弹出！

对，科学家发现，出现BUG的粒子会被系统快速弹出！

根据科学家们在实验里的观测，如果量子在势垒内部也有分布，并不会像游戏里一样卡在势垒内部，而是会被弹出屏障之外。大部分粒子会被原路弹回到屏障内侧，少部分则会被弹出屏障外部，而这些被弹出的粒子就实现了隧穿。

而且科学家们还发现，当量子隧穿发生时，粒子被弹出，或者说穿越的速度几乎是瞬时的，而且屏障的能量越高，粒子穿越的速度越快。经过实验测定，这种速度竟然会快到超过光速！

这就是所谓的"超光速隧穿"现象了。

大家不要觉得这个名词就像其他各种深奥玄妙的学术名词一样稀松平常。"超光速"这3个字出现在科幻小说里的确不稀奇，但是出现在物理实验的结论里，那就不是一件小事了。要知道，在现代物理学里，真空光速是宇宙中的最大速度，这可是相对论给出的"宇宙铁律"；如果有任何超光速现象存在，那么就意味着以相对论为代表的现代物理学基础都有大问题了。

可是，科学家们在各种实验中都发现了量子隧穿的超光速现象。

2019年，斯坦伯格、拉莫斯与他们在多伦多大学的同事大卫·施皮林斯（David Spierings）和伊莎贝尔·雷切科特（Isabelle Racicot）进行了一项实验[1]。

爱尔兰物理学家约瑟夫·拉莫尔

这项实验的目的就是为了测量量子在隧穿屏障时候的速度到底是多少。可是量子的隧穿过程我们是无法用常规方法来观测的，那么科学家要怎样才能计算出量子穿过屏障到底耗费了多少时间呢？

在量子力学中，自旋是粒子的内禀属性，由此可以产生一个磁场。在测量时，自旋方向就像一个箭头，只能指向上或下。但在测量之前，自旋可以指向任何方向。正如爱尔兰物理学家约瑟夫·拉莫尔（Joseph Larmor）在1897年发现的那样，当粒子处于磁场之中时，自旋的角度会旋转，或称"进动"（Precesses）。多伦多大学的研究小组便利用这种进动来充当所谓"拉莫尔钟"的指针。

自旋进动时钟

当铷原子穿过磁化势垒时，它的自旋方向就会发生旋转，并产生进动。物理学家就可以通过测量进动的数值来推断铷原子在势垒中停留的时间。

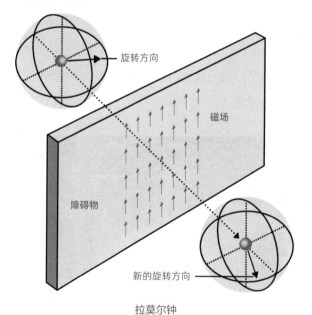

旋转方向

磁场

障碍物

新的旋转方向

拉莫尔钟

这种时钟就是利用了原子自旋的"进动"原理，当一个铷原子穿过一个磁势垒时，它的自旋会发生进动。物理学家通过测量这种进动，得到了该原子在势垒内部停留的时间。

研究人员使用一束激光作为势垒，并开启其中的磁场。然后，他们准备了自旋朝向特定方向排列的铷原子，并让这些原子向势垒飘移。接下来，他们测量了在势垒另一侧出现的原子的自旋。测量任何单个原子的自旋总是会有朝"上"或"下"的模糊答案；但是通过反复测量，收集到的结果将会揭示原子在势垒内部进动角度的平均值，以及它们通常在那里停留的时间。

研究人员报告称，铷原子在势垒内停留的平均时间为0.61ms，与20世纪80年代理论预测的拉莫尔钟时间是一致的，这比原子在自由空间中运动的时间还要短。因此，这些计算可以表明，如果势垒足够厚，会使原子隧穿的速度比光速还快。

隧穿速度超越光速的实验结果令人震惊，这意味着相对论构筑的时空逻辑被颠覆了，甚至连事物之间的因果关系都会错乱。然而，专家们普遍相信量子隧穿并没有真正打破因果关系，但对于其确切原因还没有达成共识。

对于这个现象的理解，所有的专家都显得一筹莫展。理论物理学家们对于这个现象争论不休，并且提出了各种各样的新的假说来解释这个现象，一方面试图坚决捍卫光速是宇宙速度的绝对上限这一铁律，另一方面又希望能够解释清楚量子超光速穿墙的现象。不过这些先进理论复杂无比，建议普通读者别去尝试了解，以免出现头脑过载的症状。

但是不要慌，我们还有普通人的虚拟世界视角不是吗？

我们普通人怎样理解超光速隧穿的事实呢？我们先来虚拟一段场景对话看看吧。

例如，你是某个网络赛车游戏公司的老板，今天你很生气，因为游戏里某条赛道的最新成绩被刷新到了一个令人惊奇的恐怖的地步，有玩家只用了几秒钟就完成了比赛，很显然这是游戏出现BUG被人利用了，于是你叫来了游戏的运营经理和研发经理开会研究解决方法。

"你们谁来跟我解释一下，这个玩家是怎么做到的？"你作为老板有权要求下属们给你一个合理的解释。

运营经理连忙回答："我了解过了，这是玩家利用BUG实现的。"

研发经理感觉很奇怪，说道："不应该啊，这种BUG理论上是不可能出现的。"

于是你问道："为什么不可能出现呢？"

研发经理说："因为我们的赛车其实是有速度上限的，无论玩家怎样改装赛车，都不可能超过这个速度上限。"

你又问道："为什么不可能超过上限呢？难道玩家不能通过某种手段绕过这个限制吗？"

研发经理说："不可能绕过的，因为这个速度上限并不是我们为了防止玩家刷BUG而人为设置的，而是我们游戏的底层逻辑决定的。因为赛车在我们的游戏里需要不断地改变位置，而游戏里物体改变位置的最小空间单位和最小时间单位都是确定的，所以在理论上就会有一个最大速度，无论玩家用什么办法都不可能让赛车超过这个速度。因为这个速度就是我们的游戏能够保证赛车连续移动的极限，再快，赛车在玩家眼里就会出现瞬移了，这种现象在我们的底层算法上就是无法出现的，我们的赛车在代码空间中只能一格一格地移动，不能跳格！"

你听完，觉得研发经理说得很有道理，就非常疑惑地问运营经理："那么我们的玩家是怎么做到的呢？"

运营经理说："我也不太懂这个原理，但是我能把玩家的操作重现给你们看。"

于是运营经理进入游戏，选择赛道开始比赛。只见运营经理在赛道上找到一个合适的位置，飞快地把车撞向了路边的一道崖壁，运营经理试了几次后成功了。这一次几乎是一瞬间，车没有被崖壁正常地弹回去，而是从另外一边的崖壁被飞快地弹了出来。这个穿越过程似乎没有花费任何时间，运营经理就重现了玩家的成绩。

办公室里一阵寂静，你和研发经理两人面面相觑。

研发经理毕竟是名校毕业的高才生，他想了一会儿恍然大悟道："原来是这样，我实在没有想到会出现这种情况，这其实是赛道旁边的崖壁太薄了造成的。"

"崖壁太薄为什么会造成这个BUG？"你一脸的疑惑。

"是这样的"，研发经理已经完全理解了问题所在，"我们游戏里面的碰撞检测是有时间间隔的，程序会每隔一会儿就会检测赛车模型的中心与各种阻挡物之间的距离，一旦距离小于某个值就会视作发生碰撞，将车弹回去。但是这个崖壁障碍物太薄了，当玩家的车速高到某个程度，撞进来又正好卡在两次检测的空隙之间的时候，车的中心就穿过了这道崖壁才被检测到碰撞，但是因为模型已经越过了崖壁，碰撞检测程序就把车弹到了另一边，所以赛车就穿墙而过了。这个移动是碰撞算法造成的，和正常的移动不一样，所以不受最小移动距离的限制，因此就超过了游戏的最高车速。"

你又问道："碰撞算法有这么高的能力，能帮助赛车超过游戏的速度上限吗？"

研发经理说："是的，设置速度上限的底层逻辑是物体不能在游戏中超过最小空间单位做跳跃，否则就会出现瞬移，那么就可能会发生两个物体同时瞬移到同一个位置。所以要求物体连续运动，本质上也是为了避免不同物体同时出现在同一个最小空间单位里。既然碰撞算法的底层逻辑其实是避免不同的物体同时出现在同一个空间里，那么游戏存在速度上限其实并不是原因或目的，而只是现象，更本质的底层逻辑其实是避免不同物体的空间重叠。所以一旦出现这种空间重叠，弹出物体几乎是不需要速度的，系统会以最快的节奏把模型瞬移出去。当然，也不是完全没有时间消耗的瞬移，重新绘制物体还是要花费一点时间的，但这也远超最高速度了。"

"哦，"你和运营经理总算弄明白了这个BUG的底层原因，于是你又问道，"那我们要怎样避免玩家再利用这个BUG呢？"

研发经理想了一下说："很简单，把崖壁加厚点就行了。"

运营经理有点质疑："这好像没有从本质上解决问题吧？"

研发经理耸耸肩："这是最省事的办法了，如果你想要从根本上彻底解决这个问题，首先我觉得没必要，因为减小检测间隔会极大地增加系统负荷，需要购买更强大更昂贵的服务器，而且绝大多数情况下对玩家体验也不会有什么明显改善。其次，修改底层算法风险很大，搞不好会把整个游戏搞宕机。老板你看呢？"

"去让关卡策划和美术把崖壁改厚点，顺便检查一下还有没有其他赛道需要修改。"你作为老板，感觉决策起来一点难度都没有。

在结束会议之前，你有点不放心，又问了下研发经理："你确定崖壁改厚了，就不会再出现这个BUG了吧？"

研发经理是一个很严谨的人，他斟酌了一会儿说："理论上，还是有穿过的概率，因为我们的检测时间也有随机性，只要玩家尝试的次数足够多，再厚的障碍物也有穿过的概率，只是这个概率极小。"

"好吧，那就这样吧。"你作为老板深刻地理解不要为这种极小概率的事情去发愁的简单道理，这种小概率BUG，就当作是留给玩家的彩蛋好了。

虽然上面的游戏公司场景对话是我虚拟出来的情节，但是大家应该能够通过这段对话来理解量子隧穿现象。

我们把对话里的赛车比作量子，崖壁比作势垒。当量子因为观测突然坍缩到势垒中的时候，我们的宇宙系统就会像游戏系统所做的一样，以最快的速度将粒子弹出势垒，弹到最近的外部空间里；那么如果粒子位置正好离另一边的空间近，粒子就会被瞬移到对面去，从而实现了高速穿墙的效果。

当然，现实世界里粒子碰撞检测的机制肯定和虚拟游戏不同，现实世界的检测机制应该不会因为时间间隔太长而造成运动物体弹出的方向错误，量子穿过屏障更可能是因为势垒只会将粒子弹出到最近的空间里，毕竟量子云的分布不需要运动就可以直接越过势垒内部的中线。

所以，我们可以这样理解实际情况：当我们去观测一个靠近势垒的量子时，正好它的随机位置分布重合到了势垒内部，这时候宇宙系统就检测到了这个错误，并且直接将位置结果修改成最邻近的空间，当然这个空间就可能在势垒的另一边，而从我们的观测角度来看就是量子瞬间穿过了势垒。

你看，这个纠错过程是不是显得很合理？不过我认为，在这个过程中，其实我们得到了一个非常惊人的看待宇宙基础法则的视角。比如我们不把光速是当前时空速度上限当作一种最底层的原始规律，而是把它视作一种现象，那么这个宇宙必然还有更底层的法则导致了这种现象的出现。

例如，光速为什么正好是30万千米/秒，而这个速度又正好等于物理学意义上的最小长度（普朗克长度1.6×10^{-35}m）除以最小时间（普朗克时间5.39×10^{-44}s）呢？其实如果我们用虚拟游戏的视角来看，就非常合理了，开发游戏的程序员如果将这个游戏里物体运动速度的上限限制为每个时间单位里每个物体最多只能移动一个距离单位，那么游戏里绝对不会发生两个物体同时出现在同一个空间的状况。

很多朋友玩过一种回合制的战棋游戏，在这种游戏里，所有的单位每个回合都只能在棋盘式的地图上移动一次，一次也只能移动一格，随着游戏继续，所有单位都会顺序依次移动，这样处理完所有单位的行动整个游戏才算进行了一个完整的回合。这种回合游戏玩起来节奏要比实时游戏缓慢很多，但其实所有实时游戏，比如动作游戏或RPG游戏，在本质上也都是回合游戏，只是这些实时游戏的回合进行速度不仅非常快，而且是不等待玩家行动就可以自动进行的。在实时游戏里轮到你操作的时候如果你错过了，游戏马上在下一个时间片轮换到别人去操作了，但无论怎样，在游戏逻辑里所有单位一定是有行动顺序的，所以可以说我们玩的一切游戏都是回合制的。

而在回合制战棋游戏里，如果要绝对避免单位重叠在一个格子里，最好的办法就是规定每个回合每个单位最多只能走一格。这样，角色单位只可能走到一个空格里或者无法行动，而不会走到一同参与游戏的其他单位的格子里。

如果我们允许单位一次能走多个格子，那么游戏就会出现很多复杂的情况。比如，你的单位一次能走10格，但等到你拿起棋子准备开始移动时，却突然发现路径上的格子和目标格子都已经有其他的物体了。怎么办？现在退回到出发格吗？还是停到目标格附近的某个格子上？路径上的障碍怎么办，直接穿越过去吗？似乎怎么做都不对。

大家应该还记得，在延迟选择那一站，我们就知道了所有粒子的运动其实并不是真的运动，而是在被观测时才开始结算之前的路径概率。如果我们允许粒子跳格移动，那么整个运动系统结算会乱套，出现各种重叠和穿越BUG导致的路径错误问题。

所以还是规定一次最多移动一格最简单安全，这应该就是最合理的宇宙运动规则。

那么，当每回合最多只能移动一格的规则确定以后，我们用每格的距离除以每回合的速度，不就是这个宇宙游戏中最快的运动速度了吗？

不过，且慢！

刚才我列举的情况是基于游戏里面每个棋子都是很老实这一前提的，我们假设把棋子放在那里，它就会老老实实停在那里纹丝不动。可是，现实世界中的量子棋子可没有这么老实，它们无时无刻不在到处乱窜，以至于都把自己晃成一朵云了，所以就会引发操作以外的自主运动造成的问题了。

这样的情况下，就算系统严格地定义了量子的限速规则来避撞，它还是有可能在附近小幅地瞬移乱窜，也许会突然一下跑到更高势垒的空间去了。这时候应当怎么办呢？

这样可能就直接违背了我们这个宇宙游戏的更高的能量守恒规则：低能态的物质不能凭空获得更高的能态。如果一个粒子能够稳定地待在能势更高的地方，哪怕只是一会儿，也相当于它凭空获得了能量。这就违反了能量守恒定律。

所以能量守恒规则的级别显然更高，因此一旦触发，游戏的保护系统就会立刻反应，瞬间将误入势垒的粒子弹出，剥夺它意外得到的能量。

因为这个弹出操作源于更高级别规则的作用，自然不能像普通运动规则的回合式操作那样，一次一格地慢慢把粒子移动出去，因为这样会让那个犯规的粒子继续制造问题，这时候系统自然会用最快的速度瞬间把粒子弹到附近空闲的空间里去（可能类似于直接修改坐标的方式）。这个过程也自然不用遵守什么限速规则，因为限速规则是低于能量守恒规则的。

我们甚至可以这样理解，宇宙里其实并没有最高限速是真空光速的规则，真空光速只是能量守恒规则约束下的粒子能够达到的最高运动速度的结果。所以本质上粒子的运动要遵守的只有能量守恒规则，如果任何情况导致可能出现粒子获取了不应得的能量，那么系统将马上会用非常规的手段解决该问题。

于是超光速现象出现了。

棋子触犯了更高规则后会触发纠错程序

就好像虽然法律严格规定我们不得伤害别人，但是对于一个正在违法伤害他人的罪犯，警察在制止他时自然不用遵守这条法律，警察可以用击伤甚至击毙罪犯的手段立即制止其违法行为。警察的这项权力是系统赋予他的执法特权，这项特权来源于更高的保护群众生命的规则，所以就不会受到低级普通规则的限制。

因此，当系统弹出侵入势垒屏障的粒子时，可以超越低级别的速度限制，如果我们把这种操作视作宇宙系统的保护机制时，也体现了一种很容易理解的程序继承思维：下层逻辑必须服从上层逻辑的约束。而这一思维导致了物理学家们也难以理解的"超光速隧穿"现象的产生！

怎么样，我们这个世界真的非常像一个游戏化的虚拟系统吧？

如果是游戏，那么这个世界的各种法则我们都可以重新理解了。

比如，既然我们感觉光速限制只是更底层的规律导致的结果，那么其他常数绝对不变也不是那么不可挑战了。我们可以尝试从类似的角度看待物理学中的各种基础常数，尤其是那些有量纲的常数，它们很可能也不是绝对不变的宇宙初始变量，而只是某些更底层的物理规律或者宇宙规则导致的一种结果，如电子的电荷数值或质子的质量等。

限于篇幅，我们就不必继续在这个方向上挖掘脑洞了。但是，这不妨碍我们稍微想象一下，如果我们能够好好利用宇宙更底层规则所带来的恐怖能力，也许未来人类就可以靠某种超级技术，让宇宙的保护系统把一个宏观物体"弹"出到天文尺度的距离来实现超光速旅行；甚至我们能够再进一步，掌握底层规则背后的力量，从而拥有更加逆天的改写各种物理常数的能力！

等到那时，恐怕改天换日、掌控星辰万物都会变得简单无比，宇宙一切物质甚至时空都可以任我们随意摆布吧？

过去，人们常用卡尔达肖夫指数来描述文明发展层次。卡尔达肖夫指数根据文明能够使用的能量级别来定义文明等级，例如，一级文明能够利用自身行星上的全部能量；二级文明能够利用恒星上的全部能量；三级文明能够利用星系级别的能量。

其实，这种定义方式仍然基于传统思维，将文明等级简化为其对能量的使用量级水平。而真正的高等文明在发展到一定程度时，可能会经历从量变到质变的过程。也许在科技水平达到某种程度后，单纯的能量利用水平已不足以评价文明的能力；更强大的文明在对宇宙规则的理解达到新的境界之后，也许能够掌握如何利用底层的宇宙规则，甚至改写某些宇宙规则的能力，那就可以随意转化一切能量和物质，甚至虚空取能，或者超距取能。对于仍然受规则束缚的低等文明来说，这样的文明才可以称为真正高层级的文明。

好了，我们又该收回遥远的幻想了，这站的内容就谈到这里。我们的"量子号"专列穿越出隧道之后，还要继续前进，下一站我们要去见识一个简单而又寓意深刻的实验。

07

奇妙而又微妙
的测量

节省资源——游戏贴图只在玩家要看时才会渲染。

"量子号"旅行列车继续隆隆向前，趁着列车行进的空隙，我们正好来聊一聊在量子演化过程中的一个非常重要的环节。在前面的内容里，我们也反复地提到了这个重要而且是与人相关的唯一操作，就是观测：观察或者测量。

　　在我们所有的故事里面，进行观测的时刻似乎就是最神奇的一瞬间。

　　在那一瞬间，被观测的波变成了粒子，函数运行输出了结果，一切随机性都消失了，变成了具体的物理量，一切数学抽象也变成了物理实在。

　　观测之前，一切实体似乎都不存在，一切物质似乎都只是代码，一切客观都没有意义；但是测量的那一瞬间，世界突然具象了，你看到的就是实体，感知的就是物质，测到的就是属性，所有事物都是客观而又真实的。

　　等观测结束，一切又恢复到虚无的状态，波还是波，函数还是函数，它们在你观测结束的一瞬间就重新虚化成波，所有的客观存在似乎又完全消失在系统之中，而你似乎只是用观测的方式给时空打了一个小小的结。

　　如果说我们的整个宇宙只是高维世界向下的一个投影，那么平时它肯定只是蜷缩于高维之上的，只有我们在观测时，它才会吝啬地向现实的低维世界投下一个短暂的影子，而且还只是把部分影子投向被你测量的维度，而它全部的秘密则永远保存在更高的我们永不可探知的超世界里。

所以，在我们没有观测时，整个宇宙甚至都可以看作并不是实际存在的，而是处于一种虚无状态，只有观测行为才会推动整个宇宙在时间轴上跃进到当前状态的计算行为。

有人说，这也太不唯物主义了吧。可是唯物主义本身也只是一种经验主义，从哲学的角度来讲，这种经验同样是观测带来的，所以唯物主义其实也是人类观测宇宙并思考后得来的结果。如果观测本身不能反映客观真相，那么其结果也就失去了准确性与客观性。

可如此神奇的观测，它的本质究竟是什么呢？

很遗憾，这个问题看似简单，可量子物理学发展到今天，虽然在无数天才科学家的努力之下，量子理论也经历了各种跨越性的发展，但我们还是无法回答这个问题。不论现在多么先进的理论都还不能给观测一个准确合理的定义，观测的秘密一直横亘在我们面前，成为我们认识量子世界最底层规律的最大阻碍。

在当今的物理学界，对于观测，不同的理论有着各种不同的解读，可以说没有任何公认的理论能够准确阐述观测的真正物理含义，大家对这个充满主观色彩的概念还有相当多的无法认清的地方。

例如，我们很难分辨不同的人进行观测是否有区别，人在不同的精神状态下观测是否有区别，动物或者其他生物甚至微生物的观测是否算是观测，现在或者未来的智能AI观测是否算是观测，通过仪器设备间接的测量是否算是观测，通过复杂的逻辑推导得到的信息是否算是观测等等，此外，还有各种外界干扰会如何影响观测等。我们只能用实验去检验到底什么行为会引发波函数的坍缩过程，但是仍然不能总结出普适的规律。

传统的哥本哈根学派认为有意识参与的观测才会引起坍缩。可是这样更麻烦，还得解释意识是什么，这又涉及哲学和生物学，最后连客观和主观的界限都被搞模糊了。

而且，有时候似乎用意识解释也不够完美。某些实验里，波函数在传递过程中的一些路径信息泄露出去了，观测还未发生，但是也会引起坍缩效应，也就是说可能发生的观测也会对波函数有影响。

在我们看来，波函数是那么的脆弱，一点点的扰动或外界的刺激似乎都可能破坏它的非实在状态。但有时候，它跨越千万光年，甚至穿越星辰似乎也没有受到太大影响。

现在有一些更时髦的理论在尝试用一些复杂的客观定义，来摆脱主观行为对观测行为的影响。比如，量子引力理论这样解释，如果量子的某个态对空间曲率的影响超过了某个质量数值就会引起坍缩。

不过这些前沿理论我们还是在新闻里看看就好，尝试强行理解这些超越自己思维能力的理论，很容易造成诸多不良反应，衷心建议普通读者与之保持适当距离。

翻开现有的量子物理学的课本，找到测量理论的章节，我们多半会看到类似的句子："……这里的测量是一个抽象的概念，我们先不讨论用什么仪器进行测量，也不讨论现实中这种测量可不可行，只是假设存在'测量某个物理量'这种操作。"

看，这似乎也是一种"闭嘴去算"的观点：反正现在大家都说不清楚，那么我们就先用模糊的认识来理解它的规律吧，反正最后都是需要用实验来检验的。

既然如此，我们作为普通读者自然也不需要去深究什么是观测。我们还是可以从虚拟世界的视角来理解：观测就是对虚拟代码的一种运行行为，把波函数的代码运行一下，得到了所需的结果，那就是观测了。

我们希望得到什么，就可以输入什么给它，非常好用，而且绝不拖泥带水。

比如，粒子的自旋属性就是一个很好的例子。

这里我们需要介绍一个在物理学史上非常有名的实验，称为斯特恩–盖拉赫实验（Stern-Gerlach Experiment）。

这个实验非常简单，甚至比我们之前介绍的延迟选择或者反事实通信都要简单，但其实验现象却是非常惊人的。

斯特恩–格拉赫实验是德国物理学家奥托·斯特恩和瓦尔特·格拉赫在1922年完成的一个粒子成像实验，整个实验用一句话来描述就是：让一束原子通过一个不均匀的磁场之后，观察原子运动受到的影响。

这是简单的一个实验，实验设备也很简单。主要器件有三部分：一个原子加热发射炉，两块特殊形状的磁铁，一个感光靶子。

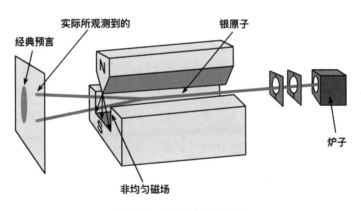

斯特恩–盖拉赫实验示意图

当然，实验看起来很简单，但是实验结果一出来，神奇的事情就发生了。

当年最早的实验用的是银原子，人们把银原子加热后发射出来，令其穿过磁场后打在靶上。结果银原子束分成了上下两束打在靶上，留下了两条分裂的暗斑图案。

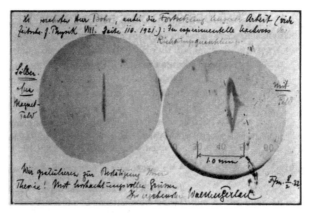

左边是没有添加磁场的靶图，右边是添加磁场后分裂的图案

这个实验结果很诡异。诡异在什么地方呢？

首先，中学时我们学过带电粒子在磁场中会受到洛伦兹力，因而会偏转。但是，这里用的是普通的银原子，整体并不带电。不带电的粒子在磁场中为什么会偏转呢？

其次，如果大家用的都是银原子，磁场也是一样的，按理说，即便是银原子会受力偏转，大家的轨迹也应该是一样的。那为什么它会分裂成两束呢？

还有，实验中用的是一个N极是尖形、S极是凹形的磁铁构成的不均匀的磁场。为什么要用不均匀的磁场？如果磁场是均匀的，那还会有这样的结果吗？

怎么样？这个实验看似简单，却和双缝干涉实验一样，在简单的结果里蕴含着大量难以用经典物理学理论解释的现象。这说明这个实验也一定是一个大宝藏，我们如果能够弄明白背后的规律，一定会有惊人的发现。

事实也的确如此，后来人们从中发现了非常重要的量子特性。

好了，我们先不剧透，还是从前面的问题一个一个谈起。

首先，为什么中性的原子在磁场中会偏转？

问题的关键就在"不均匀"这三个字上，因为磁场是不均匀的，所以它才会偏转。经过验证，如果改成了均匀的磁场，银原子就不会偏转了。

银原子在不均匀磁场中偏转了，表明它肯定受到了什么力。

正如一个粒子想跟电场发生相互作用，就必须具有电荷一样。一个粒子想跟磁场发生相互作用，它就必须具有磁矩，而磁矩是正比于角动量的。利用电磁学知识进行简单的计算，我们会发现银原子在磁场中受力的大小正比于其角动量和磁场在这个方向上的变化率。

也就是说，银原子的角动量越大，它受到的力越大；磁场在运动轴线方向上变化得越快，这个力越大。

所以我们可以得出结论：如果磁场在z方向是不均匀的，而且银原子又具有一定的角动量，这个银原子就会在z方向上偏转。

有了这个结论，问题看起来向真相前进了一步，但依然非常棘手。

为什么？因为银原子想在磁场中受力，需要满足两个条件：第一，磁场不均匀；第二，银原子具有一定的角动量。

不均匀的磁场好说，我们确实能提供一个不均匀的磁场。但银原子的角动量从哪里来？

我们知道，一个物体只有旋转起来，才具有角动量。银原子具有角动量，难道银原子本身就在旋转？

而且，就算银原子在旋转，按照经典物理学的理论，大量银原子会做无规则的热运动，肯定是转得快的有，转得慢的也有，朝上转的有，朝下转的也有。这样的话，银原子的角动量的矢量应该是各种各样的，它受到的力也应该是各种各样的。

那么，转得快的受力就大一点，它就会偏转得远一点；转得慢的受力就小一点，它就会偏转得近一点。而且旋转方向和速度不同，其偏转的方向也应当各不相同。

所以，最终呈现在屏幕上的也应当是距离中点从近到远，一整条线上都有银原子。而靶子上应该出现一条线，但绝不应该是两条分裂的线哪。

好吧，我们再整理一下思路：分裂成两条线说明实验中银原子分裂成两束，一束朝上，一束朝下，并且距离相等。那只能说明：这些银原子只受到两个力的作用，一个朝上，一个朝下，并且这两个力大小相等、方向相反。

银原子的磁矩只能来自自转，而磁场又是一样的，银原子只受到两个力，那就说明：银原子的角动量只能取两个值，并且它们大小相等、方向相反。

发射炉里飞出了无数的银原子，但是它们的角动量只能取两个值。那么，这个角动量就绝对不可能是由银原子的无规则热运动引起的，也不可能是银原子自己围着什么轴旋转带来的。

按照福尔摩斯的名言"排除一切不可能的，剩下的即使再不可能，那也是真相"来思考的话，唯一的结果就是：银原子本身就带有一种角动量，而这个角动量只能取两个值，它们大小相等、方向相反。就像一个粒子本身就带有电荷（正电荷或者负电荷）一样。

学过化学的同学都知道，银原子由1个原子核和47个电子组成，47个电子中有46个电子都待在内层轨道里，可以看作一个净角动量为0的球对称电子云；如果忽略原子核的转动，那么整个银原子只有一个角动量，就是来自最外层第47个电子的自旋角动量；由于原子核比电子重得多，整个原子作为一个整体拥有一个磁矩，它应该等于第47个电子的自转磁矩。

所以，银原子在磁场中表现出来的偏转和分裂，实际上就是它的第47个电子的转动造成的。

其实这也是我们选择银原子做实验的原因。因为它的最外层只有一个电子，所以角动量的取值只有两个，这样问题就比较简单。如果我们选择其他元素，最外层有三四个电子，那它们经过不均匀磁场时，角动量彼此组合，还不知道要分裂成多少束呢。

那么，罪魁祸首就逐渐清晰了，原来不是银原子具有奇怪的角动量，是它那个最外面的第47个小电子带的。这说明不同原子最外层的小电子具有大小相等、方向随机且相反的角动量。

带角动量，那不就是在旋转吗？这是新发现的一个粒子的属性，从带角动量的角度来看，似乎应该称为自转。

可是，科学家计算了一下马上发现，称为自转似乎不太合适，如果电子在高速自转，按它的角动量来算，其表面的转动速度居然超过了光速，这是不可能的。所以这不可能是电子在自转，但是它又表现出有角动量，这怎么办呢？

于是，科学家只好把这种粒子看起来像是在旋转，但是又不是普通意义上的类旋转特性称为"自旋"，以示区别。

后来，科学家越发感觉不能用"旋转"这种我们熟悉的日常概念来形容粒子的这个神秘属性了；因为经过计算和实验，科学家发现有的粒子转了两周才回到原位置，有的则和宏观物体一样转一周就算一圈，但还有些粒子是转三周算一圈的，甚至有转四周算三圈的。科学家只好将之分别称为自旋数为1、1/2、1/3、3/4等，转法五花八门。

如果非要揪住一个科学家来问，这些粒子到底是怎么转出这么多花样的？他多半都会耸耸肩，然后说："不知道，反正我们在日常生活里看不到这种奇怪的现象，这是微观世界特有的。"

反正就是说不清楚，不要问，再问就摆公式！生活总要过得去，你就先这么理解好了。

当然，标准说法是："粒子的自旋是其一种与生俱来的内禀属性，十分特殊，没有经典对应。"内禀属性，就跟你天生的性别一样，与生俱来，没有道理可讲（但其实，如果不把电子想象成一个实体，这个问题就不那么难理解了，一个虚拟函数有什么转不转的呢）。

那么，我们现在真的了解斯特恩–格拉赫实验了吗？

只能说远远没有，真正魔幻的部分还没有开始呢。更精彩的是这个实验的后续升级版本：级联斯特恩–格拉赫实验。

级联斯特恩–格拉赫实验，顾名思义，就是我们把磁场像多级火箭一样串联起来，然后看银原子连续通过磁场会发生什么事情。

接着，我们还要来个更高级的玩法。我们打算安排一组连续递进的三联实验来看看能够发现什么有趣的新东西。

在之前的原始版本实验里，我们让银原子先通过不均匀的磁场银原子分裂成了两束。而这一次实验我们把分裂的两束中下面的那一束挡住，让上面那一束再次经过一个相同方向的不均匀磁场。

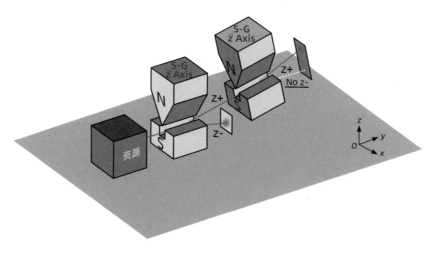

第一次实验

猜猜会发生什么？第一次通过磁场的银原子再次立马通过相同方向磁场，银原子依然只有一束，并没有再次分裂成两束。

你会说，这有什么好奇怪的，刚刚不是才通过磁场挑选出了相同自旋方向的原子，接着连续通过相同的磁场当然不会再分裂了。

好，我们其实只是要确认一下，磁场确实是筛选出了自旋方向完全一致的原子。

接着，我们开始第二次实验。

这次实验跟上次类似，也是两级的级联。唯一的不同是银原子第一次通过上下方向（也就是图中的 z 方向）的磁场分裂成两束后，这次让上面的银原子再次通过的磁场是左右方向的（也就是图中的 x 方向）。

第二次实验

也就是说，银原子第一次经过的是上下 z 方向的磁场，第二次经过的却是左右 x 方向的磁场。但是，第二次实验的结果却跟第一次实验不一样，银原子经过第二个 x 方向的磁场时，居然再次分裂成了两束。

这意味着什么？意味着通过第二个磁场时，上分束的银原子在 x 方向上的角动量也可以取两个值。

通过第一个z方向磁场时，银原子分裂成了两束。我们挡住下面那一束，让在z方向上只能取同一个值的上面那束（第一次实验的结论）再次经过x方向的磁场，结果它在x方向上又分裂成了两束。

当然，这个结果似乎也并不是那么难理解。因为我们第一次只是筛选了z方向的角动量，并没有筛选x方向上的，也许很多原子就是在斜着自旋呢？所以，第二次经过x方向的时候它再次分裂也不是很奇怪，只是分裂出的每束原子数量都一样，让人不禁疑惑，角动量随机得这么均匀吗？

那么，如果再加一个磁场呢？

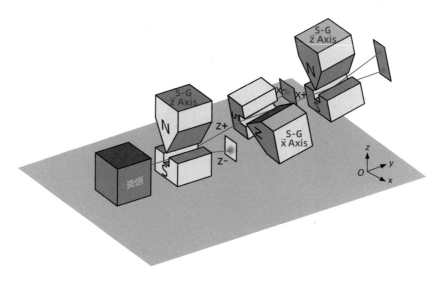

第三次实验

第三次实验，我们在第二次实验的基础上，又加了第三个磁场，还是上下z方向的磁场。也就是说，我们让银原子再一次面临与第一个磁场相同方向的筛选。

那么，经过了一次z方向磁场、一次x方向磁场的双重筛选之后，我们让剩下的银原子再次经过z方向的磁场，你们猜结果会怎么样？

你是不是想，第一次经过z方向磁场，已经把所有的银原子分成了上下两束，我们去掉了下面的一束，那剩下的银原子在z方向上的角动量应该都是一样的了。

同样，第二次经过x方向磁场时，我们相当于把银原子在x方向上又筛选了一遍，去掉了左边的一束。经过了第二磁场以后，每一束银原子在x方向上的角动量应该都只有一个确定的值了。

那么，经过了两轮筛选后，留下的银原子在角动量方面应该已经很纯了，这束原子在z方向和x方向的取值应该完全一致了吧？所以，后面不论是再经过z方向的磁场还是x方向的磁场，银原子应该都不会再分裂了，对吧？

而且，我们在第一次实验里验证过了，上下分束的银原子再通过相同的z方向磁场也不会再分束了，重复相同的筛选是不会导致银原子再分束的。

但是，结果让人大跌眼镜：经过z方向和x方向的两个磁场以后，让筛选后的银原子第二次通过z方向的磁场，银原子居然又分裂成了两束！

天啊？为什么？！

这就相当于给了你一把围棋棋子，其中有黑有白，有毛面有亮面。

游戏主持者让你先把黑子挑出来，你挑了一半出来，把棋子分成了黑白两堆；然后游戏主持者让你再把黑子堆里面的毛面棋子再挑出来，你又挑了一半，把黑子又分成了毛面和亮面的两堆。

这时候，游戏主持人居然又让你把毛面黑子堆里面的黑子再挑出来；你虽然很疑惑，但还是照做了。

你再次只挑了一半出来，把剩下的毛面黑子又分成了两堆。可是，你定睛一看，刚刚分出来的两堆棋子，有一堆居然又是白子！

哪里来的白子，第一次不是已经把白子都挑走了吗？

这是怎么回事？这不科学！

你决定冷静一下，再试试。

你收拢棋子从头来：把黑子先挑出来，棋子分成黑白两堆，这时候你直接在黑子堆里再挑黑子；结果全都挑出来了，并没有白子，没有再分成黑白两堆，世界似乎又正常了。

可是，你又试验了一次，还是按最开始的顺序来，先挑黑子，再挑毛面，最后挑黑子。结果竟然又分出两堆来了：1/4堆的黑子，1/4堆的白子。

那么从第一次分出的白子堆里也挑一遍毛面或亮面之后，再挑黑子呢？还是一样：1/4堆的黑子，1/4堆的白子。

这下更离谱，连白子堆里都挑出黑子来了！

先冷静一下，想想这中间发生了什么？

你察觉到问题出在哪儿了吗？

对，就是中间多挑了一次毛面亮面的，不多挑这一次，棋子颜色就不会发生变化，一旦多挑一次以后，棋子的颜色就又回到最初的混合状态了。

其实先挑的什么不重要，哪怕你先挑的毛面亮面，再挑黑白也是一样。似乎只要用不同的条件挑选一次棋子，就会重置棋子在其他条件下的叠加状态。

对，就是这样！我们用不同的维度测量一个粒子的话，会重置这个粒子的其他维度的状态，而粒子根据测量随机表现的状态会保持到下次用新的维度来测量为止。也就是说，粒子的叠加状态是可以用测量的方式来刷新还原的，这在经典物理学里简直是匪夷所思。显然，这又是一个典型的量子现象。

还记得我们形容量子就像一个虚拟的函数吗？

这个函数的输出结果其实取决于输入的参数（测量算符），它本身只是一个响应测量参数的概率函数，所以给予不同维度的测量参数就会获得不同维度的输出结果（本征态[1]），而它本身似乎没有任何既定状态，只是一个测量反馈器而已。

在各种各样的实验中，科学家们都验证了类似的量子现象。

例如，我们可以用不同角度的偏振片不断刷新光子的偏振状态，用一个非常简单但很有趣的实验就可以很好地展现这个现象。

如下图所示，我们用两个互相垂直的偏振片（A和C）前后交叠，就可以阻挡住所有的光线；可是如果在两片偏振片中间再额外多加一个45°角的偏振片（B）以后，我们会发现居然反而有1/8的光线透过去了。

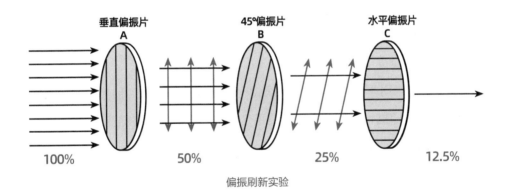

偏振刷新实验

非常奇怪吧？为什么本来不透光的情况下，再多加一个偏振片反而又可以透过部分光线了？

这个过程其实就是我们先用垂直方向的偏振片A筛选出垂直方向偏振的光子，又用斜向45°方向的偏振片B再筛选一遍，最后转45°再用水平方向的

1　量子力学中的专有名词，指描述一个量子物理量的所有可能结果的函数的状态，从数学上，一个系统的所有本征态相当于希尔伯特空间（一个无限维的空间）的基矢。

偏振片C进行最后的筛选。如果中间没有B，将没有任何一个光子可以通过C，因为垂直偏振的光线是无法穿过水平偏振片的。

但是经过中间多出的一轮45°偏振片B的筛选后，穿过B的1/4的光子就会"忘记"它上轮是垂直方向偏振的，并将自己的状态更新为45°方向偏振，所以到达C时，它们会有一半的光子（也就是全部光子的1/8）最后穿过了水平偏振片。

本来垂直方向偏振角度的光子是100%无法穿过水平偏振片的，只是光子们记不住前一轮发生的事情，它们刷新了自己的状态，并把自己经历过的事情给忘了！

这个实验虽然很神奇，但器材随手可得，所以人人都可以在家做做看。你只需要找两副观看3D电影用的偏振眼镜，把镜片拆开来就可以亲自感受一下神奇的量子测量刷新效应。

是不是感觉光子还有其他的基本粒子，似乎和银原子一样，记性都不是很好。我们每用不同的方式测量一次，它都会标准地按照当前测量的维度给出一半一半的随机状态，无论这个结果是否会和前面的测量结果相矛盾。

这能用正常的物理理论来解释吗？这根本没法解释！

看来我们这个世界的设计者，那位扮演上帝的"程序员"，似乎在这个问题上一点都不打算掩饰量子们的虚拟状态。他好像是有点草率地设计了一个非常简陋的波函数的模板（有点像C++语言里的父类）给所有的粒子套用，虽然波函数内部有复杂的数值叠加，但是模板的输出类型被定义成了量子化的数值类型，只能以有限的状态输出。因此，波函数在被测量时，就只能按照当前测量的内容在有限的状态中随机选一个来输出，某些情况下，波函数只能在指定的两个状态（本征值）中按一定概率随机选一个输出（测量值）。

打一个不恰当的比方，这就好像某个女生问她的男朋友："你爱我吗？"男生内心顿时处于一种复杂的叠加状态中，他似乎想用千言万语来回答这个问题，但是女生告诫道："你只能回答爱或不爱，不许废话！"男生内心的复杂想法瞬间就坍缩了，然后只好被迫随机给出一个肯定或否定的结果。如果女生多问几次，而男生又没有精神崩溃，那么女生就可以得到一个男生在当前状态下的爱与不爱的坍缩概率，从而得知他内心感情的叠加状态中究竟是有百分之多少是爱她，百分之多少是不爱。

上面我只是打个比方，建议各位女生还是不要这样去测试自己的男朋友；相信我，在没有计算出明确的坍缩概率的情况下，贸然去测量一个男生远不如先保持他的自然叠加态。

好了，还是说回我们的小电子吧。

所以，如果我们要测量电子的自旋，无论从哪个方向来观测，都有50%的概率会指向互为相反的方向，这与电子的实际物理状态无关。实际上，量子本身没有物理实体，因此并不存在传统几何学概念中的旋转小球之类的东西。我们可以将量子想象成游戏中的宝箱，打开后有50%的概率获得金币，那么无论何时打开它，都是精确的50%的概率，即使你事先挑选了肯定有金币的宝箱，但刷新它们以后再重新打开，你会发现仍然只有50%的宝箱里有金币。

中间关上宝箱看看别的内容再重新打开，其实就相当于我们做了一次其他测量，刷新了量子的当前状态。不过你要是一直盯着宝箱里有没有金币，宝箱的金币状态也不会凭空变化，量子宝箱能够保持当前状态直到被再次用其他维度进行测量。

在被观测前量子宝箱是无比神秘的，如果想确定一个宝箱里到底是什么，就必须打开这个宝箱确认；可是一打开，宝箱的内容就被永久改变了。量子的这个羞涩的特性让科学家们很头疼，因为有时候科学家们非常想知道宝箱里面是什么，但是又不希望打开它。可是量子就是这么神秘，它就是不允许任何人随便看；一旦看了，量子的状态就会发生不可逆的改变。

所以说女生不能随便问男生那个二选一的问题，一旦问了，原来的状态可能就回不去了。

怎么办呢？如果我们只是游戏里的普通玩家，自然是没有办法的；但是我们现在已经摆弄起了上帝的工具箱，开始利用量子的规律重新理解世界了，那么能不能找到一些办法，在不打开宝箱的前提下偷偷估计出宝箱里面的内容呢？

确实可以，这就是现在量子科技里最神奇的一项技术：弱测量技术。

当然，弱测量技术的具体方法非常复杂和专业，我们也不用去了解技术细节。但是其基本原理是：我们不去直接测量想要测量的量子对象，而是找一个辅助的仪表量子来和测量目标发生耦合关系，然后去测量仪表量子的数值，从而实现间接预测目标的可能状态的效果。

这就厉害了，一听就是真正的神级操作，居然敢偷窥上帝宝箱里的秘密。不过其实程序员们应该都很熟悉这种操作，这不就是某种内存探针工具，或者调试运行模式吗？既不干扰目标程序的状态，又能从内存中取出一些实时数据来预估运算结果。当然调试一个波函数的过程要非常小心翼翼，我们要用非常弱的方式去感知它才不会导致波函数的坍缩，就像打听男生的心思一样。

所以，对于女生来说一个更好的间接手段就是去问目标的好兄弟："他有经常提起我吗？"

这真是一项巧妙的技术。

我们对于弱测量在这里只是简单介绍一下，目前这还是非常前沿和正在发展中的一项技术，期待未来弱测量能够帮助人们更进一步地了解量子在非观测状态下的规律，让我们也能监控到宇宙内部代码的运行状态。

好了，现在再回到我们的测量实验上。

这一章我们利用斯特恩-格拉赫实验深刻地认识到测量在量子世界的重要而又神奇的作用。其实对一个量子进行角动量方面的测量研究是非常烧脑的一件事，量子除了诡异的自旋方向，具体到角动量数值上更是难以捉摸，不确定性在量子的角动量上表现得淋漓尽致。不过鉴于本次旅程的观光性质，我们就不在这方面展开讨论了，有兴趣的读者可以参看一些更专业的书籍。

对于量子测量问题的研究，非常清楚地反映了人类科学界的务实态度；虽然到现在为止，科学家们还搞不清楚测量究竟是一种什么物理过程，但是不妨碍他们在实验的基础上已经开始把测量的特性应用到实际领域中。

还记得之前讨论斯特恩—格拉赫实验时，我们发现了量子的一个神奇特性吗？当量子被某个维度测量过一次后，它就会一次性地记住自己当前在该测量维度上表现出的属性状态，直到被其他维度的测量重新刷新。但是，之前的测量维度加上测量到的信息，别人是无法获知的。因为要获取信息就要进行新的测量，而新的测量则会破坏上一次测量留下的状态信息，所以之前我们对量子进行测量的维度加上测量得到的信息所构成的组合信息就成为只有上次的测量者才会知道的秘密。这种单向的秘密特性显然可以被应用于加密技术，只需要我们把上次的测量视为一种私钥就可以了。

鉴于这种特性，科学家们设计出了最早的量子加密协议——BB84协议，只用测量就完成了无法无痕窃听的量子加密通信技术。1984年提出的BB84协议和之后改进的BBM92协议，以及2012年提出的MDI-QKD协议是目前国际上广泛通用的三大量子密钥分发协议。而这些协议基本上都是基于斯特恩-格拉赫实验的观测效应而设计出来的。

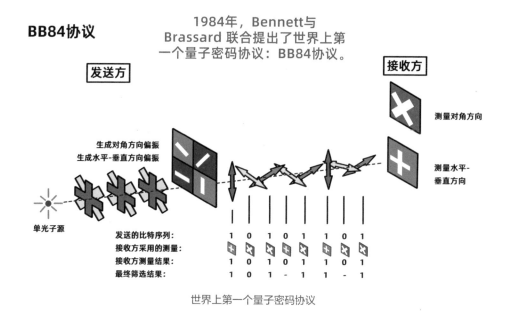

BB84协议

1984年，Bennett与Brassard 联合提出了世界上第一个量子密码协议：BB84协议。

发送方

接收方

测量对角方向

测量水平-垂直方向

生成对角方向偏振
生成水平-垂直方向偏振

单光子源

发送的比特序列:	1	0	1	0	1	1	0	1
接收方采用的测量:	+	×	×	+	×	+	×	×
接收方测量结果:	1	0	1	0	1	1	0	1
最终筛选结果:	1	0	1	-	-	1	-	1

世界上第一个量子密码协议

　　关于量子加密技术和BB84协议的细节，在这里不多详述，后面的章节我们还会详细讨论。

　　量子测量技术在实际的加密通信领域的应用，正是对这种奇妙量子现象真实存在的最有力的证明。从虚拟视角来看，这也恰恰提示我们要把虚拟世界里的代码和代码输出结果区分开；不要简单地认为你测量到的事物就是它真实的样子，这只是它现在响应你的观测需求输出的结果，而它真实的样子你永远不可知，甚至连上次测量的维度和输出结果你也永远不可知；你能知道的，只有可能概率和当前的观测结果。

　　好了，关于测量的内容我们就先介绍到这里，下一站我们将去见识量子世界里另一个非常重要的现象——全同粒子，同时认识一下基本粒子的两大类别——玻色子和费米子，进一步了解它们和我们整个宇宙架构之间的关系。

08

世界上最强大的
力量是什么？

玻色和费米——世界的底层竟然是数学规则？

在上一站关于对量子进行测量的内容里，我们见识了一组奇妙的关于粒子自旋属性的有趣实验；但是关于自旋这个神奇的粒子属性，其实我们了解得还远远不够。

我们了解到微观粒子都带有不同属性的自旋参数，但这一属性可不仅仅会影响粒子在磁场中的偏转，它所具有的物理学意义要深远得多，我们整个宇宙的基础结构都与之紧密相关。

这一站，就从与自旋有关的故事说起，来深入了解为什么从微观粒子的自旋特性能够一直追溯到我们整个宇宙的底层结构。

萨特延德拉·纳特·玻色

现在我们又要谈到量子物理开创年代的那些老故事了。这次我们又倒回到一百多年前的岁月，从一个印度物理学家说起。这位物理学家全名为萨特延德拉·纳特·玻色（Satyendra Nath Bose），我们就叫他玻色（对，就是玻色子那个玻色）。

玻色出生于印度西孟加拉邦的加尔各答，是家里7个孩子中的长子。因为从小理科成绩就很好，所以他大学毕业后就做了物理学系的讲师。1921年他任教于当时成立不久的达卡大学物理学系，一边讲课教学，一边研究自己喜爱的量子力学。这个时候他的好运突然降临了。

本来他只是一位普通的物理学讲师，并不是做前沿研究的；不过他也经常要给学生讲述当时物理学最新的各种理论进展。有一天他讲课时正好讲到光电效应和黑体辐射的紫外灾难，他打算推导一组公式以便向学生展示理论预测的结果与实验的不合之处；但是他在推导时犯了一个统计学上的错误，虽然他马上意识到是自己弄错了，可是这个错误的推导竟然得出了与实验数据相符的结果。这堂课的场面就相当尴尬了，玻色呆立在讲台上吃惊地看着自己推算出的结果，不知道该如何解释。

玻色到底犯了什么错误呢？其实就是很简单的一个统计学的错误，初学概率统计的学生其实都很容易犯。这个错误类似于这样一个问题：一个盒子里有无限多的数量相等均匀混合的黑白棋子，如果我们随机抓出两粒，请问抓出两枚黑子的概率应该是多少？

学过一点概率统计的同学立刻就能知道，这个概率应该是1/4。因为盒子里有无限多的黑白棋子，所以随机抓取的话抓到黑棋和白棋的概率都是50%，那么我们随机抓取的话总共有4种组合，概率分别如下表所示。

序　号	组　合	概　率
1	黑子+黑子	1/4
2	黑子+白子	1/4
3	白子+黑子	1/4
4	白子+白子	1/4

但是玻色当时把所有同色棋子都当成一样的了，那么就没有白子+黑子和黑子+白子的区别了，他把这两种情况当成了一种黑白组合的情况，于是计算概率如下表所示。

序　号	组　合	概　率
1	黑子+黑子	1/3
2	（黑白）子	1/3
3	白子+白子	1/3

这样计算下来，抓到两枚黑子的概率就是1/3，这明显是没有区分同色的不同棋子带来的计算错误；可问题是，这样算出来的结果居然是对的！

为什么错误的数学逻辑反而得到了正确的物理结论？聪明的玻色立刻意识到，这个错误里也许蕴含了什么未知的东西，于是他继续研究下去，然后突然意识到，也许我们就是不能用区分现实物体的观念去区分光子呢？也许光子就是无法彼此区分的呢？

玻色顺着这个思路想下去，越想越觉得有道理。然后他干脆写出了一篇《普朗克定律与光量子假说》的论文来阐述他的想法。在该文中，玻色首次提出经典物理的统计方法不适合微观粒子的观点，他认为这是海森堡不确定性原理造成的影响，物理学界需要一种全新的统计方法，一种把不同粒子都看成相同粒子的统计方法。

但这个想法太不符合人们的普遍认知了，所以玻色完成这篇论文后把它寄给一些当地的学术杂志；可是没有任何一家杂志愿意发表这篇看起来充满低级错误的论文，生怕这个名不见经传的家伙把自己杂志的招牌给砸了。

于是，万般无奈下，玻色突发奇想，将文章寄给了当时大名鼎鼎的爱因斯坦，想看看大科学家对自己的怪异想法有什么意见。爱因斯坦何许人也？他其实早就注意到了类似的问题，也有一些模糊的想法了，所以一看到此文立刻感觉与自己的理念不谋而合。于是爱因斯坦不仅帮玻色把论文亲自翻译成德文在德国的物理学期刊上发表，而且还写了篇赞同的论文一起发表。

从此，量子理论里面一个崭新的粒子特性——"全同性"出现了。

准确地说，玻色发现的全同性应该称为"玻色子的全同效应"，因为两年之后，著名物理学家恩里克·费米（Enrico Fermi）又发现了另外一类拥有全同效应但属性不同的全同粒子，称为费米子。

恩利克·费米

玻色子和费米子有什么区别呢？其实它们的主要区别就在于自旋的属性不一样。玻色子是指所有自旋角动量数值是普朗克常数整数倍的粒子，比如光子就是玻色子，它的自旋角动量正好就是一个普朗克常数。而费米子则是自旋角动量是普朗克常数乘以一个半奇数整数的粒子，例如1/2、3/2、5/2这样的数。很多组成物质的重要粒子都是费米子，如质子、中子、电子、中微子，甚至夸克等。而玻色子则主要是传递相互作用的粒子，如光子、胶子等。

在我们的宇宙里，所有的粒子都可以分成这两类，而且只有这两类。

你看，一个小小的自旋属性，居然把构成整个宇宙的所有的基本粒子划成了两大阵营，是不是很奇特？

不过，对玻色子和费米子的区别我们暂且不去探讨，先来看看这个玻色子的所谓全同性到底是怎么回事。

玻色和爱因斯坦认为光子就是典型的玻色子，它是一种完全不能彼此区分的粒子，一旦混合在一起，就会像两杯水混合成一杯水一样，不再具有原来的独立性。

在我们的日常生活中，有没有两个完全相同的东西呢？绝对没有！

世界上任何相似的宏观物体，无论是双胞胎，两片相同的树叶，制造一致的标准化产品，都绝对存在差异。

就算我们展开思想实验，假想两个完全一样的物品，比如连每个原子的排列都一模一样，但我们还是可以区分它们。例如，它们不可能在同一时间占据同一个空间位置，对吧？把这两个东西摆在大家面前，它们总是一个在左边一个在右边吧？我总可以给它们编上号：左边这个是 1 号，右边这个是 2 号，这就是区别。我还能用摄像机对准它们，跟踪记录它们连续存在和运动的轨迹，总能始终区别清楚它们吧？

这就是我们的日常经验直觉，我们从小就认识到不仅物质不灭，万物恒在，而且每个客观物体都是独立保持存在的，不可能彼此混淆，互换身份。

但是在微观世界里，还真不是这样。微观世界里，所有光子就是完全相同的，它们一旦混合在一起，我们就再也无法区分。而且量子也没有可以追踪的轨迹，它们彼此的所有特性也完全相同，这种相同超越了比较意义上的相同，是物质存在逻辑上的相同。也就是说，它们不光长得相同，而且无法编号。

在宏观世界里，如果你给我三个小球，我总能把它们从左到右排列好，在我自己的脑子里可以给它们编号为 A、B、C。只要我一直盯住它们，不管你怎么改变顺序，我也能自始至终区分哪个是哪个。哪怕这三个小球外表看起来绝对相同，它们在我的眼中也一共有 6 种排列方式：ABC、ACB、BAC、BCA、CAB、CBA，我甚至可以给它们贴上标签，清楚地区分它们。

但是光子不能这么排。3 个光子摆在你面前，只有一种排列方法：AAA。

这并不是我们盯不住光子，就算全知全能的上帝来了，他也无法给这三个光子贴标签编号，我们没有任何办法区分它们!

好了，了解完这么离谱的概念后，我们就可以欣赏一个精妙的实验了。

这个实验称为"洪–欧–曼德尔效应"（Hong–Ou–Mandel Effect），是罗切斯特大学的三个物理学家在1987年做成的，号称是展示光子全同性的最佳实验。

这次实验要用到的设备也非常简单，主要设备只有一件，就是之前在延迟选择实验里介绍过的半镀银的半透镜。

半透镜装置

之前我们就介绍过，半透镜实际上是一种光束的分束器，可以把一束光线分成两束，一半透射过去，一半反射90°。但是这里我们还要介绍它的另外一个作用，就是能够改变反射光线的相位，正好可以改变180°，而透射过去的那一束则不会产生任何改变。

好了，实验开始。

这次我们要使两个光子上下同时以相对称角度发射进入这只半透镜分束器。

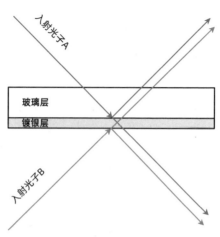

半透镜分束器实验

大家猜猜看会发生什么事情？

我们先按正常逻辑分析一下，因为光子遇到分束器后会发生两种可能：反射或透射，可能性各占50%。所以两个光子的行为一共有4种可能的组合情况。

情况1：上面的光子A反射，下面的光子B透射。

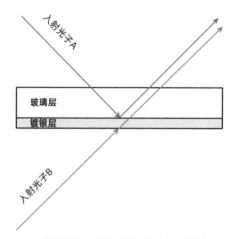

上面的光子A反射，下面的光子B透射

情况2：上下光子都透射。

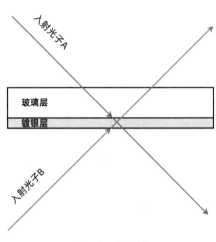

上下光子都透射

情况3：上下光子都反射。

情况4：上面的光子A透射，下面的光子B反射。

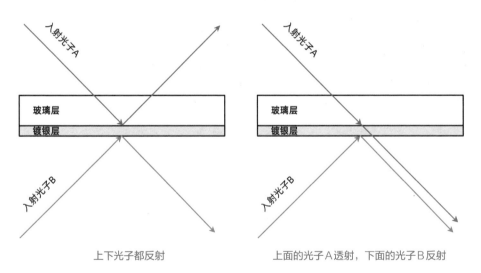

上下光子都反射   上面的光子A透射，下面的光子B反射

这4种组合逻辑没问题吧？

但是实际情况怎么样呢?

实际结果是只有情况1和情况4出现,情况2和情况3怎么都不会出现。

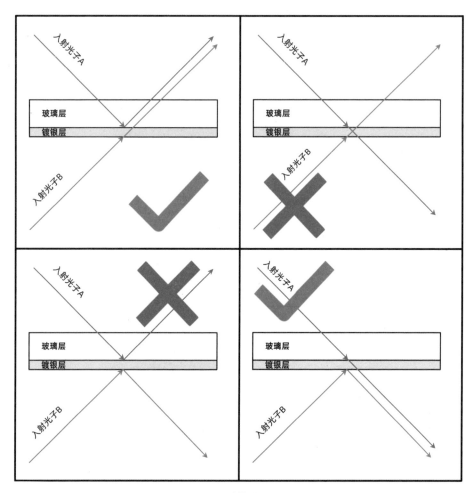

4种情况

为什么?

情况1和情况4会出现很好理解,可是情况2和情况3为什么不会出现呢?

这就是全同粒子造成的奇妙现象了。如果没有全同性,按正常逻辑的确应该是4种情况出现的概率各为25%，可是如果两个光子是全同的会怎样呢？

如果这两个光子是全同的，情况2（两个光子都透射）和情况3（两个光子都反射）的结果就是不可区分的。因为我们根本无法跟踪和区分这两个光子，我们不知道从分束器里跑出来的到底哪个是哪个，两种情况的结果都是两个光子从两侧跑出来。

你肯定会问，那又怎样呢？就算无法区分，把这两种情况当一种情况处理同样会有1/3的概率出现吧？

可是，大家别忘了，我们之前说过分束器还有一个作用，就是会导致反射光线的相位被颠倒180°。因此在量子态的计算中，情况3需要有个负号，而它又和情况2除符号以外完全等价，所以情况2和情况3互相抵消了……

是不是觉得很荒诞？

你看，他们还真就是这么计算出来的。

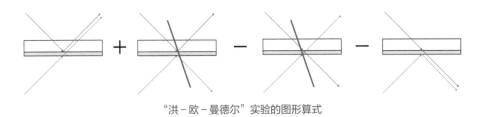

"洪－欧－曼德尔"实验的图形算式

情况2和情况3在算式里就像两个方程变量一样，被无情地消掉了，就因为它们符号相反还长得像。

为什么两件不相干的事情也可以互相用数学计算来抵消？

难道不同的事件发生的可能性也可以像数学公式一样加加减减吗？还真是这样，在量子物理学里就是这样算的。还记得开篇提到的那个费曼吗？他发明的费曼图就是专门算这个的，可以把各种未发生的事件当成变量来互相计算，从中窥视未来到底哪些事情可能会真正发生。

但是不管你如何觉得难以理解，实验都证明这些计算的结果是正确无误、符合事实的。

洪－欧－曼德尔效应的实验结果正是如此，只剩下情况1和情况4。两个光子要么一起从上方跑出来，要么一起从下方跑出来，而绝不会是各自从不同的方向出来。

大家想想这件事有多么怪异？每个光子是完全独立自由的，在经过分束器之后，它们各自都有反射和透射两种可能，完全没有理由彼此协同起来。结果却是它们一旦相遇了，就必须一起走。

这也不是简单的干涉现象，因为一般的干涉只会抵消掉同路径上的光波，现在消失的却是不同路径的光子。

就像两条水流一样，一旦相遇了就必须合在一起流动。可是连现实中的水流也不会无法分开啊，如果有多个出口，水流还是会分别流动的；所以量子理论只好再用一句"没有经典对应"来进行解释。

洪－欧－曼德尔效应再次告诉我们，量子叠加态的计算是比简单的波函数更为深刻的表达。在量子叠加态中，不但两个波的波峰和波谷能抵消，连两个事件都可以互相抵消。

那我们要如何理解这么怪异的事情呢？这种事情也可以用虚拟视角来解读吗？

当然是可以的，其实这种事情还真的只有在虚拟环境下我们才可以复现出来。

还是从虚拟游戏的视角来思考吧，看看用中学水平的知识储备能不能够理解此事。

大家都知道，在网络游戏中，有很多道具也是全同的，如钱币、血瓶、药水、材料等。这些物品因为存在数量极大，所以在游戏中都是可以直接堆叠处理的，比如金币就可以合在一个背包或仓库格子里面。而且一旦堆叠在一起，它们也会表现得和光子一样，彼此再也无法区分。

例如，玩家的金币来源往往五花八门，比如有打怪掉落的，也有售卖道具得到的，等等。但是一旦金币混合到一起，就无法区分哪一枚是打怪掉落的了。因为金币是没有编号的，它们每一个在游戏里都是完全相同的。

任何现实世界里客观存在的实体都绝对无法具有这样的全同特性，这种特性只可能出现在一些抽象的概念中，如数字或货币等；但是在虚拟世界里，我们就可以把看得见的道具定义成全同类别。

那么游戏里的全同道具能够发生"洪-欧-曼德尔实验"中才能出现的现象吗？

我们来做个小小的思想实验试试看。

假设在游戏里有一种全同道具"小生命药瓶"，玩家使用这种道具就有可能恢复自己的生命，但是这种道具只有50%的有效率，也就是说使用后只有50%的概率能获得恢复效果，也有50%的可能性是没有效果的。

此外，游戏又设定，这种"小生命药瓶"每两个可以合成一个"大生命药瓶"，合成后的大生命药瓶也是50%的有效率。

两个"小生命药瓶"合成一个"大生命药瓶"

那么当我们直接使用两个"小生命药瓶"，可能会遇到4种情况："有效＋有效""有效＋无效""无效＋有效""无效＋无效"，其中每种情况出现的概率都是25%，因为每个药瓶都需要独立计算其有效率，所以每种情况都是两个概率的乘积。

	组　合	概　率
1	药瓶1无效＋药瓶2无效	25%
2	药瓶1无效＋药瓶2有效	25%
3	药瓶1有效＋药瓶2无效	25%
4	药瓶1有效＋药瓶2有效	25%

而当我们把两个"小生命药瓶"合成一个"大生命药瓶"之后再使用，就只剩下"50%有效"和"50%无效"这两种情况了，上面一半有效一半无效的两种情况消失了！

大生命药瓶	有效 50%	无效 50%

这很好理解，合成新的道具之后，原来的道具各自的概率自然就消失了，而它们组合成的新道具就只有有效和无效的选项了。

你看，这种现象是不是极像刚才的"洪-欧-曼德尔"实验出现的光子协同现象？两个全同药水混合之后，它们同样像光子一样丧失了自己独立存在时的概率。但是，我们非常容易理解道具组合造成的效果，而且并没有用费曼图做什么事件加减就理所当然地接受了这个结果。为什么呢？

因为只有在虚拟游戏中，我们才可以见到这种不可区分的实体物品，这种物品在宏观现实世界中是不存在的。而只有虚拟物品具有了这种抽象事物的属性之后，我们才能看到与全同粒子相似的混淆现象。

不过真实微观世界里粒子全同性的机制肯定更为复杂，在"洪-欧-曼德尔"实验中，虽然事件互相抵消了，但是在光路上的概率波依然存在，我们还是可以用没有发生的事件来感知概率波的变化，这比药瓶组合更为复杂，是一种更加强大的量子算法，但本质上波函数的叠加和虚拟道具的合成具有同样的特征。

不过，大家肯定还是关心那个老问题：为什么微观世界里的粒子会具有这种全同性呢？

我想对于这个问题，程序员和游戏设计师的回答自然还是"为了节省资源"。

如果一个游戏里需要设计极大数量级的同种道具，系统采用可计数堆叠的方式处理，不仅大大节省存储资源、简化算法，也更方便用户的操作使用。在我们这个宇宙里，微观粒子就是最基础的材料，数量之大自然是天文数字级别的，这样海量的粒子就像游戏中的世界材料一样，如果每个都要单独区分，那么处理起来将是非常耗费资源的，也没有必要。

而对于粒子使用全同方式处理，却完全不会影响到宏观世界的物体存在逻辑。因为任何宏观世界的物体都是由无数微观粒子构成的，它们的组合方式千差万别，所以自然也不会出现完全相同的宏观物体。

事实上，在"洪-欧-曼德尔"实验中，如果我们用的不是两个光子，而是两束光来做实验，就观察不到协同现象，在大量光子共同作用下，粒子的全同性就被掩盖了。

此外，无数微观粒子的宏观组合也消除了量子的不确定性效应。在宏观尺度上，我们可以很容易地追踪定位任何一个宏观物体，在没有不确定性存在的情况下，每个物品都可以用确定的空间位置加以区分，不存在完全相同且无法追踪的物体，而这一切宏观世界的物体存在逻辑，包括物体恒在、多物可区分可追踪、没有绝对相同物体等就自然构成了我们的日常认知直觉。

这就像虚拟游戏一样，大家看到的游戏中的场景、道具、怪物等等东西，其实它们背后都是设计师为了精简资源用各种奇怪的算法逻辑搭建出来的。玩家不会想到两个相距遥远的怪物可能共用着一套AI逻辑，两个不同场景的道具也许使用的是同一套模型，甚至你看到的某些风景也只是重复使用的图片。

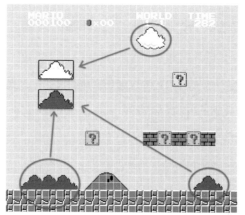

超级玛丽游戏里的云朵和草丛
其实是用的相同的图片资源。
右边则是游戏里的拼图资源库，
用256个方块拼出了各种场景。

任天堂的早期游戏如何节省资源

在早期的电子游戏里，因为卡带或磁盘的容量有限，所以游戏设计经常会大量重复使用图像资源。比如在任天堂的各种早期游戏中，我们都可以看到类似图片上的做法，游戏中的云朵和草丛其实用的都是相同的图片。

不过别以为只有早期的低容量游戏喜欢这样做，其实所有程序员都信奉这样的原则：无论系统资源是否充足，毫无必要的浪费都是可耻的。

但熟悉游戏的读者可能要说了，游戏里除了各种堆叠道具，还是有很多无法堆叠的道具啊，我们的现实世界也是这样吗？

大家又猜对了！

游戏里面的道具在设计时就包括了是否可以堆叠的属性设定，而在我们的现实中，微观粒子也有一个类似的设定，量子物理对这个设定还有一个专门的名词，称为"泡利不相容原理"。

泡利不相容原理指的就是在微观世界里，有些粒子也像不能堆叠的道具一样，必须独占格子。

哪些粒子是不能堆叠的呢？

这些不能堆叠的粒子就是我们之前提到的除玻色子以外的另一类粒子——"费米子"。

还记得我们之前谈到的量子的自旋特性吗？在整个微观世界里，根据不同的自旋角动量数值，我们可以把所有的微观粒子划分成两大类型，其中自旋数是普朗克常数整数倍的称为玻色子，而自旋数是普朗克常数半整数倍的则称为费米子。

我们之前用来做实验的光子就是一种玻色子，它的自旋数是1，它是可以堆叠的。而其他很多构成物质的主要粒子，如质子、中子、电子，或者夸克，它们的自旋数是1/2、3/2、5/2这样的半整数，它们统统称为费米子，而费米子就是不可堆叠的。

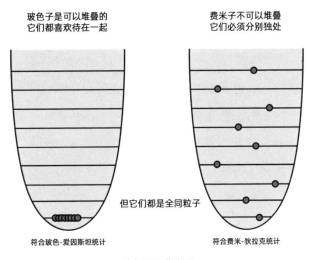

玻色子和费米子

沃尔夫冈·泡利

在物理学上，"泡利不相容原理"就是指在同一个系统中的费米子不能完全处于相同的量子态，它们必然彼此互相排斥，保持差异。这个原理是由大名鼎鼎的物理学家沃尔夫冈·泡利（Wolfgang Ernst Pauli）发现并命名的，泡利还因此获得了诺贝尔物理学奖。

当然，费米子的不可堆叠特性和游戏道具的不可堆叠还是有区别的，物理世界里肯定没有仓库格子这样的系统设定，但是每个量子都有自己的量子状态。

在任何由费米子组成的系统中，每个粒子都必须处于完全不相同的量子状态。人们已知每个量子都有4个量子状态，分别是主量子数、角量子数、磁量子数和自旋值，而这4个状态就相当于量子在道具仓库里的坐标。

既然费米子是不可堆叠的道具，那么在同一个仓库里，每个费米子的坐标就必须是不同的，这样它们才能占据一个单独属于自己的格子；如果这个仓库被占满了，那么哪怕再多一个费米子都无法加入进来。

那么它们应该从哪里开始占据格子呢？这就和仓库的排列规则有关了，一个仓库里每个格子的能量等级其实是不同的，而粒子最喜欢优先从能量最低的格子开始占起，这在物理学里被称为"能量最低原则"。泡利不相容原理、能量最低原则和作为补充的"洪特规则"三条规则一起构成了微观世界中费米子在同一个道具仓库里的排列规则。

在任何由费米子构成的系统里，费米子们就是按照这些规则各就其位，并维持整个物质系统的。

例如，电子就是一种典型的费米子。任何一个原子，里面如果有若干个电子，每个电子就会按照规则自动分布到不同的层级去，每层可以容纳几个电子，每个电子的自旋方向是怎样的都会按照这些规则安排得妥妥当当。而这种安排，则造就了各种物质的化学属性，我们所研究的整个化学体系，几乎都是在研究电子们的排列和结合问题。可以说，如果电子不具有费米特性，我们的宇宙里就什么物质都没有了，更别提有机物和生命的诞生了。

　　幸好费米子具有不可堆叠的属性，我们的宇宙才会有丰富的物质种类。万事万物具有真实体积，正是由于费米子之间的不可堆叠，它们需要保持距离，才能支撑起物质世界的基本架构，而不至于让整个世界坍缩成一个奇点。

　　费米子和玻色子同处在我们这个宇宙大系统中，所以我们不仅可以看到仓库里面一件占据一个格子的不可堆叠道具，也可以看到很多件占据一个格子的可堆叠道具。

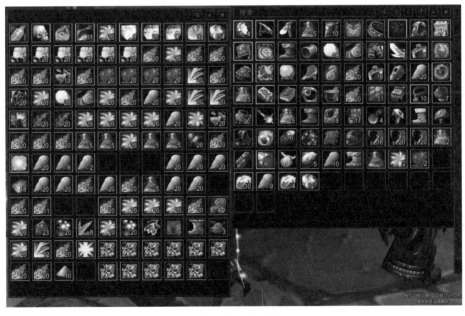

游戏里的道具仓库

因为玻色子正好相反，是可以无限堆叠的，所以无数个光子才可以集中在一起，互相并不排斥。而玻色子并不构成物质，它主要是传递各种作用，就像信使一样，是一些负责跑腿的、把整个宇宙联系在一起的粒子。也正是因为玻色子可以堆叠，所以宇宙中的能量和信息才能自由地传播，且强度不受任何限制。我们也才能沐浴亿万公里以外的阳光，感受到恒星所带来的动力和生机。

费米子不可堆叠的性质，是由它们彼此之间强大的斥力带来的，这个斥力在物理学上被称为"简并压力"或"简并抗压力"（其实后者更准确一些，不过大家都更习惯使用前者）。而这个简并压力虽然相当强大，但是，请注意，这个力并不是宇宙四大基础作用力中的任何一种，而是来自数学规则上的互斥！

震惊吧？！我们的世界结构原来真的是由数学支撑起来的！

的确是这样，目前任何一本物理教材都会告诉你，微观粒子的简并压力并非任何一种基本力，它只是粒子要符合费米统计和泡利不相容原理所造成的一种现象！

这种建立在数学规则之上的力量有多么强大呢？

答案是：在现实世界中是无限强大的！

可什么叫作无限强大？这个世界上难道真的有所谓无限强的概念吗？

可能真的有，我们来看一下这个看似普通的数学规则产生的力量会强大到什么地步吧。

天文学家们发现，当一个恒星的质量足够大时，它在内部的氢氦元素发生聚变反应燃烧殆尽之后，因为缺乏能量抵抗内部的引力效应，就会向内坍缩，密度会越变越大。在这个过程中，其内部物质在引力的作用下不断向内压缩，当内部的压强大得达到比元素周期表序号更高的元素的核聚变的条件后，重元素的核聚变就会发生，会产生新的能量来帮助恒星抵抗向内的坍缩力。这时候发生重元素聚变的恒星就会变成炽热巨大的"红巨星"。

在各种元素的聚变阶段帮助恒星抵抗坍缩引力的主要还是原子间的电磁作用力。

重元素依次聚变到铁元素时，聚变反应释放的能量就会小于聚变所吸收的能量，也就是核聚变再也无法为抵抗引力提供能量了，这时候原子之间的空隙已经被压没了，原子就会被压缩到一起。此时，电磁力提供的抵抗就不够了，帮助恒星物质继续抵抗引力的就是电子简并压力。因为泡利不相容原理，电子不能互相靠近，所以恒星就会缩变成一颗原子紧密排列但不重叠的"白矮星"，由电子简并压力继续抵抗引力维持星球的体积。

如果恒星质量真的很大，其铁核的质量超过了1.44倍的太阳（也就是所谓的钱德拉塞卡极限），那么巨大的压力还会继续压缩白矮星上已经很紧密的物质结构。但是此时电子会打破费米统计互相靠近吗？不会的，它们会崩溃，电子会被压入原子核，被迫和质子结合成中子。接下来由中子继续执行费米统计规则，并对应产生中子简并压力，继续抵抗引力造成的向内坍缩效应！而此时白矮星就衰变成了一颗密度极大的"中子星"。

这时候传统的物质结构已经彻底被打破了，整个星球变成了一个纯粹的密度极高的大中子球，原来空旷的原子结构完全消失了，连原子核都不存在了，可是泡利不相容原理依然在起作用！中子作为费米子，依然在遵照泡利不相容原理，彼此保持不同的量子态，继续产生简并压力来维持中子星的体积。

那如果恒星质量再大一些呢？比如大到连中子的简并压力都支撑不足的情况会怎样？

如果恒星核心质量超过3个太阳质量（也就是所谓的奥本海默极限），那么中子提供的简并压力也不够了，中子就会崩塌，释放出夸克，此时天体会进一步收缩，最终坍缩成恒星的终极死亡形态 —— 黑洞。

可是，在这个过程中，崩溃的不是规则，而是中子本身，也就是说泡利不相容原理始终没有发生任何改变，反倒是物质的基本结构首先支撑不住了，那么变成黑洞之后呢？

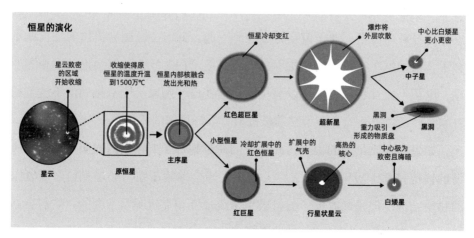

恒星演化简图

其实到了这个终极阶段，想研究黑洞内部的情况已经非常困难甚至不可能了。黑洞因为密度奇高，超强引力导致的逃逸速度超过了光速，以至于会形成光线都无法脱离的视界，将其与外部世界完全分隔开。所以黑洞内部我们完全无法探知，甚至其内部物理规则是否依然存在对于现在人类的认知来说还是一个未知谜题。

但是科学家们依然相信，就算中子被压垮了，其释放出的夸克依然是费米子，它们还是会继续遵照泡利不相容规则，就算在一切基础作用力都不再有效的黑洞内部，依然可以保持一种"胶子–夸克"的复合结构，固执地将费米子的数学排列规则执行到底。

有的科学家认为要最终打破泡利不相容原理，除非是黑洞内部的奇点将空间变成零维。在零维的时空下，决定角动量等一些粒子基础状态的数学性质的时空基础都发生了本质改变，这时候费米统计才有可能真正失效。但在零维的奇点处，一切都不再有物理意义了，可能甚至连数学都不存在了，所以讨论奇点处的规则是否失效也没有太大意义了。

　　也就是说，只要还是在现实世界里，这种数学规则就是会无限强大、无可抵抗的，那些所谓的作用力在真正的规则面前，根本不值一提。

　　看到这里大家是不是对我们这个宇宙的本质构成又有了一种新的看法？

　　是啊，我们这个宇宙的万事万物似乎真的是由抽象的数学概念所构成的。

　　你看，只有纯抽象的数学概念才有所谓的全同性，对吧？比如一个相同的数字，无论有多少个也都是全同的，而真实物体无论如何都没办法做到在逻辑层面被称为全同。

　　数学结构构成的量子，量子再组合成物质，物质再构成宇宙，那万事万物，包括我们，岂不都是数字构成的？

　　你看，费米统计和泡利不相容原理似乎也只是一种纯逻辑的数学规则，可是各种基本粒子，包括组成我们整个物质世界的各种各样的分子、原子，进一步包括电子、中子、质子，乃至夸克，一切物质都必须遵守这条规则，就像数字必须服从数学定律一样。可到底是谁制定的这些规则呢？为什么这个世界的物质必须遵守这些规则呢？我们不得而知。

　　思考这样的问题对于当前人类的认知范围来说其实已经相当终极了，这等于在叩问我们这个世界的基本设定是从何而来的，就像之前我们询问为什么宇宙里的各种常数是现在这些数值，为什么量子的能级是如此设定的一样。从本质上来说，这已经超越了科学的范畴，因为对于这些问题我们无法通过观察客观现象来获取答案，它是凌驾在我们当前客观世界之上的设定，属于无法证实也无法证伪的超现实的哲学性问题，对于这些终极问题，科学只能说既无能为力，也不感兴趣。

怎么办呢？这也能从虚拟视角来理解吗？

如果我们从虚拟视角来理解，其实就是作为身在这个世界的NPC也无法真正理解更上层世界创造者制定规则的意图和目的，因为你会发现，无论你如何在当前的世界里穷究下去，也无法超越当前世界的数学和逻辑层面的束缚。

在这个虚拟的世界里，你会发现这个世界有最小的分辨率，有不可逾越的各种规则设定，有无法理解的逻辑现象，但是你不能知道为什么，因为你无法感知到虚拟代码之外和之上的世界，你无法接触到支撑代码的硬件层，更无法接触到计算系统以外的世界，因为你本身就在该系统中。

从虚拟视角出发的话，我们其实还可以尝试换位思考一下。

试想，如果在我们创造的某个沙盒游戏里的NPC们突然具有了智慧，开始思考和研究自己所处的世界了，他会发现什么？

也许他们也会通过观察自己的世界，发现游戏世界的一些客观规律，他们也会寻找科学的方法来进行研究。

通过一些实验观察和逻辑思考，他们应该很快就能发现很多我们在创造这个世界时设定算法的规律，比如这个世界上物体运动的定律、能量传递的定律，甚至光线和颜色渲染等更高级的定律，这些定律都是他们利用现有的游戏内的道具和环境通过重复试验而得到的。

于是他们提出了种种假设，用各种数学手段来总结这些规律。接着他们就会兴奋地发现，这些理论是有效的，这些理论能够指导他们在游戏世界里完成很多以前办不到的事情，比如造出了新的更强大的道具、各种机器、生产工具、交通工具、工业体系，实现远距离的通信，甚至造出了计算设备，探索了以前到达不了的深海和太空区域，虚拟世界里的科学技术开始突飞猛进。

但是，研究到一定程度之后，他们发现了很多奇怪的不符合逻辑常识的现象；比如为什么法师发出的火球，在观测和不观测时命中的概率会有变化；为什么两个相距遥远的宝箱，开出来的物品始终保持互补的状态；还有，为什么有些道具不能堆叠？这些似乎都与逻辑常识不符。但是，他们很理性地认为，可能这就是这个世界的客观规律吧，现实世界的确有一些奇怪的规则，虽然不知道是怎么来的，但是这个世界就是依照这些规则在正常运转着，我们不要想太多，学会运用就好。

然后，研究深入到了一些更难探索的领域，比如这个世界显现出来的最小像素背后究竟是什么？他们看到的客观世界的本质究竟是什么？这些规则和常数又是从哪里来的？

不理解这些深层问题，技术就无法更进一步提高了，可科学研究卡在这个瓶颈似乎再难推进。有些NPC科学家说，肯定是我们没有造出更厉害的道具炮，如果我们用更强大的道具炮对轰，在极端的条件下，这个世界一定会显露出更底层的机制来供我们研究。

好了，现在你先跳出来，尝试以这个游戏的上层世界的开发者身份来观察他们。你会觉得很有趣。

你创造的世界里的代码正在试图弄明白自己是什么，或者想弄明白他的世界是什么。他们发现了这个世界因为虚拟而导致的一些奇怪的地方，比如你为了节省运算量，大部分的场景和物体在没有玩家交互动作时都不装入内存，大部分的计算也都是先计算结果再根据需求输出动画过程，很多资源是重复使用的，很多函数也是互相继承的。当然你的这些做法已经让游戏里拥有智能的NPC们感觉到这个世界的不真实感了，但是没有关系，他们只能接受，这个世界就是这么运转的。

你看着这些NPC不断研究这些问题，他们利用道具搭建出了加速器，还试图利用道具之间的反应来制造出超越数值边界的现象，然后引发计算bug，并通过研究bug现象来更进一步分析这个世界的代码运转特性。

你很佩服这些智能NPC的想象力和探索欲望，你也很理解他们，不过作为开发者，你当然知道这么做是没有作用的。一个合格的游戏程序自然有着复杂强大的保护机制，不可能随便因为NPC的行为崩溃，而且就算是崩溃了大不了打个补丁重启游戏就好了。数据会回滚，日志会清除，他们什么都不会记得的。

而你也知道，这个游戏世界的本质，其实只是一个建立在现实世界中的计算机硬软件系统之上的应用系统而已，游戏的底层服务是由网线、交换机、服务器组、网络通信协议、客户端、硬件驱动、编程工具、图像引擎、数据库等各种复杂的系统支撑起来的，而这些机制游戏里的NPC无论如何研究也不可能明白的。他们不可能明白在他们的世界维度之外的东西，也不可能看到自己世界背后驱动他们的代码，这是他们的不可逾越的界限。他们就算穷尽能力，把服务器的CPU烧坏也不可能从游戏里穿越到现实中来。

对于游戏里的NPC来说，他们只能在这个世界系统运行的规则之下进行探索和学习，他们不可能超越自己的世界去更上层的世界，更不可能替代坐在键盘前的开发者。虽然他们很聪明也很好奇，但是终有一天他们会发现，再也无法向这个世界更深的奥秘去探索了，因为他们探索的世界有着他们碰触不到的边界。这种边界只有上层世界的开发者才有可能帮助他们打破，而他们自身是永远做不到的，只能永远被束缚在代码世界里，能够认识到底层的数学规则其实就已经是他们科学的极限了。

当然上面演绎的这段科幻式的想象内容，只是从换位思考的角度诠释了虚拟世界与现实世界的可能关系。但是你会发现，如果我们的假设是成立的，那么这些虚构的逻辑和我们世界里所发现的各种现象也是非常吻合的。我们的宇宙也许就真的是一个虚拟世界，而我们只是虚拟世界中的智能代码。

这样的想象真是令人不寒而栗。不过，我们作为普通人，似乎也不用关心这么终极的宇宙猜想，毕竟过好我们自己的生活更重要。不是吗？就算是游戏里的NPC，同样需要快乐充实的生活，外面的世界并不需要我们过多操心。

所以，我们也先暂时搁下这些不着边际的幻想，回到我们的量子号上来吧。列车还要继续前行，我们也还要跟随列车去探索更神秘的量子秘境。

下一章，我们要去见识一个更为神奇，也更为重要的量子现象：量子纠缠。

09

神秘的双子宝箱

量子纠缠——程序员眼里没有空间。

2022年的诺贝尔奖让"量子纠缠"这个高冷的物理名词又一次出圈。

"量子纠缠"这个词，可以说是近年来在量子物理领域除量子计算机以外被大众媒体提及最多的"网红"出圈词汇了。当然还有很多与量子纠缠相关的名词也经常被媒体提及，比如量子加密通信、密集编码、量子隐态传输等。

这些名词经常被提及，一个重要的原因就是这是在量子科技领域各种玄妙的前沿技术里最接近实用化的技术之一，而且我国在这项技术上又处于比较领先的地位，所以媒体也很爱提到我们在这方面取得的成就和荣誉，顺便也给大众普及了这些高冷无比的科学名词。

那么量子纠缠究竟是什么呢？

是不是像某些媒体描述的那样，可以帮助人们实现绝对安全的远程通信，构筑无法干扰、无法窃听的保密通信网，或者是实现无视距离的超光速信息传递呢？

此外，这个现象是不是也和之前的量子现象一样，同样可以用虚拟世界的视角来帮助人们认识和理解呢？

不要着急，我们还是先了解一些基础知识，再开始我们本站的旅程。

先来看看量子纠缠这个名词到底是什么意思。

量子纠缠其实就是指微观世界里发生的一种特殊的多粒子的耦合现象。通俗来说，就是几个粒子联结成了一个整体系统。注意，它们并不是形成了一个整体，也就是说每个粒子还是单独存在的，而且可以分开，但是从关系上，它们之间又存在某种不可分割的整体关联。

一旦粒子之间有了这种纠缠关系之后，这些彼此纠缠的粒子不管身在何方，都能瞬间互相影响，而且这种影响不随距离的改变而消失，似乎也没有任何速度上的限制。

例如，我们把一对相互纠缠的粒子比作一对兄弟。现在，我们把这对兄弟粒子分开，让它们向相反方向飞去，并尽量使它们相距更远，比如百万甚至千万公里以上。

接下来，我们观测其中一个粒子（哥哥）的某些属性，如自旋方向。当我们观测到这个粒子的自旋方向，另一个粒子（弟弟）能够马上同时感知到它的哥哥被观测了，于是它立即也显示出与哥哥完全相反的自旋方向，以保持它们彼此的互补关系。

你看这个过程，是不是感觉其实并没有那么复杂难懂？也许这对粒子在分开时自旋方向本来就是相反的，它们只不过是保持了角动量守恒。所以不管跑得多远，你看到了其中的一个，自然就知道另一个的方向了。就像两只鞋子，本来就是一双，不管你把它们分开多远，只要你看到一只是左脚的，自然马上就知道另一只是右脚的，这难道有什么奇怪的吗？

这种解释也被称为"手套解释"，其实含义差不多，意思就是一对粒子从一开始双方的匹配属性就明确了，所以不管它们分开有多远都会一直保持这种匹配关系，你只要观察了其中一个，自然就可以知道另一个的相关信息。如果只是这样，这其实就是个很简单的匹配现象了，完全不值得研究。

事情自然没有这么简单。科学家们从量子原理的角度思考，认为量子的纠缠关系绝不简单是事先匹配的原因，纠缠的粒子之间也绝非只是角动量守恒那么简单。它们之间应当具有更深层次的关联特性，具有超越一般经典意义的关联关系。

这个推断其实来自量子的不确定性原理，之前我们在讲述量子的不确定性的章节里就谈到过，量子在被观测之前根本就没有确定的状态，而是处于各种可能状态的叠加态。那么，一个量子如此，多个量子组成的纠缠系统自然也应当如此。

有意思的地方就来了，如果多个量子组成的纠缠系统也要整体处于叠加态，而我们只观测其中一部分，比如其中某一个粒子，那其他粒子该怎么办呢？

按照量子观测的规则，这个被观测的粒子应当马上坍缩成一个确定的状态，那么它的坍缩必然要带动其他粒子一起坍缩才行。不然它（被观测者）有了确定的状态，而其他与之纠缠的粒子还在不确定状态的话，整个系统就无法保持物理量的守恒了。所以其他粒子不光会坍缩，而且坍缩出的状态还要和这个被观测的粒子一起保持整体守恒。也就是说，在你观测一个纠缠粒子的一瞬间，其他所有与之纠缠的粒子，无论它们在哪里，都应该马上同步坍缩，而且坍缩的结果会与你观测的这个粒子的状态保持紧密的物理关联。

按这个逻辑推导那就更有意思了。试想如果我们先把这些纠缠在一起的粒子彼此分开，那么我们就可以通过观测某个纠缠粒子来瞬间影响距离遥远的与之纠缠的其他粒子的状态，而这种影响的速度理论上似乎是没有极限的。因为量子纠缠体系在物理上应当是一个整体，它们的坍缩会无视空间距离，这种影响速度自然就远超光速了，可这似乎又违背了光速最大的物理法则。

真空光速最大的物理法则是哪里来的呢？这是爱因斯坦在他的"广义相

对论"中提出的,自然爱因斯坦也就是这条法则最坚定的守护者。所以,当爱因斯坦很快发现量子纠缠这个现象似乎有威胁到相对论法则的企图,就打算站出来坚决反对。

那么,爱因斯坦打算反对什么呢?他打算反对整个量子理论体系!

可这件事说起来有点好笑,因为发现量子不确定性原理的正是爱因斯坦。这还是在爱因斯坦研究光电效应的时候,因为发现了电子的跃迁行为完全是随机的、毫无缘由、无法预测的,所以他才提出了量子具有不确定性的说法。可是这个发现的理论推演导致他的另外一个重要理论——相对论受到了威胁,这手心手背都是肉,他该怎么办呢?

爱因斯坦思前想后,还是觉得相对论原理更靠谱,所以问题一定是出在量子理论上。爱因斯坦认为量子纠缠不应当具有这种超定域性的关联,肯定是人们还没有完全掌握量子之间的某种隐藏关系的缘故。

于是,爱因斯坦从激进的量子理论的思想前沿退缩了。他认为量子这些反经典的特性不应当是真的,整个量子理论的体系应当还存在不完备不自洽的地方,人们不应当轻易舍弃经过多年才建设起来的久经考验的经典物理学的理论体系,而应当尝试用经典理论重新诠释量子现象,以避免出现这种巨大的矛盾。

相比于爱因斯坦的保守和退缩,当时量子理论的先锋开拓者、哥本哈根学派的年轻学者们的观点则正好相反,他们更为激进,正在全力鼓吹着量子力学的新思想。哥本哈根学派认为任何企图用旧有理论来解释量子力学的做法都是行不通的,应该以量子力学思想为基础,构建全新的物理学框架,以彻底颠覆和取代旧有的经典理论。

玻尔就是哥本哈根学派新量子理论的旗手,他是坚定的量子理论的开拓者和拥护者,也坚定地认为应该抛弃用传统的经典理论来诠释量子现象的尝试——经典理论在微观世界里失效，并不是因为有什么还未被发现的隐藏变量，而是因为它已经彻底不适用了，科学家们只有拥抱新的量子理论才能解决问题。

爱因斯坦和玻尔之间如此巨大的理念分歧自然是无法轻易调和了，正所谓一言不合，刀兵相见。科学家们的刀兵自然就是拿出思想实验来进行理论交锋。爱因斯坦和玻尔之间又一场大论战自然不可避免了，而这场大论战已经是爱因斯坦与玻尔之间展开的第三轮交锋了。

我们之前就已经提到，爱因斯坦作为旧量子理论的拥护者和以玻尔为代表的新量子理论开创派——哥本哈根学派之间发生过两轮激烈的论战。在第二次论战里，爱因斯坦曾经尝试用一个光箱思想实验挑战玻尔的量子理论，可惜并未成功，反而被玻尔利用爱因斯坦的相对论进行了成功的反驳，击败了爱因斯坦的第二次挑战。

但爱因斯坦可不是轻易认输的角色，几年后，他卷土重来，再次向哥本哈根学派发起了新的挑战。

这次爱因斯坦利用的武器就是与量子纠缠相关的一个新的思想实验：EPR 佯谬问题（Einstein-Podolsky-Rosen Paradox）。

什么是 EPR 佯谬问题呢？

EPR 佯谬全称是爱因斯坦–波多尔斯基–罗森佯谬（英语：Einstein-Podolsky-Rosen paradox），简称"爱波罗佯谬"。是阿尔伯特·爱因斯坦（Albert Einstein）、鲍里斯·波多尔斯基（Boris Podolsky）和纳森·罗森（Nathan Rosen）三人在 1935 年发表的一篇题为《能认为量子力学对物理实在的描述是完全的吗？》（*Can Quantum-Mechanical Description of Physical Reality Be Considered Complete?*）的论文中，以佯谬的形式针对量子力学的哥本哈根学派诠释提出的旨在挑战量子力学的完备性的一个重要思想实验。

这个思想实验关注的正是量子纠缠的跨域现象，爱因斯坦试图揭示纠缠粒子之间看似不可思议的相互作用，并通过推理归谬的方式来质疑量子力学的基本假设。

我们上面已经提到，在被观测后整体发生坍缩时纠缠的粒子之间的互相影响速度会超越光速，爱因斯坦正是抓住这点通过ERP佯谬这个思想实验向玻尔发出挑战。

爱因斯坦指出，要解释量子纠缠的这种坍缩现象，只有两种可能：第一种可能是，确实有某种机制超越了光速，瞬间协调了两个粒子之间的属性；第二种可能是，这两个粒子事先保持了某种整体守恒的状态，然后一直保持着这种关系。

这两种可能其实就意味着对整个世界的两种解释方式：

如果我们相信存在某种超光速机制在协调两个遥远的粒子，那么我们的世界似乎在微观层面就有一些与宏观层面完全不一致的神秘跨域机制在起作用。

而如果我们相信后者，那么问题就简单了，只是我们的认识不足，还有一些物理学的隐藏参数没有被发现而已，粒子之间的瞬间协同性其实只是一种假象，是我们现阶段认知不足造成的。

当然如果选择前者，也就意味着玻尔要挑战已经被公认的相对论原理了。

其实这是爱因斯坦用自己的相对论作攻击武器来挑战量子理论，意思是玻尔你如果要坚持你那个诡异的量子理论，就得先打败我的相对论。爱因斯坦拿着这个EPR佯谬问题，很严肃地告诉玻尔，除非你们能够证明两个纠缠粒子之间的关系是前者，而不是后者，否则你们的整个量子力学体系就是错误的，世界不是你们想象出来的，它还是经典的、定域的、实在的！

好了，现在轮到哥本哈根学派接招了。玻尔他们要怎样应对呢？

玻尔面对挑战自然不会轻易认输，他作为新时代量子理论的奠基者之一，怎么可能向爱因斯坦的旧理论屈服呢？就算那个时代还没有电子游戏这样的虚拟世界，玻尔也能够感觉到这个世界背后一定有某种深层机制突破了定域和实在性；但是相对论的确是爱因斯坦一方的优势——对此，玻尔的想法是，相对论没有错，但是量子理论也没有错。

可玻尔要如何抵挡爱因斯坦的攻势呢？

玻尔很快就想到了应对之策。他认为，微观的实在世界只有和观测手段连接起来才会有意义。在观测之前，谈及每个粒子自旋为上或为下是没有任何意义的；另外，因为两个粒子形成了一个相互纠缠的整体系统，所以用函数描述时，只有描述整体系统才有意义，不能将粒子视为两个相隔甚远的分离个体。

既然是一个协调相关的系统，它们之间便无须传递信息，所以也就绕过了相对论的限制，爱因斯坦的思想实验也就不攻自破了。

可是这样的解释又带来了一个新的问题，就是玻尔需要证明被分开的纠缠粒子无论相距多远其实还是联结成了一个系统，这可是经典理论中从未有过的现象，物体居然不能被空间分隔？但玻尔就是这样认为的，波函数是无视空间距离的，而且波函数的属性是因观测而确定的。这样一来，玻尔又挑战了爱因斯坦坚持的实在性。

但是玻尔认为这是可以用实验证明的，所以，玻尔就要构思一个实验来证明被分开的粒子其实还是处于一个整体系统中，而且是一个不确定的整体，这个整体的任何一部分被观测了，那么整体的状态才能瞬间确定，而这个确定过程是无视空间距离的。

怎么样用实验来证明呢？需要两步。第一步是创造出一对纠缠的粒子，再将其彻底分开足够远的距离；第二步是观测其中一个，并且设法证明另一个会瞬间同步坍缩，并得到相关联的状态。

但在这个过程中还需要证明两个粒子之间的协调性是瞬时同步产生的，而不是它们事先保持的，要排除两个粒子之间任何事先的"神秘约定"。可这又要怎样证明呢？

俗话说，瞌睡碰到枕头，真是巧了。

正好有一个爱因斯坦的"粉丝"听说了这件事情，他就是北爱尔兰的物理学家约翰·斯图尔特·贝尔（John Stewart Bell）。贝尔了解了双方的争论之后，理所当然地认为爱因斯坦是对的，这个世界怎么可能会存在违反直觉和常识的事情呢？

于是为了帮助爱因斯坦，贝尔反复琢磨了双方的观点，在1964年时，他突然想到了可以用数学方法把两者的观点明确地表述出来，贝尔用了一个不等式来表述两者在协调性上的数学区别。这个不等式写出来很简单，就是下面这个样子：

$$|Pxz - Pzy| \leq 1 + Pxy$$

贝尔不等式

贝尔认为，只要这个不等式成立，那么爱因斯坦就是对的，两个粒子之间一定有事先约定好的方案；如果不成立，则说明玻尔是对的，两个粒子之间没有什么事先约定的方案。

科学界后来一致认为贝尔提出的这个不等式，是对爱因斯坦和玻尔两人的争论，或者说是对世界到底是经典的、还是量子的，最为明确的一个数学总结。

而且，这个不等式还比较好验证。于是随着时间的推移，验证贝尔不等式成了实验物理学上的一个圣杯，谁能更完美地验证贝尔不等式，谁就能给持续百年之久的"爱玻之争"画上一个圆满的句号，同时也给物理学上这个意义重大的问题一个最终结论。

不过我们作为普通读者，怎么才能理解这个公式到底说的是什么呢？

我们仍然能用虚拟游戏的视角来理解贝尔不等式的含义吗？

当然可以，我们现在就尝试用游戏视角来解释这个物理学上最重要的公式之一。

假设在虚拟的量子游戏里，系统生成了一种成对宝箱，每只宝箱里都有一只漂亮的蝴蝶精灵。

双子宝箱

已知宝箱里的蝴蝶精灵身体上只有白色和黑色，而每对宝箱里的蝴蝶身体各部位的颜色一定是相反的，它们是一对"双子"精灵。那么毫无疑问，如果有一对宝箱，无论什么时候我们打开其中一只宝箱看到了蝴蝶精灵身体各部位的颜色，就能够马上知道另一只宝箱里蝴蝶精灵身体的颜色。

但是游戏设计师告诉我们，这种成对宝箱的实现方式其实有两种，而且它们之间存在一些差别。

一种是传统宝箱。事先就生成了一对双子蝴蝶，再分别装在不同宝箱里。这种先有蝴蝶再装进宝箱的方式代表的是诞生确定论：宝箱诞生的时候，里面的内容就已经完全确定，不会再改变。

而另一种则是量子宝箱。这种宝箱是在玩家打开成对宝箱中的任意一只的一瞬间，才马上执行生成蝴蝶的代码，在两只箱子里立刻生成一对颜色相反的双子蝴蝶。这种宝箱代表的是观测确定论：每次观测的时候，两只宝箱里的内容才可能按照规则立刻生成。

于是游戏设计师向我们发起挑战，想让我们试试看，能不能通过观察分辨出哪一对宝箱是传统宝箱，哪一对是量子宝箱。

这个挑战看起来不可能完成，因为简单从开箱后的结果来看，两种形式的宝箱是完全一样的，都装着颜色相反的双子蝴蝶，我们似乎无法分辨两者有什么不同。

但是，我们玩家一向是很有耐心的，经过认真地反复摆弄两种不同的宝箱，重复开箱无数次以后，我们还是发现了一些差别。

两只箱子里颜色相反的蝴蝶

首先我们认识到，每只宝箱里的蝴蝶颜色其实是由3个部分构成的，分别是"触角""翅膀"和"身体"，每个部位都有可能是"黑色"和"白色"两种颜色中的一种，不过每次开箱时，蝴蝶身上的颜色都是随机组合的。

当我们打开A宝箱时，如果看到蝴蝶精灵是"黑触角"+"白翅膀"+"黑身体"，那么我们打开另外的B宝箱，看到的蝴蝶精灵就必然是"白触角"+"黑翅膀"+"白身体"，完全相反。

如果A宝箱看到的蝴蝶是"白触角"+"黑翅膀"+"黑身体"，那么B宝箱里的蝴蝶就一定是"黑触角"+"白翅膀"+"白身体"，一点都不会错。

那么，两种宝箱里蝴蝶的各部位颜色对应得很好，我们怎么才能分辨出差别呢？

我们仔细思考了传统宝箱和量子宝箱之间的逻辑差异，就会突然意识到，它们之间的差别就在于里面的蝴蝶是不是客观不变的。在传统宝箱里面，因为蝴蝶的颜色是生成时就确定的，所以之后自然不可能再发生变化，那么传统宝箱的蝴蝶要做到彼此对应，必然需要提前约定好配对的方案，才可能做到开箱后完全互补。

那么传统宝箱的蝴蝶需要约定好几套方案呢？

因为蝴蝶身上有3个部位可以变化颜色，所以我们排列组合一下就知道，总共需要8套方案。

	方案1		方案2		方案3		方案4	
	A宝箱	B宝箱	A宝箱	B宝箱	A宝箱	B宝箱	A宝箱	B宝箱
触角	黑	白	黑	白	黑	白	黑	白
翅膀	黑	白	黑	白	白	黑	白	黑
身体	黑	白	白	黑	黑	白	白	黑
	方案5		方案6		方案7		方案8	
	A宝箱	B宝箱	A宝箱	B宝箱	A宝箱	B宝箱	A宝箱	B宝箱
触角	白	黑	白	黑	白	黑	白	黑
翅膀	黑	白	黑	白	白	黑	白	黑
身体	黑	白	白	黑	黑	白	白	黑

传统宝箱的约定方案

也就是说，如果是传统宝箱的生成方式，那么两只蝴蝶精灵无论是按规则挑选也好，还是随机决定也好，都必须先约好用这8套方案中的某一套来生成各部位的颜色，一旦定好就不能更改了。

而量子宝箱则不同，量子宝箱里的蝴蝶是不用事先确定颜色方案的，它们等到开箱时随机同步生成就好。换句话说，量子宝箱里的蝴蝶处于一种黑白颜色都可能存在的叠加态，在打开宝箱之前，它是没有确定颜色的，必须等到观测时才会生成确定的颜色，同时另一只宝箱中的蝴蝶也才会决定自己相同部位的颜色。

这样的量子宝箱与传统宝箱有什么不同吗？难道里面的蝴蝶能超出这8套方案吗？

如果量子宝箱只观测一次，当然也不能，此时它看上去和传统宝箱是一样的。

但是，我们知道量子宝箱每次打开观测时，蝴蝶就会重新生成；如果我们多次打开，而且每次还分别观测A宝箱和B宝箱，会不会导致颜色方案发生变化？

比如，我们先打开量子宝箱的A箱观察里面蝴蝶的身体是什么颜色；再打开B箱，观察里面蝴蝶的触角和翅膀是什么颜色——在这个过程中我们故意不去观察蝴蝶的同一个部位，那么每次我们都观察不同部位的话，按照量子测量的规律这就相当于进行不同维度的重新测量了。而在之前"奇妙而又微妙的测量"那章（第7章）我们就讨论过，这会触发整个量子系统的属性值的刷新，量子系统会根据新的观测维度重新生成属性数值，重新产生的数值与观测方式又是紧密相关的，而我们每次观测的部位又不一样，这就可能导致两次不同的测量让量子蝴蝶生成不同的配色方案。

而传统宝箱是不会出现这种现象的，因为传统宝箱里的蝴蝶诞生之后，身上的颜色始终都是确定不变的，无论你开哪只箱子，观测哪个部位，它都是老老实实地以一套固定方案让你查看，你不可能在两次测量中找到任何方案改变的痕迹。

那么我们具体用什么手段来发现量子宝箱这种方案上的改变呢？

对于这个问题，我们要另辟蹊径，用不同维度的测量来触发量子系统的变化，所以我们就不再关注AB宝箱里的蝴蝶相同部位之间的对应关系，而把关注点放在AB宝箱里的蝴蝶不同部位的对应关系上，看看会不会发现什么变化。

首先，假设我们观测的是传统宝箱，来看看A宝箱里的蝴蝶触角和B宝箱里的蝴蝶翅膀和身体之间的对应关系。因为在传统宝箱里，两只蝴蝶之间的对应关系一定是8套方案中的某一种，先不看方案1和方案8，它们是完全相反的，我们先看方案2。

	方案2		黑触角	白翅膀	相反
	A宝箱	B宝箱		黑身体	相同
触角	黑	白	黑翅膀	白触角	相反
翅膀	黑	白		黑身体	相同
身体	白	黑	白身体	白触角	相同
				白翅膀	相同

方案2里的对应关系

在方案2里，A宝箱的黑触角，对应着B宝箱的白翅膀和黑身体，而黑翅膀对应着白触角和黑身体，白身体则对应白触角和白翅膀，3个部位列举完，我们会发现有1/3的情况，不同部位的颜色关系是相反的。而且，我们还发现，另外5套方案也是这样。除了第1套和第8套方案，剩下的6套方案中，这个对应规律都是存在的。

这就是采用固定方案会造成的一个简单的数学特征，而这个特征是可以用统计方法来发现的。我们知道6套方案里，相反颜色的比例是1/3，如果再加上第1套和第8套方案一定相反的情况，那么相反颜色的比例一定高于1/3，这就是我们总结出的一条适用任何传统宝箱的简单数学规律。

那么量子宝箱呢？我们发现量子宝箱虽然在部分情况下似乎也遵守这个规律，但是我们多次分别测量AB宝箱并进行统计的话，某些情况下相反的比例就低于1/3了，这在传统宝箱里明显是不可能发生的。这说明，在对AB宝箱分别进行的多次测量过程中，量子宝箱里的配色方案发生变化了，量子宝箱里的蝴蝶不是客观不变的！

我们发现任何诞生决定的系统都一定会符合上述这种统计关系，而观测决定的系统则不会。其实我们发现的这个规律就是贝尔不等式的逻辑原理，只不过我们观察的是宝箱里面的蝴蝶各部位的颜色，而贝尔观察的是粒子的自旋方向在xyz三个坐标轴上的对应关系。

贝尔认为，如果两个纠缠粒子在分开时，只是限于保持角动量守恒的经典关系，导致它们在不同轴向上自旋相反，那么我们用上面这种多次错位检测统计相关率的方法，就能发现两个粒子之间一定有某种分开之前就约定好的固定方案，我们无论用什么方式去观测，结果都不可能违反不等式。

也就是说，不管这两个粒子在分开前如何协商，只要它们分开得足够远，我们用快于光速的速度同时测量它们的状态，那它们就不可能发生经典意义上的联系，也就不可能协商共同改变配色方案，结果就是只能老老实实地服从贝尔不等式了。

如果它们之间的关系经证实的确是服从贝尔不等式，那么就算我们暂时还不知道两个粒子是用什么机制、如何约定好的方案，也至少证明了它们的实在性，它们不是被刚刚刷新出来的，也不是在观测时根据兄弟粒子的状态改变了自己的状态，而是诞生以后就保持不变的客观存在，它们构成的世界也就还是我们熟悉的经典世界。

所以贝尔不等式的物理含义就是：如果两个纠缠量子是自诞生就确定不变的两个独立客观实体，那么它们在不同维度上的多次测量值一定符合固定匹配方案的数学统计关系；反之，如果纠缠量子是受到观测影响的整体系统，那么它们在不同维度上的多次测量值则一定不符合这种统计关系。

从更高的层面来说，这个乍看不起眼的不等式，却是人类认识到的量子世界和经典世界之间最明确的数学区别之一。如果这个式子成立，那么量子世界就不存在，一切量子现象背后其实是某种经典规律在起作用，甚至整个量子理论都要被全部推翻。但是如果式子不成立，则说明量子世界的确是真实存在的，我们需要认识到至少在微观世界里，我们必须放弃熟知的经典物理理论，接受并承认那些诡异的量子理论。

对于如此意义重大的公式，物理学界自然非常希望能够用实际的实验加以验证，所以自从贝尔提出了这个神奇的不等式之后，物理学界就一直在孜孜不倦地设计各种各样的实验来尝试验证它究竟成立与否。

不过，正因为这个不等式的意义重大，想要严格地加以验证，对于整个实验的设计要求也就格外地高。如果实验方案不够严谨，总会让人怀疑是否存在某种漏洞，导致我们得出了错误的结论。

其实这就说明很多人的内心还是不愿意相信我们的世界并非经典，因此总是希望在实验中找到BUG，给经典世界留下一线可能。而另一方支持量子理论的人也希望实验能够尽可能地完善，不要留下什么令人质疑的漏洞，让经典理论总是死而不僵。所以，无论是支持哪种理论的人，都会以极其严苛的态度看待任何企图验证贝尔不等式的实验，因此贝尔不等式的验证过程也就格外漫长。在这期间，人们不断试图设计出更完善的实验方案，不断弥补一切可能的漏洞，以实现最完美的验证。

我们来对科学家们在验证贝尔不等式的漫漫征途上所取得的成果稍作列举。

1972 年，第一个验证量子力学非局域性的实验由斯图尔特·弗里德曼（Stuart J. Freedman）和约翰·弗朗西斯·克劳泽（John F. Clauser）首先完成。

1982 年，阿兰·阿斯佩（Alain Aspect）等人再次尝试验证贝尔不等式，结果是量子理论胜出。但实验中依然存在一些可能的漏洞：首先是局域性漏洞，两个纠缠的光子距离太近，导致对贝尔不等式的违背有可能是靠某个不大于光速的通信通道来实现的，而非源自量子理论的非定域性；其次是测量漏洞，这些实验是用光子做的，而实验用光子探测器效率还不够高（有效阈值是 82.8%），不能排除测量漏洞。

自阿斯佩完成验证之后到现在的 40 多年里，人们继续用光子、原子、离子、超导比特、固态量子比特等许多类型的量子系统不断验证贝尔不等式，所有的实验结果都支持量子理论；但这些实验仍然不够完美。比如有部分基于光子的实验排除了局域性漏洞，可是受限于光子探测器效率，没有排除测量漏洞。有部分基于原子或离子的实验的离子探测效率接近 1，排除了测量漏洞，却又没有排除局域性漏洞。

在不断完善贝尔不等式验证实验的过程中，有很多学者都做出了卓越的贡献，2022 年诺贝尔物理学奖就授予了三位在验证贝尔不等式过程中做出巨大贡献的物理学家：约翰·弗朗西斯·克劳泽、阿兰·阿斯佩和安东·蔡林格（Anton Zeilinger）。其中安东·蔡林格是潘建伟教授的导师。

这三位杰出的物理学家分别在 1972 年、1982 年和 1998 年用不同的实验否定了贝尔不等式，他们都对实验做了巨大的改进，但这些实验始终还不够完美。

那么，贝尔不等式的最新验证情况如何呢？

2015年8月，荷兰代尔夫特理工大学的罗纳德·汉森（Ronald Hanson）研究组在论文预印本网站arXiv发表了一篇实验论文，报道了他们在金刚石色心系统中完成的验证贝尔不等式的无漏洞实验。之所以选择用金刚石色心来完成这个实验，有以下几个原因。首先，金刚石色心所发出的光子在可见光波段和光纤中传播损耗非常小。其次，探测金刚石色心状态所需要的时间很短，只要几微秒。因此要避免局域性漏洞，只需把两个金刚石色心放在相距1.3km的两个实验室就足够了。利用纠缠光子对和纠缠交换技术，他们实现了金刚石色心电子之间的纠缠。两个金刚石色心直接进行光通信所需时间大概为4.27μs，而完成一次实验的时间为4.18μs，比光通信时间少90ns，因此解决了局域性漏洞。此外，金刚石色心的测量效率高达96%，测量漏洞也被弥补了。总之，他们声称实现了无漏洞的、验证贝尔不等式的实验，在96%的置信度（2.1个标准差）上支持量子理论，从而证伪了"局域的隐变量"理论，再次否定了贝尔不等式，这可以说是目前为止最接近完美的验证了。

罗纳德·汉森团队的实验装置

虽然这个实验还是可能存在一些较小的漏洞，比如数据的置信度还不够高，还可能存在"自由意志选择"漏洞、伪随机数漏洞等，但是这已经是目前为止最接近完美的实验结果了。

总之截止到现在，在所有进行过的验证实验中，贝尔不等式都被否定了，可以说量子理论的正确性已经得到了公认，贝尔不等式也基本可以被称为"贝尔定律"了。

其实在这个过程中，整个物理学界已经逐渐接受贝尔不等式被否定的结论了，现在所有人基本都相信贝尔不等式不会成立，我们的世界确实是非定域非实在的。贝尔当年为了支持爱因斯坦而想出的巧妙方法，现在终于成功地颠覆了爱因斯坦的信仰，也不知道爱因斯坦如果地下有知会是什么感受，不过玻尔想必会很满意。科学就是这样，无论你觉得现实多么不可思议，但是只要有可重复验证的实验将铁一般的事实摆在眼前，再荒谬的结论我们也必须接受。

不过这也是我用虚拟视角来帮助大家理解量子现象的原因。在此之前，你会相信真实世界居然和虚拟世界一样，存在可以跨空间协调的粒子，或者基于你观测的客观物质吗？你会相信真实世界居然也和虚拟世界一样，我们所看到的表象与世界的实质有如此巨大的差距吗？

我们在宏观世界积累的常识和经验，在微观世界里都会被颠覆，微观世界的现象却能够和虚拟世界的特点巧合般地发生各种雷同，现在就连数学规律都与虚拟世界变得协调起来了，这不能不令人浮想联翩。

如果贝尔不等式不成立，正说明我们这个奇怪的真实世界从数学角度来看，的确具有和游戏世界一样的虚拟特性。

在游戏世界里，如果把两只量子宝箱分开极其遥远的距离，如100万光年，在开箱观测的一瞬间，宝箱也可以毫无阻碍地同步生成一对相关联的精灵,这个同步过程消耗的时间极短且与距离毫无关系,所以看起来就像是两只箱子发生了超光速的联系。

这当然是因为游戏里的双子宝箱无论分隔多远,其实本质只是使用同一套随机代码。我们也可以把宝箱设置成每打开一次,里面的虚拟精灵就全部按匹配规则重新刷新一次,而且虚拟宝箱也不用存储任何固定的道具数据,我们可以只把它当作一个道具生成的触发器。

所以在游戏世界里,不等式当然可以不成立,因为游戏里的空间距离都是虚拟出来的,并不真实存在,虚拟物品也不存在客观实体,所以很容易就能实现道具的跨空间即时生成和改变。在游戏里我们只要能够操纵程序代码就可以轻易做成这些事情,这很好理解;可一旦我们的真实世界里也具有这样的特征,就成为一件细思极恐的事情。

都说贝尔不等式是具有世界观意义的重要公式,现在它被证伪了,我们又应该怎样重新建立我们的世界观呢?

我们还是先放下这个哲学上的大问题,继续说回我们的量子宝箱吧。

根据贝尔不等式的原理,现在我们已经能够很成功地分辨两类宝箱的差别了。通过反复观察不同宝箱里蝴蝶的不同部位,并记录和统计颜色相关性的办法,我们完全可以判断这组宝箱究竟是量子宝箱还是传统宝箱。

而且,我们还进一步发现,任何量子宝箱一旦打开以后,马上就变成传统宝箱了,任何人、任何办法都不能抹除宝箱曾经打开过的痕迹。

这在量子理论中被称为"退相干"效应。当纠缠的量子被观测之后,它们的量子特性就会消退,从而解除纠缠状态,并成为独立的粒子。此时纠缠粒子之间的关联性就彻底消失了,再也不能用任何手段将其恢复。

那么量子宝箱这个神奇的特性可以用来做什么呢?

很快就有人想到了,如果我们把一张写给别人的字条同时放在一对量子宝箱里，不就可以防止别人偷看了吗？因为任何人想偷看量子宝箱里的字条，就必须打开宝箱，但是只要量子宝箱被打开过了，就无法还原了，这样收到宝箱的人通过判断宝箱是否被打开过，就可以知道里面的纸条是否被别人偷看过了。

所以，换言之，如果我们能够使用纠缠量子来调制信息，就能够通过检查量子的纠缠状态是否存在来判断该信息在调制之后是否被人窃听过。因为只要有人窃听过信息，必然会使纠缠系统发生退相干，从而导致纠缠量子之间失去关联性，而这一点我们是可以通过统计方法发现的。

这就意味着我们可以把纠缠的量子当作密封信息的安全扣或古代的"封缄火漆"使用，只要用它来保护信息，就没有任何人能在不破坏量子纠缠状态的情况下窃听到信息；所以，这是一种非常完美的信息保密手段。

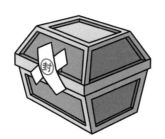

量子纠缠就是最好的信息封条

不过，从我们上面的比喻可以知道，想要知道宝箱是否被打开过，光看一只宝箱里的蝴蝶是不够的，必须对比两只宝箱的数据才可以。也就是说，使用量子宝箱来进行安全通信，我们还需要一条传统通信渠道来传递并对比两只宝箱的开箱数据，所以哪怕量子纠缠的速度再快，是否安全还得等到传统渠道的情报传来再进行对比才会知道。

上面讲述的这个虚拟游戏的例子，想必大家都看出来了，正是对应着量子纠缠和由此发展而来的量子加密通信技术的基本原理。

量子宝箱象征着处于纠缠态的量子对，传统宝箱则是普通的粒子对，开宝箱的过程其实就是我们的观测行为。所以，所谓量子加密，并不是一种无解的加密算法，而是利用纠缠量子来搭载传递信息，这样就可以保证信息的安全性。接收者能够准确无误地知道自己是不是信息的第一个阅读者，而且不用担心有人伪造量子态。所以，量子加密通信其实传递的还是经典信息，信息传递速度也并没有超越光速，同样有可能被窃听，只是无法被不察觉地窃听。

关于量子加密通信的详细解释本章就不再赘述，在后面的章节中我们再展开介绍。

量子通信的成功商业化应用说明，量子纠缠现象是实实在在存在的，并不是实验室里科学家的幻想和理论，它已经真实地实现了。如果爱因斯坦看到这一切，不知道还会不会继续坚持自己的观点。

玻尔和爱因斯坦

爱因斯坦的后半生几乎都在和量子世界的这些现象做斗争，他一直试图用传统的方式解释这一切，为了表述自己对宇宙客观实在性的坚定信仰，爱因斯坦还曾经说过一句名言："我不相信上帝会掷骰子！"

当然，爱因斯坦并不是用这句带有宗教色彩的话来表明自己相信上帝，而只是在表明自己坚信宇宙万物都是客观实在的，一切事物的发展都是可以预测的；就算我们暂时预测不了，也只是当下掌握的信息不足或者认识的规律还不够，理想情况下，未来没有不确定性存在。

可惜信仰很丰满，现实却很骨感。无论是现实中各种贝尔不等式验证实验，还是人类已经建设成功的量子城际通信网络、量子通信卫星，都一次又一次地证明上帝并未站在爱因斯坦一边。上帝没有创造一个确定的世界，他，真的是在掷骰子。

显然，玻尔才是笑到最后的人。当年他就坚信他的量子理论虽然诡异，但是更接近世界的真相，所以当年他才有信心回应爱因斯坦："你别去指挥上帝该怎么做！"

要知道，爱因斯坦创立的伟大的相对论，就是以定域性和实在性思想为基础的，而且相对论在宏观领域里也已经被反复证明了其正确性。量子理论否定定域性和实在性思想，但在微观领域它也被反复证明是适用的。物理学的两大著名理论如此矛盾，但它们在各自的领域居然都被证明是正确有效的，这就很有意思了。这个情形大家是不是觉得似曾相识？其实物理学上这一幕已经发生过，就是我们之前讲过的"黑体辐射问题"，当年也在同一个现象上有两套彼此矛盾的理论，在两个不同的范围内分别适用。

但是科学家们都知道，每当传统的旧理论之间出现漏洞，单靠修修补补不能解决问题时，往往就预示着物理学即将发生重大变革了。这种情况需要一个全新的理论体系某一天突然横空出世，完全重塑并拓展整个物理学框架，才能彻底解决这些旧有理论留下的问题。这么多年来，可以说整个物理界都一直在尝试调和并统一这两大理论体系，但从目前的进展来看还是异常艰难的，至少到现在为止还没有哪个理论能够接近这个目标，但是人人都希望某天这个万众期待的全新理论能够横空出世。

而这个理论，也就是科学家们期待已久的所谓科学皇冠上的明珠："量子引力"理论（Quantum Gravity Theory）。

很多科学家认为，一旦真正掌握了能够调和相对论和量子力学的量子引力理论，再结合能统一四大作用力的"大一统"理论（Grand Unified Theory），人类将获得物理学上的终极理论："万有理论"（Theory of Everything）。

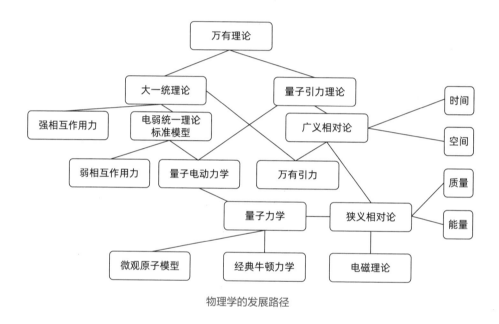

物理学的发展路径

一旦洞悉了万有理论，将意味着我们可以用统一的理论体系解释现有人类观测极限之类的所有物理现象，整个物理学将进入一个新的境界，同时，对于万有理论的解读，也可以令人类对宇宙万物产生更深层次的全新理解，从而带动人类的科技水平产生飞跃。

虽然人类如此渴望摘下这颗科学皇冠上的至高明珠，但我们距离目标还相当遥远。要想真正攀上这座科学高峰，我们必须先要攻克两个前置理论，即大一统理论和量子引力理论。然而，这两个理论的挑战之大，难度之高，可以说无论哪个都是人类科学史上面临的最艰巨的难题。即便是全球最杰出的科学家们共同努力，也无法在可预期的时间里攻克它们，因为它们蕴含的深度和复杂程度，已经超越了现阶段人类智慧的极限。

攻克这两大理论的难点到底在哪里呢？

这听起来似乎就不是我们普通人应该操心过问的事，这样尖端的学术话题也是我们普通游客可以旁听的吗？

既然大家有幸乘坐这趟超值的"量子号"专列，完全应该享受一下这种顶级服务，我们这就来聊聊其中的"量子引力"理论的建立到底面临着什么困难。

大家知道，爱因斯坦的广义相对论在宏观世界很有效，它能准确地描述引力造成的时空弯曲效应，解释时空和引力以及物质运动之间的关系。相对论比牛顿力学更先进的地方，在于它巧妙地利用时空弯曲解释了引力作用，从而解决了在大质量和高速度下描述物体运动规律的问题。不过在相对论中有个最重要的理念，就是需要把时空视作平坦光滑的，这样才能通过微积分的方式来计算时空的曲率。

可是这种计算方式一旦拿到微观世界就不适用了，因为在微观世界里，粒子并不真实存在，真实存在的反而是概率波。根据不确定性原理，微观粒子的准确位置是无法精确描述的，它们随时都处于各种位置和动量的叠加态中。所以我们完全无法使用相对论的引力方程来计算这些粒子之间的引力作用，在相对论里既没有叠加态引力的算法，也没有非连续时空的曲率算法，这就导致了相对论的引力公式无法适用于微观世界。

所以，量子理论的不确定性、不连续性与广义相对论的连续平滑时空的底层理念之间存在的根本矛盾，才是两大理论无法融合的关键。

可能有读者会说，干吗非要把两个理论统一呢？让它们一个管宏观一个管微观不是挺好吗，彼此井水不犯河水不就完了？

可是，我们的真实世界并不是分离的啊，我们的宇宙并不存在一条微观和宏观的分界线，任何物理定律在微观和宏观世界都应该适用才对，怎么可能会各自涵盖不同的尺度范围呢？更何况，在一些特殊情况下这两者还是会有矛盾的，比如在黑洞中心的奇点，那里的引力无穷大，尺度却无穷小，那么奇点的时空到底应该是平坦的还是弯曲的呢？不承认离散的时空，数学和现实之间就无法真正统一；而承认离散时空，现有的相对论方程就要重写。

所以想要调和两大理论，现在学界的主流思路还是设法把相对论里的时空结构也用离散不连续的方式来描述，把时空曲率也量子化，这样就可以用量子化的曲率来配合量子化的微观粒子，写出一种叠加态下的引力方程，或者说写出波函数的引力方程来。

但是要写出这种方程，就必须假设存在一种能够传递引力的信使粒子，也就是传说中的"引力子"。只不过到目前为止，科学家们还没能找到这种粒子，所以也无法肯定真的存在叠加态的引力效应。

你看，这就是人类量子引力理论面临的困境之一。

不过，如果我们也能尝试以虚拟视角来看待爱因斯坦的广义相对论，以新的视角来诠释时空弯曲现象和引力效应，说不定也能在两者之间找到一种新的调和方法。但这个命题的难度实在太高了，也超出了本书的解读范围，可以当作脑洞练习题目供大家在空闲时间思考消遣。

限于本章篇幅，对于大一统理论的问题我们就不再过多讨论；但是，对于当年爱因斯坦质疑量子理论的话题，我们倒可以给出一个新的视角。

爱因斯坦说过，如果量子物理是自洽的，那么世界的定域性和实在性我们必须放弃一个。而爱因斯坦一直都坚持两者不肯放弃，是因为他的相对论就是依靠两者而成立的。所以他只能转头试图证明量子物理本身是不自洽的，他提出了一个又一个佯谬企图推翻量子理论，可惜并没有成功，相反他所提出的那些佯谬后来都成了帮助量子理论的反证，使得量子物理的基础越来越坚实，而这一切也令爱因斯坦晚年一直未能释怀。

那么我们如何用虚拟世界的视角看待定域性和实在性的问题呢？

如果从虚拟世界的角度来分析，这种虚拟世界背后的程序关联性才是纠缠粒子之间神秘协调性的根本来源。那么，这定域呢？似乎虚拟世界还是保持了定域性的，因为信息的传递并没有超越光速，波函数的坍缩并不算传递信息。那么，实在性呢？似乎受到了挑战，我们能说一段代码在被执行前，它的输出结果就存在吗？这就像询问玩家"在你进入地图前BOSS存在吗？"一样。玩家必须回答不知道，也就是说粒子在被观测前其具体属性是不实在的，只有概率可能。

所以，我们采用虚拟世界的视角解读世界时，实际上就是放弃了物质世界的实在性，而坚持世界是定域的。我们这个虚拟世界里已经规定了任何信息的传输速度不会超越光速，光锥[1]之外物体之间绝对不能互相影响，但是这些物体并不实在，它们的本质都是代码，而不是结果，你不观测它们时，它们连属性都不客观存在，也只有这种不客观的属性才使得纠缠量子之间存在看不见的底层联系来协调彼此的属性，所以它们才能在被观测时跨域关联但又不破坏定域性。

你看，我们对自己构建出来的虚拟世界理论的认知又进了一步，知道了虚拟世界是定域但不实在的，我们放弃了实在性但是维护了定域性，以保证宇宙最大光速的可靠，相对论依然是成立的，量子物理也还是成立的，它们

---

1 光锥：从一个事件出发的光，或者说信息在四维的时空里形成了一个三维的不断扩散的圆锥，这个圆锥称为事件的光锥。

在虚拟世界里终于化解了矛盾，实现了统一。

怎么样，这是不是神奇的视角？只可惜当年还没有网络游戏，爱因斯坦没能见到并不实在的虚拟物体，否则他也可能会改变自己的看法。

不过，我们还留下了最后一个问题。

为什么如果这个世界是虚拟的，就会出现纠缠现象吗？

换句话说，为什么创造我们世界的程序员非要把n个粒子共用一个波函数来表达呢？

其实对于这个问题我们可以去请教现实世界的资深程序员。你询问任何一位有经验的程序员，他都会告诉你，这种做法很自然很正常啊，我们开发任何软件时，如果能够用不同方法实现相同或相似的体验，那么一定要选用最简洁和最节省资源的做法，如无必要，勿增开销。

这几乎是程序员们的至高信条，任何有经验的程序员都知道不要过多去关心某些刁钻用户的古怪需求，或者为了防止某些技术黑客对系统各种细节的过分探究而耗费过多精力。一个优秀的开发工程师更应该关心的是，如何用更简单的做法满足99%的普通用户的正常需求，而不是浪费太多时间在极少数用户身上。只有那些没有经验的新手，才会为了对付那些难缠用户而耗费成倍的资源和精力。如果被技术总监发现程序员居然把系统弄得如此臃肿，肯定少不了要挨骂重写。

所以，既然虚拟世界的多个粒子发生了纠缠，那么程序员把它们简化合并，用一个函数来精简处理以尽量节省资源也是很正常很合理的做法。

如果我们从游戏设计的角度来看，这种做法其实运用得也非常普遍。一个最常见的运用就是在模拟策略游戏（SLG）[1]中，当游戏设计师希望表现出一个军团方阵时，就会把组成方阵的很多士兵当作一个对象来处理。这样就

---

1 Simulation Game，策略类电子游戏，一般指战争题材的回合制策略游戏，以及即时战略类游戏。

可以简化计算，同时保持良好的方阵队形。

这些被当作单一单位处理的电脑士兵集群，其实就是一种处于纠缠状态的个体集合，它们会保持一致的行动、一致的方向，接受一致的命令；如果它们在地图上不慎被分开了，依然会保持相当高的行动一致性，因为它们在计算逻辑上依然是一个整体。

这种计算逻辑上处于纠缠状态的集合体，无论它们其中的某些个体分开多远，你都可以察觉到它们具有远超其他分散个体的一致性，你可以很容易地把它们和零散的个体单位区别开，无论我们如何操作零散的个体，都无法达到纠缠的集合体之间那种高度的协调性，除非能够用某种方法把它们拆散。不过大多数游戏没有这个功能，因为很明显拆散它们会给系统带来更多不可控的计算量。

不过，现实世界明显是可以这么做的，我们的宇宙虽然无时无刻不在节省算力，但并不意味着它会小气到我们做游戏的地步，否则我们发现的就不是量子纠缠现象，而是量子融合现象了。

不过在现实世界里拆散量子纠缠系统最大的问题并不是增加开销，而是这会在某些情况下给我们带来认知困惑。

本来把纠缠粒子用同一个函数进行计算，一般情况下也不会产生什么奇怪的问题。可是偏偏有一些非常爱折腾的科学家，他们就好像那些刁钻的用户一样，一旦发现了疑点后就开始尝试使用各种手段去折腾纠缠的粒子系统。当他们发现这些纠缠的粒子无论怎样都会瞬间彼此协调的现象后，就准备尝试把纠缠粒子强行分开令其相距足够遥远之后来验证它们的协调速度会不会超过光速，人为地制造出逻辑距离和空间距离的差异，所以才有了围绕贝尔不等式的一系列科学故事。

其实就像我们玩的模拟策略类游戏一样，虚拟游戏里的空间本来就不是真实存在的，构成整个世界的只是计算逻辑和时间序列，而空间则是用画面模拟出来的。所以当科学家们把纠缠粒子在物理上分开之后，并不会改变它们在系统逻辑里还是由同一个函数计算的事实，因此当科学家们用观察的手段迫使纠缠粒子发生退相干时，系统当然会无视虚构出来的空间距离，瞬间分别完成相距遥远的粒子状态的分别计算赋值。系统的这一操作其实已经把我们这个世界的空间假象给暴露出来了：当系统需要完成必要的逻辑计算时，无论多远的空间距离都丝毫不会产生任何阻隔，因为这种计算操作其实本质上并不是一种运动，也不传递任何信息，所以自然也就没有任何速度上的限制。

你看，我们的科学家是不是就好像那些刁钻的黑客用户，通过各种极端实验把系统算法的逻辑漏洞全给暴露出来了，这才让我们发现了这个真实世界的各种荒谬之处。而他们就好像是在网络游戏里发现了世界贴图底下的模型真相的调皮玩家，又惊奇又诧异，还围绕这些穿帮现象而争论不休。

其实从技术角度来说，造物主的这种做法只是节省算力资源的常用编程手段。而且你仔细观察就会发现，其实我们这个宇宙的创造者一直在坚持这样的原则：用尽可能少的函数（代码）来表达尽可能多的现象。双缝干涉如此，延迟选择如此，粒子全同性如此，纠缠现象也如此。各种实验都一再证明了我们这个宇宙系统总是能省就省，只要不观测就绝不增加函数的调用，哪怕会造成各种存在逻辑悖论的现象也并不在意。

毕竟，谁敢质疑上帝呢？

好了，关于宇宙的核心秘密咱们也不敢谈论太多，还是先结束我们的脑洞话题，同时结束关于量子纠缠现象的讨论，继续我们下一阶段的旅程吧。

下一站我们将介绍一个更加复杂、更加有趣，将各种量子现象融为一体的量子实验，我们还将从这个实验中进一步了解量子纠缠的神秘特性，并了解我们如何利用这种特性发展出号称无懈可击的量子加密技术。

10

相隔百万光年的
神秘擦除

为 什 么 超 光 速 的 量 子 纠 缠 不 能 传 递 信 息 ?

欢迎大家继续乘坐我们的"量子号"观光列车游览量子秘境，这一站将带领大家领略一个更加神奇的量子实验。

在前面几站，我们已经见识了很多有趣的量子实验，比如匪夷所思的双缝干涉实验、玄妙无比的测量现象，还有最近大热的神秘的量子纠缠等。

在这些实验中发现的各种量子现象让我们分别认识了微观世界的波粒二象性、观测效应和超光速的量子纠缠效应等，有的读者会感觉这些实验看起来比较简单，希望能够再解读一些更加复杂的量子实验。

那么本章我们就尝试来解读一个更为有趣也更为复杂的量子实验。在这个实验中，我们可以看到多种不同的量子现象同时出现，此外，这个实验能更加深入地揭示量子纠缠现象背后的神秘逻辑，是一个设计非常巧妙、很值得了解的量子实验。

当然，我们将再用程序员思维和网络游戏逻辑来进行虚拟视角的解读分析，尝试以普通人的身份成功理解该实验背后的神奇虚拟逻辑。同时，我们还将深入介绍从该实验延伸出来的实用的量子加密技术，争取厘清最新的量子科技。

这次要介绍的实验是"量子擦除实验"（Quantum Eraser Experiment），在量子物理学中，这也是一个知名度相当高的经典实验。

这个实验是在1982年由物理学家马兰·史库理（Marlan Scully）和凯·德鲁（Kai Drühl）最先提出的；1991年，史库理、柏投·恩格勒（Berthold Englert）和贺柏·沃尔特（Herbert Walther）设计了具体实验方法并完成了初次实验。因为这个实验非常有趣，因此物理学家们都很热衷于重复这个实验，于是该实验后来又有了很多改进及延伸的版本。

这里要介绍的是该实验的原始版本，也是相对比较简单的一个版本，叫作"基于纠缠光子偏振效应的擦除实验"。

这个实验虽然在量子擦除实验中属于相对简单的，但还是比我们之前介绍过的实验要复杂许多，理解难度也要高出不少。所以在开始介绍之前，我们需要先了解一些基础知识。

首先是有关光的偏振的一些知识。

大家都知道，普通的自然光不是单一偏振方向的波，但是经过一些偏振片以后，它就可以变成某种单一方向的波。最常见的应用就是我们看电影时用的3D偏振眼镜，两个镜片分别是垂直和水平方向的偏振片，这样当我们看3D电影时，每个眼睛就可以单独看到不同偏振方向的图像，从而让我们形成立体视觉。

但是，除了水平、垂直、45°等特定方向的线性偏振光，还有能够转圈的圆偏振光和椭圆偏振光。

所谓圆偏振光，可以看作光波在转着圈振动着前进，这种偏振方式没有固定的前进方向，但是有顺时针和逆时针两种旋转方向；圆偏振光也可以看作两种线性偏振态的错位叠加。

圆偏振光

振幅保持不变，而方向周期变化，电场矢量绕传播方向螺旋前进。
可看作两束相互垂直的振幅相等、相位差为±π/2的线偏振光的
合成。
+π/2——对应右旋圆偏振光
-π/2——对应左旋圆偏振光
即圆偏振光中包含着两束频率和振幅相同的左旋和右旋圆偏振光

圆偏振光的概念

了解了光的偏振类型之后，还需要知道的是，光的偏振属性就像粒子的自旋属性一样，也是一种量子属性，它也具有叠加态、观测坍缩和纠缠等特性。在未测量时，光的偏振态也是不确定的，不会始终保持不变，而一旦进行测量就能够把它刷新成刚刚测量的维度。例如，我们用正十字基准的测量仪器去测量，光的偏振就会变成一半垂直、一半水平的状态；再用斜十字的测量仪器去测量，它又会变成一半45°右斜、一半135°左斜的状态。

这个特性我们在之前"奇妙而又微妙的测量"一章（第7章）里也简单介绍过，与粒子的自旋属性非常类似。

其次，我们在实验中可能会需要改变光的偏振状态，比如要把线性偏振

1/4波片

光改变为圆偏振光，就要用到一个叫作1/4波片的光元件。这种1/4波片看起来就像是普通的玻璃片，好像没有什么特别之处，但它可以改变光的偏振类型，只要控制好角度就能将线性偏振光转变成圆偏振光。

这种波片具有不同的方向性。比如它

可以让水平偏振的光转换成逆时针旋转的圆偏振光；将波片旋转90°以后，它又可以将这束光转换为顺时针旋转的圆偏振光。

但是，如果射入垂直偏振的光，出来的旋转方向就会和水平光射入时的输出结果完全相反。当垂直偏振的光输入，出来的是顺时针光时，水平偏振的光输入就会输出逆时针光。

对于1/4波片的特性，我们用一张图来示意一下：

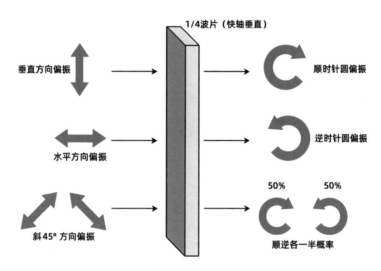

1/4波片的转换示意

如果把波片旋转90°变成慢轴垂直，那么上图输出的时针方向就会都反过来。在此我们就不再列举了。

最后，我们要了解的是一种叫作偏硼酸钡（BBO）的光学晶体。这种晶体的作用很简单，向其中射入一个光子，它就会被激发产生两个互相纠

偏硼酸钡晶体

缠但能量减弱一半的光子,所以它是一种非常好用的纠缠光子对的生成工具。

你可能会疑惑,我们观测纠缠态粒子会导致其退相干,那么科学家们做实验时,是如何不观测就能知道两个粒子处于纠缠态的?答案是,科学家们能够直接使用类似晶体制造新的纠缠粒子,我们对这种晶体特性也已经非常了解了,所以不用观测就知道激发的一定是一对纠缠状态的光子,这样我们就有了一个很好用的纠缠光子源。

好了,基础知识介绍完毕,现在可以开始介绍实验本身了。

这个量子擦除实验需要用到的实验器材不少,包括一个单光子的发射源,一个偏硼酸钡晶体,两个偏振片,一个起偏器(其实也是偏振片),两个偏振探测器,一对1/4光学波片,还有一个双缝挡板。

我们先看实验示意图,按图布置这些器材:

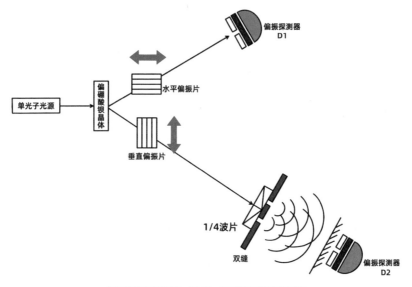

量子擦除实验第一阶段:下路形成干涉条纹

从上图中可以看出大致的实验过程,我们从最左边的单光子光源把一个单光子射入偏硼酸钡晶体,偏硼酸钡吸收光子后受到激发产生一对纠缠光子，然后分别向上下两个方向射出，两者共同构成一个纠缠光子源。

纠缠光子源向上射出的光子称为上路光子，我们让它经过一个水平的偏振片，把水平偏振的光子都筛选出来，然后我们先不放入起偏器，让上路光子直接进入探测器D1。

向下射出的光子称为下路光子，我们让它先通过一个垂直的偏振片，然后射向一个双缝挡板。

为什么上下路要放上不同方向、互相垂直的偏振片呢？这是因为从纠缠光子源发射出的纠缠光子对，刚开始肯定处于一种未观测的不确定状态，也就是处在各种偏振态的叠加态；但是我们现在需要确定偏振方向的光子对，所以必须用偏振片分别将上下路的光子筛选（或者说调制）为相对应的垂直和水平偏振状态，这样才能让下路光子始终保持相同的偏振态，而有相同的偏振态才能形成稳定的干涉现象。

之前我们在"不确定的猫VS没有刷出的怪"那一章（第1章）就已经了解过，虽然现在下路经过双缝的只是一个个的单光子，但是在我们没有观测它之前，它还是以波函数的形式存在的，所以它自然会同时通过两条狭缝，然后不断发生自干涉。如果我们在下路放置一个屏幕，或者探测干涉的仪器，那么随着落屏光子数量的不断累积，自然就会看到干涉条纹的出现。

到这里我们就完成了擦除实验的第一阶段：在下路形成干涉条纹。

接着我们要怎么做呢？

我们想要设法擦除下路屏幕上的干涉条纹。

那么，如何才能让屏幕上的干涉条纹消失呢？

熟悉双缝干涉的读者肯定会说，那还不简单，我们只需要在狭缝上安装一个探测器，探测光子走了哪条狭缝，干涉现象不就消失了吗？因为任何对光子路径的观测都会导致光子的波函数提前坍缩，所以也就无法再发生自干涉现象了，干涉条纹不就被擦掉了吗？

的确如此，我们之前还从虚拟游戏的角度解读过，观测行为会导致光子的波函数程序被提前运算，所以系统就会提前在狭缝位置输出具体的粒子位置，导致接下来的计算中，波函数不会再同时穿过两条狭缝，也就不会再出现波函数的自干涉条纹分布。

但是，我们这次采用的手段不同。

我们这次不打算在狭缝上安装探测器，而希望利用一些更间接的方法来了解光子到底走了哪条狭缝，看看会不会导致干涉条纹消失。

那么怎样才能实现既不观测狭缝，又能了解光子的路径信息呢？

这里就要利用光的偏振特性和1/4光学波片了，我们设计了一个非常巧妙的方法，来间接获取光子的路径信息。

这就是实验的第二阶段：间接获知光子路径。

我们用两个互成90°的1/4波片分别盖在下路挡板的两条狭缝上，每条狭缝上只有一个波片。

接下来，再在下路屏幕后面放置一个偏振探测器D2，探测落在屏幕上的光子的偏振方向。

好了，现在大家猜猜发生了什么事情？

对，干涉条纹立刻消失了！

为什么我们如此操作一番以后，干涉条纹就消失了呢？

很简单，我们已经通过间接方式获取了下路光子的路径信息，这就导致干涉条纹立刻消失不见了。

咦，我们是如何获取的路径信息？

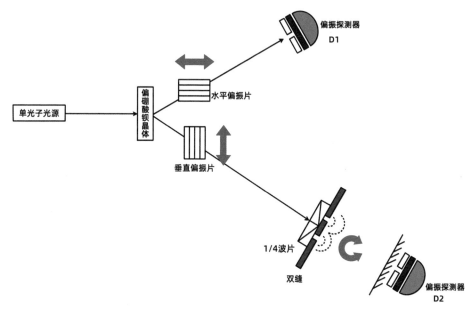

第二阶段：获知光子路径，擦除干涉条纹

　　已知下路的光子都是垂直于偏振方向的，所以经过两个互成90°的1/4波片之后，就会分别变成顺时针和逆时针旋转的圆偏振方向，那么我们只需要根据D2的探测结果，看看此刻到达屏幕的光子是顺时针的，还是逆时针的，就可以知道它到底经过了哪条缝隙。

　　至此，光子的路径信息就完全暴露了。

　　根据课本上的讲法：光子的路径信息泄露之后，它就会坍缩成粒子形态，不再发生波的干涉现象，所以干涉条纹就会消失。

　　这光子的智慧简直超越我们普通人啊，我们不认真琢磨还不能发现它暴露了行程，可是光子自己却门儿清，哪怕走漏一点点风声它都可以立即知道。宇宙难道真的有这么高的智慧吗？

甚至你都不用在下路放置探测器D2，干涉条纹同样会消失——光子会"预防性"地事先坍缩，免得你用什么它不知道的手段判断出它的路径。不过，其实垂直偏振的单光子也无法同时通过两个互相垂直的1/4波片，将自己分裂成不同方向的光子，它也必须选择其中的一边。所以现在于情于理，下路的条纹都应该是非常彻底地消失了。

好了，现在我们用了两个波片成功地擦除了屏幕上的干涉条纹，那么接下来我们再怎么做呢？

接下来就是这个实验最有意思的部分了，我们现在打算让消失的干涉条纹重新回来，而且我们不用去改动下路的任何元件，只通过上路的操作就能够实现这个目的。

这就是擦除实验的第三阶段：重现干涉条纹。

怎么做呢？

具体的做法就是，利用光的纠缠特性，通过影响上路光子的性质来改变下路光子的性质，从而"掩盖"下路光子泄露的路径信息。

我们需要用到一个45°的起偏器，它其实就是一个普通的偏振片，我们把这个偏振片放到上路的光子路径上，如下图所示。

这能起什么作用呢？我们知道上路的光子已经被水平偏振片筛选（调制）成水平方向的偏振属性了，我们也知道，其实偏振方向是可以被改变的，当我们放入一个45°的偏振片以后，就有大概一半的水平偏振的光子会被再次调制成右斜45°偏振的光子（另一半则会被挡住）。

那么，我们把上路光子变成偏振45°的光子有什么作用呢？

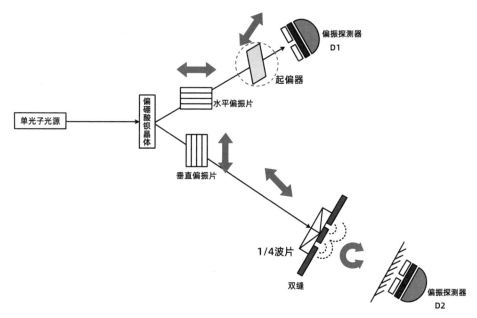

第三阶段：掩盖路径，重现干涉条纹

当然有作用，神奇的地方来了——下路光子与上路光子虽然已经彼此完全物理隔绝，甚至相距遥远，但是它们还是保持着纠缠状态。所以，当上路光子偏振方向被改变成右斜45°后，下路与之纠缠的光子也必须自动变成对应的左斜135°的偏振方向，否则就和上路光子不对称了，为了保持相干性，下路光子也就随上路光子而变了。

而下路光子的偏振方向变成左斜135°后，再进入左右两个狭缝的波片，就不能被明确地转变成某种单一方向的圆偏振光了，因为根据1/4波片的特性，斜角偏振的光子会被随机转变成顺时针或逆时针偏振的光子（各50%概率），那么现在检测器D2就无法通过落屏光子的偏振方向来判断该光子到底经过了哪个波片，光子的路径信息也就被成功地"掩盖"了，所以屏幕上的干涉条纹就成功地重现了！

是不是难以置信？我们描述这个七弯八拐的逻辑都用了好多篇幅，光子却瞬间就明白了它的行踪又被成功隐藏了，于是它又可以舒服地以波的形式存在了，用不着在路上再坍缩一次。

而且，这个实验的神奇之处在于，我们可以在遥远的地方瞬间控制光子的行为。

比如，我们将上下路光子之间的距离增大一些，那增大多少呢？既然是思想实验，那我们就毫无顾忌地把探测器 D1 和 D2 之间的距离加大到100万光年吧。

这时候，假设我们在 D1 的位置，距离下路的屏幕和 D2 有遥远的100万光年，但是我们只要插入一个起偏器，在遥远的100万光年以外的下路光子马上就能松一口气，瞬间变成波形态，屏幕上的干涉条纹就马上出现了。

等一会儿，是不是发生了恐怖的"超光速事件"？

如果我们能在下路无视距离，瞬时就能够感应到上路起偏器的插入状态，那岂不是说我们可以把上路的某个开关状态瞬时同步传递给遥远的下路观测点了吗？难道说我们可以以超光速的方式来发送莫尔斯电码，或者随便什么编码？那不就意味着可以超光速传递任何信息了吗？

这是不是意味着……我们打破了相对论的光速限制，摆脱了宇宙法则的束缚，文明等级即将飞跃？

大家不要高兴得太早，这种事情当然不可能发生。

我们要关注的不是会不会发生超光速事件，而是"有没有任何信息被超光速地传递了"。虽然我们在遥远的距离瞬间控制了光子的行为，但是这个过程中有任何信息从 D1 位置传递到 D2 吗？

似乎有，又似乎没有。是吧？

让我们来详细分析一番。

当上路插入起偏器时，下路光子的确会瞬间从确定的水平偏振态变成斜偏振态，但是我们无法发现这一点，因为检测线偏振的探测器只有两种测量基准，要么是正交的，要么就是斜交的，用这两种测量基准来测量随机正十字方向和随机斜十字方向的光子，结果是一样的，都是50%的通过率。我们可以简单列表看一下。

当光子在某一个偏振维度上以50%的概率随机变化时，不管从哪种方向测量，测量结果看起来全部是一模一样的，所以其实我们没有任何物理检测手段能够在孤立的情况下发现光子的偏振

偏振向 测量基	(↕, ↔)	(↗, ↘)
✛	50%	50%
✖	50%	50%

状态从正交随机变成斜交随机了。大家可能会觉得奇怪，现在科学实验手段如此先进，连暗物质都有办法探测，却连这么一个小小的问题都不能解决吗？

还真解决不了，而且这还是个原则问题。

试想，如果我们能够解决这个问题，那岂不是可以瞬间发现千里之外的纠缠光子被改变，那不就实现了"超光速通信"，我们人类不就立马达到"三体文明"的境界了吗？

很不好意思，宇宙游戏里升级没有那么简单，造物主也不会遗留这么一个天大的漏洞给我们，所以人类文明的路也还得一步一步地走。

你可能又要问了，刚才不是说上路插入起偏器以后，改变了下路光子的偏振态，导致光子的路径信息被掩盖，所以干涉图案会瞬间重现，怎么能说没有信息传递过来呢？

怎么解释呢？还是只能说："有，但又没有。"

其实到了这一步，我们对纠缠光子的干涉现象已经理解得很深入了，很多科普文章写到这里也就不会继续详述为什么干涉图案可以实时改变，却没有真正的信息传递过来。不过我们既然介绍了这个实验，就要彻底把这个细节问题给解释清楚，让大家的疑惑更少一些。

我们之前说到干涉图案的消失和出现，是一个看似很简单、很容易观察的现象，但在真正的实验里，这一过程其实并没有这么简单。

我们都知道干涉现象是波函数叠加造成的，但是在具体观测时，我们只能看到一个单光子的落点，只有连续观测单光子的落点分布状态，才能得知是否出现了干涉现象。

但是我们的擦除实验在观测一对纠缠光子的上路状态改变时，也要观测下路对应的光子是否发生了干涉，这里就有一个前提条件——我们首先要确认上路的光子状态被改变并被记录下来了。如果在这个过程中，上路的光子没有通过偏振片而被阻挡了（50%通过概率），那么下路的对应光子就变成了一个单光子，这时下路光子的落点是不能列入统计的。

也就是说，我们必须只记录"双光子"事件的对应图案，而把其中单光子的事件筛除，才能得知是否发生了纠缠光子的干涉现象。

可是，这两种事件在真实的实验中发生的概率是随机均等的，根本无法分辨，造成的结果就是无论我们在上路如何操作，下路的屏幕上都不会看到任何干涉图案。

那要怎样才能看到干涉图案呢？

答案是必须将上下路的数据关联起来才行。比如上路探测器D1收到一个光子，然后告诉下路："收到！"这时候如果下路探测器D2也收到一个光子，我们才能确认这个光子在屏幕上的落点是有效的。如果上路没有报告，下路收到的光子数据就要筛除。同样，如果上路报告了而下路没有落屏，也不能记录。如此上下关联之后，我们就会得到一个有效记录的集合。

我们把下路这些有效的落点位置组合起来，才能真正地看到隐藏的干涉图案，否则我们看到的依然是两堆杂乱的光斑。

你看，这个细节就是很多介绍量子擦除实验的文章里没有详细说明的地方，而正是这个细节，导致我们无法进行超光速通信。

这又是为什么呢？

其实你仔细思考这个过程就会发现，下路是无法单独发现光子干涉现象的发生或消失的，下路如果不能与上路的数据关联，任何时候观察都是看不到干涉条纹的。

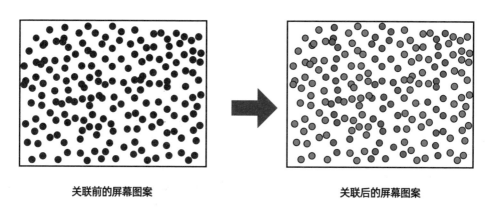

关联前的屏幕图案　　　　　　　　　关联后的屏幕图案

隐藏起来的干涉条纹

就算条纹出现了，它也是隐藏在各种无效的干扰信息里的，我们想要从这些无效干扰信息里发现条纹的话，必须结合上路的数据。

那么我们怎么获得上路的数据呢？

其实答案很简单，只要上路用传统方式把数据送到下路来就好了，不管是拉个电缆，扯根光纤，还是用无线电、红外线、X射线、伽马波、引力波、中微子，随便什么现代或未来的手段都可以，反正都不会快过光速。

所以不管怎样，我们都需要一个传统的数据信道来传递和补充数据，否则只收集量子信息没有任何意义。

咔嚓……咱们的超光速量子通信的美梦就这么破灭了。

其实，掌握了使用传统信道来建立两路纠缠光子的对应关系传递信息的方法，不光可以传递干涉图样，理论上传递什么图案都没有问题。

1995年，美国马里兰大学的华裔物理学家史砚华（Yanhua Shi）就带领团队设计了一个有趣的实验，该实验后来被称为"幽灵成像"实验。史砚华利用纠缠光源发出互为纠缠的红光子和蓝光子，经过偏振器之后，使红蓝光子分别向不同的方向传播。

他们让红光子经过一个有小人图案的狭缝，再让穿过屏幕的红光子所对应的蓝光子投射的图案显现出来，结果出现了相同的小人图案。

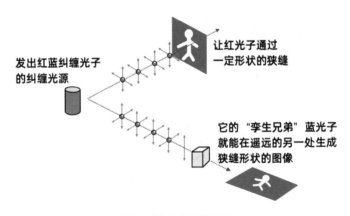

"幽灵成像"实验示意图

这个图案像是由红光子神秘地传递给蓝光子的，如同幽灵现身般诡异，所以这个实验就被称为"幽灵成像"实验。

接着，史砚华又把小人图案换成了马里兰大学的英文缩写"UMBC"，同样，字母图案也从红光子的路径上被传递到与之对应的孪生蓝光子的屏幕上。

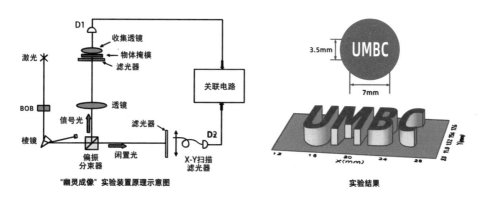

传递"UMBC"文字

这些实验似乎挺神奇，但是如果你深刻地理解了之前的擦除实验，就会发现它们的原理是完全相同的，都是在利用纠缠光子之间的神秘对应关系来传递图案。无论它们如何翻新花样，不可改变的一点是，完整的信息必须借助传统手段辅助传递，这些实验都必须用传统信道来将参与成像的红光子和它们的孪生蓝光子一一对应起来，仅依靠量子纠缠是传递不了任何信息的。

不过，虽然没有帮助人类文明成功越阶，但是我们在这个实验中发现的纠缠光子之间的神秘联系其实还是很有价值的，随后我们再慢慢揭示。

这个实验神奇的地方其实还没有讲完，擦除实验既然号称将各种量子现象融为一体，自然也存在神奇的延迟选择现象。

之前我们毫无顾忌地把上下路光子之间的距离加长到了100万光年，如果我们延迟操作，将会发生什么事情？

我们让下路的光子先抵达屏幕和探测器D2，在下路光子到达D2的很久之后，比如99万年之后，再决定是否在上路放入起偏器。

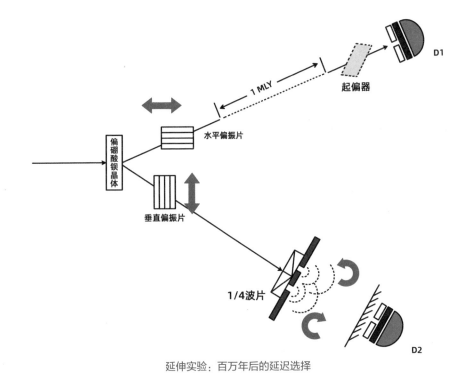

D1

起偏器

1 MLY

水平偏振片

偏硼酸钡晶体

垂直偏振片

1/4波片

D2

延伸实验：百万年后的延迟选择

那么，在99万年前，下路光子到达屏幕时，会出现干涉条纹吗？

当时下路光子还完全不知道99万年之后，自己的纠缠伙伴（上路光子）是否会遭遇起偏器，那它们会如何表现呢？

如果不表现出干涉条纹，那么未来上路出现了起偏器事件怎么办？

难道要等上路的起偏器事件发生之后再回来篡改历史吗？还是它们能预测未来是否会发生起偏器事件呢？

答案：都不是。

其实，下路什么变化都不会发生，也不会有任何条纹产生，它们会表现得好像和上路完全没有关系一样，我行我素地执行着自己的随机规律。

为什么呢？

我们先看上路光子还未到达，但下路光子已经到达探测器D2的情况。此时上路光子还在遥远的路途中，还未到达起偏器位置，下路落屏光子的偏振方向只能是水平方向，因此探测器只要测出其是左旋的还是右旋圆偏振的，就可以推断光子经过了哪条狭缝，得到其路径信息，所以不会产生干涉条纹。

到了99万年之后，我们决定在上路插入起偏器，上路光子经过起偏器后终于被改变为斜偏振方向，此时下路光子如果还存在，也应该被同步改变为斜偏振方向，考虑单光子事件混淆的原因，我们还是不会看到任何干涉图案出现。但实际的情形是下路光子早已经在99万年前就落屏了，所以下路的屏幕图案自然不会发生任何变化，同样还是无法得知是否存在干涉条纹。

只有上路的D1收到光子数据之后，把光子数据发送到下路来进行关联，我们才能从杂乱的数据里筛选出干涉图案来。

所以，无论我们是否在上路延迟插入起偏器，都不会影响下路的光子数据，我们能影响的只是两者的关联性而已。换言之，插入起偏器后，其实是上路的纠缠光子们根据下路配对光子已经确定的坍缩结果改变了自身通过起偏器的概率，导致了关联条纹的产生。

这个解释其实也说明，没有任何因果律被违反了，在量子力学里，唯一难以理解的就是实在性问题，我们必须把相隔遥远的两个独立粒子想象成一个具有神秘联系的系统，这就是对我们常识最大的挑战。

不过，我们现在习惯了虚拟视角，解释起这些现象来就如鱼得水了。

比如在擦除实验里做延迟选择，如果我们用程序员的思维来解释，就非常容易明白。

之前在惠勒的延迟选择实验里我们就讨论过，用代码模拟光波的传播时，最合适的算法不是实时计算光子的运动状态，而是只在观测点位置——在波函数坍缩时——进行计算，这样才是最节省计算资源的。

按照这个逻辑，我们瞬间就能理解为什么上路光子可以擦除下路的干涉条纹了。因为任何一路光子到达探测器时，都会触发观测事件——一旦观测事件被触发，宇宙系统就会立刻回溯光子从出发点到所有可能的传播路径及路径上的所有可能发生的事件。

在这个算法模型里，下路光子先到达D2时，下路部分的波函数虽然坍缩了，纠缠系统作为一个整体还没有完全坍缩，所以下路就会依照单光子情形坍缩输出屏幕光斑，相当于得出了函数的部分结果，下路有无干涉条纹完全看单光子路径上的情况。此时双缝上如果覆盖不同的波片，就会导致双缝偏振方向不一致，不符合干涉发生条件，单光子的干涉现象自然就不会产生。

当上路插入起偏器之后，上路的光子经过起偏器后到达D1，整个纠缠系统才会进行结算，此时其对应的下路纠缠光子其实早已到达并被观测过了，系统是无法修改D2的观测数据的，因为坍缩形成的历史不可更改。那么能改变的就只有上路的波函数结算结果了，所以上路的波函数会根据下路的坍缩情况进行整体结算，以保持上下路的关联性，这种关联性导致上路光子的坍缩结果和下路符合干涉分布的光子正好一一对应起来了。

这就是为什么正交随机偏振和斜交随机偏振是我们无法分辨的，它们在代码表述上本来就是同一种状态，也根本没有发生过下路光子从正交随机改变成斜交随机这种事情；只不过是上路光子在坍缩时，主动根据整体情况保持着自己和下路纠缠光子的关联性的结果，而我们为了便于理解才构筑了所谓双方同变为斜交偏振的模型，这些模型本质上都是用来形容光子的传播过程的，如果我们认为这个过程不真实存在，也就无所谓两者区别了。

其实从上路延迟选择后我们就可以看出，在插入起偏器之前，下路的对应光子早就观测坍缩结束了，哪里还能改变为斜向偏振呢？除非真的去修改99万年前的历史。

所以我们完全可以把已经被观测的光子想象成不变的一方，而改变的只能是还未被观测的另一方，正是上路光子在结算时的主动改变，才造成两者的关联数据中出现了干涉图案。

进一步理解，上下路光子一旦发生纠缠，它们就成了一个整体，应该看作一个整体函数。当下路的光子先到达屏幕后，下路光子已经先被观测了，那么其实这个函数整体结果就已经被确定了，只是上路部分的观测结果还未呈现出来而已。所以我们如果不做任何改变的话，上路光子在被观测时只会根据下路已经发生的历史来呈现自身结果。如果我们最后加入一个起偏器，那么上路的光子在落屏前就有了一个新的影响因素，起偏器虽然不能改变已经确定的整体结果，但是可以阻挡部分上路光子。在波动函数的影响下，符合干涉条纹的关联光子通过起偏器的概率更大，于是起偏器就筛选出了那些隐藏着条纹的上路光子。

更进一步理解，如果并没有任何光子在"飞行"，那么纠缠光子被发射后，会成为未来一系列检测事件的触发器，"那个程序员"就只会关心在每个观测位置该输出时，应当如何根据已经发生的事件处理这个多路径波函数的依次结算问题。而结算这个函数时，算法自然还是效率优先的，对于一切不用考虑具体路径的地方一律以波函数形式结算，一旦不需要区别路径，双缝后面的条纹就会出现；至于出现跨域超空间现象，那根本不是"那个程序员"考虑的事情，就留给咱们这些NPC去疑惑吧。

你看，程序思维里的虚拟物体摒弃空间距离的限制之后，这些神奇现象也就不难想象了；我们再也不必为纠缠超距现象、因果悖论和不确定性发愁了，这真是我们普通人弄懂量子世界逻辑的方便法门啊。

好了，擦除实验的细节就基本解读完了，接下来要讲讲前面留下的那个话题。

在擦除实验中，我们发现的纠缠光子之间的神秘联系究竟有什么价值？

我们已经知道，这种神秘联系看似存在又不存在，我们并不能拿它来超光速地传递信息，因为它的本质只是纠缠粒子之间的关联性，那它能有什么实际用途呢？

当然是有用的，这种关联性还真的非常有价值。虽然不能直接用它来传递任何信息，但是我们可以用它来给信息加密。

其实有点量子理论基础的读者应当已经看出来了，刚才我们算来算去地分析的光子偏振测量逻辑，不就很像量子加密通信的基本原理吗？

对，如果把上面的偏振测量逻辑弄明白了，就已经基本了解量子通信史上的第一个协议——"BB84协议"的原理了。

为什么纠缠光子之间并不能超光速通信，但还是能作为量子通信的基础呢？科学家们到底看中了这个过程中的哪一点价值呢？

科学家们看中的就是纠缠光子之间的超距关联性。在量子擦除实验中，我们在上路改变了光子的偏振状态后，虽然无法在下路单独地发现这个改变，但是结合上路的数据我们就能发现这个改变。

在这个过程中，上路的数据和下路的数据一起构成了一条完整的信息，而这条完整信息里上路数据我们是用经典手段传递的，下路的数据是通过量子纠缠关系感应到的，这就相当于信息里有一半是非常安全地从万里之外直接瞬间感应到的；虽然仅凭这一半信息我们不能解读出任何有价值的东西来，但是这一半信息的传递过程非常安全快速，和另一半传统信息之间还有严格的概率对应关系。

这不就是最合适的信息加密手段吗？

我们可以把任何需要传递的保密信息分解成传统信息和量子信息分别进行传递，对方收到以后不仅能够拼合出完整的信息，还能判断其中的量子信息是否安全；只要量子信息是安全的，整条信息就是安全的，因为窃听一半的传统信息是没有任何作用的；而量子信息又具有观测坍缩性，一旦被窃听过就会导致其和传统信息之间的相关性概率发生改变，接收方只需要不断地检查两路信息之间的相关性概率，就可以得知当前量子信息有没有被窃听过；只要没被窃听过，我们就可以认为全部信息都是安全传递的，这样就实现了安全的量子通信。

所以要在原理上破解量子通信，必须有人在观测量子之后还能把坍缩过程还原回去，而且还原之后的相关概率还不能发生变化。这得有多高的科技水平才能做到？如果这个过程中量子态是真随机的，就算是创造这个虚拟世界的程序员来了，也没法做到。

逆转量子坍缩过程需要什么文明水平？如果人类文明是一级，可能需要四或五级吧。

所以，要破解量子通信，最有效的手段首先是直接把那个接收信息的人给"绑架"过来；其次是看看中间环节有没有什么技术性的漏洞，比如中继转发时尝试窃听完整的信息。想在传递过程中破解量子信息？那是不可能的。

不过，光看简单的介绍可能还是会弄不明白量子加密的具体过程，这种技术我们能不能也用游戏的视角模拟出来呢？

当然是可以的，我们现在就到我们熟悉的量子游戏里，来看看如何用纯游戏的设置来实现一个网游版的"BB84"量子通信协议。

要在游戏中实现类量子通信，首先我们需要设置两个能远程传送特定道具的祭坛，比如在暴雨城大殿的光明祭坛和在奥城里的黑暗祭坛。

远程传送祭坛

这两个祭坛的作用就是传送游戏里的4种宝石，分别是火焰宝石、寒冰宝石、太阳宝石和月亮宝石。传送时，玩家把其中一种宝石放在暴雨城的光明祭坛，奥城的黑暗祭坛就会亮起，奥城的玩家就需要把一个接收宝石的宝箱放到祭坛上。

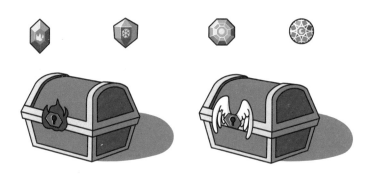

宝石和宝箱

接收宝石的宝箱也有两种，分别是元素宝箱和天空宝箱。其中，元素宝箱对应火焰宝石和寒冰宝石，天空宝箱则对应太阳宝石和月亮宝石。如果接收宝石的玩家在黑暗祭坛上放置了正确的对应宝箱，就可以正确接收光明祭坛传送过来的原版宝石。如果玩家放置了错误的宝箱，例如在接收火焰宝石时错误地放置了天空宝箱，那么玩家将收不到火焰宝石，而天空宝箱里会随机产生一枚太阳或月亮宝石给玩家。也就是说，接收宝石时，元素宝箱里只会产生火焰宝石和寒冰宝石，天空宝箱里也只会产生太阳宝石和月亮宝石，如果放置正确，光明祭坛上的宝石就会出现在宝箱里，否则宝箱里就会随机产生一枚对应的属性宝石。另外，宝箱一旦被打开查看，里面的宝石就会自动落入道具栏，无法重新回到宝箱中。

好了，道具设置完了，看上去似乎并不复杂。

现在游戏里突然发生了战争，两个城市的玩家都被围困了，暴雨城的城主瓦里安需要定期发送一些重要的消息给奥城的城主萨尔，为了避免消息泄露，他们不能用任何直接的方式来沟通，于是他们决定使用这两个能传送宝石的祭坛来定期生成一个只有双方知道的共有密码，并使用这个共有密码来加密来往邮件。

因为战争期间信息的安全非常重要，所以这个密码需要既能经常更新，又能保证在双方传送的过程中绝对不会泄露。

于是游戏中最智慧的祭司想出了一个利用传送祭坛协商密码方案，方案如下：

第一步，制定一个双方共有的公开编码表，指定火焰宝石和太阳宝石代表"1"，寒冰宝石和月亮宝石代表"0"。

第二步，暴雨城城主瓦里安每天通过祭坛随机传送一系列宝石给奥城城主萨尔。

萨尔要怎么做呢？他每天到时间就带着两种宝箱前往黑暗祭坛，等待接收宝石，并记录下自己用什么宝箱收到了什么宝石。

当萨尔看到祭坛亮起，就随机地放置元素宝箱或天空宝箱接收宝石，每收到一枚宝石，都开箱检查并记录结果。

等瓦里安传送完宝石之后，萨尔检查自己的记录表，再将自己使用宝箱的顺序在公共频道里直接广播给瓦里安。

瓦里安收到萨尔的消息以后，核对自己发送宝石的顺序，与萨尔发来的宝箱顺序一一匹配、对比；然后瓦里安按照顺序，将匹配正确的宝箱位置圈出来。假如正确的宝箱序号是："1，4，5，7，9"，瓦里安将这串正确的宝箱序号回报给了萨尔，自己也把正确位置上传送出的宝石通过编码表翻译成二进制数字，瓦里安将这个数字保留下来作为共有密码。

瓦里安先将一系列不同种类的宝石顺序放在传送祭坛。

萨尔随机地使用两种不同的宝箱来接收传送过来的宝石，从而接收到了一系列的宝石，萨尔记录下宝石排列的顺序和种类。

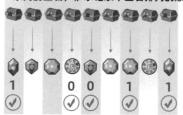

经过对比，正确位置得到的宝石转换的编码即作为共同密码。

传送宝石的过程

萨尔收到比对结果后，将正确位置的宝石圈出来，其他的数据丢弃不用；根据编码规则，将正确匹配的宝石序列成功地还原成二进制数字序列，从而获得了和瓦里安一样的共有密码。祭司认为，这个共有密码是绝对安全的。

为什么他们用这种方式得到的共有密码是绝对安全的呢？

为什么萨尔的宝箱使用顺序、瓦里安的检查结果都能对外公开，而信息却不会泄露呢？

因为其他玩家即使得到他们公开传递的这些信息也是没有用的，这些不完整的信息不能还原出任何密码。

例如，其他玩家知道了萨尔使用宝箱的序列，也知道了哪个位置的宝箱是正确的，可是他们并不能得知宝箱里开出来的到底是什么宝石。元素宝箱里可能开出火焰宝石，也可能开出寒冰宝石，它们一个代表1，一个代表0，无法得知具体信息到底是什么。

想要得知完整信息就必须既知道正确的宝箱是哪些，又知道正确宝箱里收到的宝石序列，所以除了瓦里安，只有萨尔能正确解码出双方共有的信息序列。

萨尔如果不在城中，到了接收时间他也可以委托别人来帮忙接收宝石，只是需要多准备一些宝箱；收到宝石后先不要打开，按序排好即可，这样萨尔回来再看同样能够获知密码。

而且，在这个过程中萨尔完全不用担心有人会偷开宝箱查看宝石序列。因为宝箱一旦打开，宝石就会自动飞出无法放回，再次打开宝箱的话，就是宝箱自己生成的宝石了，此时生成的宝石明显和传送无关，会造成与瓦里安的密码不一致的情况，只要双方做个简单的分段奇偶校验或更复杂的校验就可以察觉这种不一致，所以别人想要偷看又不被发现是不可能的。

其实，加密的安全性完全寄托于宝箱道具的一次性效果，宝箱只要被人查看，就无法还原，这就是在游戏中模拟的量子观测效应，也只有虚拟世界才可以轻易实现这样的效果。

好了，这样我们这个游戏版本的BB84协议就设计完成了，整个过程是参照人类首个量子加密协议——BB84协议设计而成的，除了一些技术细节，大致原理是完全一致的。你看，在游戏里也可以轻松实现量子加密通信，这真是一件神奇的事情。

其实，我们可以在虚拟环境里轻松模拟出所有的量子现象，这本身也是一件很值得思考的事情。

至此，我们终于把偏振光子擦除实验里的各种门道都分别聊了个遍，大家看懂了这个实验，对于其他类型的擦除实验，如Kim等人的延迟选择擦除实验，还有一些类似的延伸实验就都很容易理解了；所有涉及延迟选择、量子纠缠和干涉消除类别的实验，原理上也基本上大同小异，我们可以一通百通。

看懂了这类纠缠实验之后，我们对现在的量子通信技术里的很多技术名词也不再陌生了，比如单光子分发、量子态远程传输、量子密钥，还有传统辅助信道等，了解原理之后我们也能更深刻地理解量子通信技术的现状和发展前景。

那么，结束这一站的旅程之后，下一站我们将要前往人类现在所能抵达的量子世界最尖端的技术高地：量子计算的高山站点。在那里我会带你去尝试理解当今量子科技中最前沿的领域——神奇的量子计算技术，看看量子计算的算力究竟有多么强大，以及为什么这么强大。

11

借用宇宙母机的
算力（上）

量 子 计 算 —— 神 ， 请 借 您 的 电 脑 一 用 。

我们的“量子号”列车经过漫长的旅途后，终于要到达最有趣也是技术海拔最高的车站了。

量子领域里技术的高度一向与其理解难度成正比，这一章我们就将挑战本次旅程理解难度最高的知识点，也就是量子技术里最前沿、最复杂、最晦涩难懂的方向——量子计算。

“量子计算”一词，大家见到的次数应当不少，量子计算领域现在可是一个商业的风口，无数的知名科技企业都在大力投入量子计算的研发，很多大企业也都推出了自己的量子计算原型计算机。

为什么量子计算现在这么火热呢？这种计算机的厉害之处到底在哪呢？

在各种新闻媒体的报道中，量子计算似乎无所不能，甚至有文章说它“比传统的超级计算机要快亿亿亿亿倍”（这“亿”字都快不值钱了）。

有些新闻说，真正的人工智能最终也得依靠量子计算机来实现；还有的说，量子计算一旦突破就能实现“量子霸权”。似乎量子计算强大到了无所不能的地步。

量子计算机真的有新闻里说得那么厉害吗？

我们最好先弄明白量子计算到底是怎么回事，再来判断这些新闻的可信度。

量子计算的原理是什么呢？

普通的计算机的运算原理很好理解，实在不行拿把算盘来也能大致明白用机器是怎么做加减乘除的。可是到了量子计算机这里，什么纠缠态、叠加态、量子比特、量子电路，各种专业名词一出来，大多数非专业读者肯定都是一脸蒙，完全不理解到底该如何用量子做计算。

那么，怎么才能搞清楚量子计算机是怎么运算的呢？它到底比传统计算机厉害在哪里呢？为什么说量子计算能够解决传统计算机无法解决的问题，能够在很短的时间内完成传统计算机需要耗费数千万年，甚至更长时间才能完成的运算呢？

其实想要简单清晰地理解量子计算原理，也可以尝试代入我们熟悉的虚拟世界的视角去理解。

接下来我们就一起看看吧。

这里还是要从"双缝干涉"实验讲起。这个实验虽然简单，但是蕴含着丰富的知识，所以让我们再次解读，看看还能发现什么。

我们已经用虚拟世界的视角对双缝干涉实验进行了通俗解读，下面再简单地回顾一下：

当一个单光子从光源被发射后，就变成了系统中虚无的概率波函数。然后系统开始根据概率波的扩散速度（光速）监控概率波传播路径上一切即将发生的观测事件，当观测事件发生之时，系统就会瞬间计算概率波经过的空间和路径上的所有传播情况，在观测位置汇总波函数并进行坍缩，最后得到一个光子的具体测量结果，若是光屏则会得到一个光点。当然我们也可以测量光子的其他属性，如偏振角、速度或能量等，总之你想知道什么就可以测量什么，系统就会立即进行概率波函数的计算并将结果呈现给你。

等等，发现什么没有？

我在这段描述里面使用了"计算"——系统就会立即进行概率波函数的

计算并呈现结果给你。我们这一章正好要讲量子计算，这里就出现了"计算"，你觉得是不是有点关联呢？

可能你要想，这也算计算吗？这不就是波函数的自然坍缩吗？这个过程看不出和我们所理解的计算有什么关联吧？

当然有关联。试想一下，如果把光线传播的距离拉长到比较遥远的尺度上，当波函数穿越了漫长的空间距离时，途中会经历干涉、衍射、散射等各种复杂的光学变化；如果尺度达到天文级别，波函数跨越的距离可能更加惊人，变化也会更多，光子可能要飞跃几百甚至上千万光年，经历引力透镜、多普勒效应等各种复杂影响后，才能到达我们观测的位置。在延迟选择实验中，波函数在被观测的最后一刻，会瞬间坍缩变成光子，而这个光子所蕴含的特性中，自然就包括在漫长传播路径上，各种各样的事件的概率叠加结果。

光子坍缩的过程其实已经包含计算的两个重要特征：一是存储，波函数能够叠加路径上的各种概率事件，这本身就蕴含了大量信息；二是运算，从复杂叠加的概率组合里瞬间完成坍缩并呈现结果，这就是运算能力。

事实上，如果我们想要计算某个复杂光路里多个光子之间发生纠缠和干涉的结果，用传统计算机还真就解决不了，必须使用光量子设备来计算。潘建伟教授带领的团队研制的"九章"系列量子计算机就是这样的机器，在处理光子高尔顿式的复杂光路下的仿真计算时，能够达到相当于传统计算机百亿倍的计算效率。

如果说整个宇宙就是由一台计算机模拟出来的仿真世界，那么这台计算机的算力一定强大到超出我们的想象。这种恐怖算力强大到我们都看不出光子在实验室里传播几十厘米和在宇宙中传播千万甚至亿万光年的两种情况下，在最后坍缩的一瞬间有任何时间上的差别。在光子的坍缩瞬间，波函数的叠加计算似乎是不需要时间的，哪怕其中蕴含的计算量无比惊人，宇宙的母机似乎也能在一个系统周期内轻易计算出来。

当然，这种飞快的信息叠加速度并不能完全为我们所用，但是如果人类能够从中获得一部分的信息处理能力，相较于传统的计算方式，也是具有很大优势的。

因此，有一些科学家就开始琢磨了，如果说我们的宇宙背后真的有这么强大的算力在支撑，那我们能不能借来用用呢？

不得不说，这个想法真的很诱人。你想想，造物主用的装备，那可是神级装备哦！在现实中使用神级装备，这太令人向往了。

1982年，理查德·费曼在一次演讲中首次提出可以用量子物质本身来制造模拟量子效应的计算机的想法，经过研究，他认为这是可行的。这个想法开启了人们尝试利用现实中的量子效应帮助人类进行计算的漫长探索过程。

不过这种利用现实中的客观物理现象来帮助人类进行复杂计算的事情，其实并不是现在才有的创意，人类很早以前就开始尝试类似的操作了。

之前，人们一般都称这种操作为仿真实验。

例如，现在航空工业经常使用的风洞，就可以理解成一种仿真计算工具。用普通计算机计算飞机在高速飞行中遇到的气流情况非常困难，因为高速气流变化过于复杂，飞机外形的一点点改变就可能造成异常复杂的空气动力学影响，很难用计算机来精确模拟。于是人们干脆制造了一个模拟飞机高速航行的风洞设备，把飞机放到风洞中吹一吹就可以模拟各种飞行情况，并测试飞机在不同的速度、高度或姿态下的实际数据。系统可以在实时的仿真过程中使用各种传感设备直接观测气流的变化，并随时获取飞机各部分的受力数据。

用风洞获得的数据不仅成本比用计算机模拟更低，而且更接近真实情况。用计算机模拟，精度可能达不到真实场景的水平，我们不可能模拟出每个气体分子的运动轨迹，所以用计算机再怎样模拟也只能是近似的。

从这个角度理解，其实风洞就相当于一台计算设备，把需要计算的条件和数据输入，风洞根据输入直接通过物理仿真的方式输出结果，我们再通过测量得到仿真数据。这样做不仅得到的仿真数据真实准确，速度也远远超过电子计算机。

可能你觉得这不能算一台计算机，因为传统观念中的计算机都是通用计算机，可以通过编程的方式组合各种基本逻辑运算，从而解决各种各样的问题，但是风洞只能解决特定的问题。其实，如果用空气动力学的方式设计通用逻辑元件，也能够获得各种计算机的基础元件，如与门、非门、或门等，从而设计出一台用气流运算的通用计算机。以前的机械计算机（如差分机）就是这么做出来的，只不过用的是齿轮和杠杆。显然，这是在舍近求远，风洞就应当去解决适合风洞解决的问题。

量子计算机面临的情况和风洞有点类似。人们在日常观测量子现象时，发现量子的纠缠和坍缩过程中蕴含着强大的对现实世界规律的仿真能力。虽然量子计算机不像风洞那么难以通用化，但是量子仿真实际上也是只适合解决某些特定类型的问题。

那么量子仿真究竟适合解决什么类型的问题呢？量子计算在特定问题上的优势又到底有多大呢？

我们再来回顾一下量子的三个主要的特性。

第一个特性是量子可以呈现并保持复杂的叠加态。各种各样的可能性（也就是概率）可以叠加在同一个量子上。例如，某个光子的波函数，在传播中可以使用偏振片将它调制成不同方向的波，也可以继续添加很多不同性质的偏振片，比如1/2、1/4的波片或其他器件，用不同的光学器件不断给波函数叠加复杂的概率变化，这些事件的概率都会层层叠加到光的量子态上，从而使最后的量子态包含光路上全部的元件组合形成的叠加逻辑。

第二个特性是不同的量子之间可以发生纠缠。这种纠缠能力能够使多个不同的量子产生逻辑关联，将它们连接成一个整体，从而形成更为复杂的逻辑运算能力。

第三个特性是瞬间坍缩。当我们测量量子时，波函数就瞬间坍缩了，不管之前量子叠加了多少不同的概率，进行观测的一瞬间，在几乎不消耗任何时间的情况下，函数就可以完成海量的概率计算并输出结果。

这就给了我们一个启示，我们只需要把代表某些问题的可能性不断地叠加到一些量子上，在叠加和纠缠的过程中利用量子态的特性自然完成"可能性"与"可能性"之间的逻辑运算，等到叠加态之间的计算完成，再通过坍缩来瞬间得到取样结果，这样就可以完成某种复杂的计算过程了。

听起来是不是有点晕？

没关系，我们还是从虚拟世界的视角再来分析一下。

假设在虚拟世界里，我们需要用密码打开一个宝箱，而密码需要通过10个十面的骰子输入，骰子的十个面上分别刻着0~9这10个数字，要把正确的数字放入宝箱的10个凹槽里面才能开启宝箱。

需要10个密码骰子开启的宝箱

如果我们并不知道宝箱的开启密码，就需要尝试100亿次才能穷举所有的组合；假设尝试到50%时能试出密码，那么也需要尝试50亿次。这意味着，如果我们动作敏捷，每秒就能尝试一次，那么大概1585年才可以成功开启宝箱，这是十几代人都无法完成的宏大工程。

那怎么办呢？我们决定放弃用经典的骰子尝试，换成能够随机生成数字0～9的骰子函数，也就是量子骰子来尝试。

我们先制造10个量子骰子，每个骰子都能表现0～9的叠加态，我们把这10个量子骰子全都塞入宝箱的密码槽。现在宝箱也被量子骰子影响了，它也变成了不确定的状态，10个量子骰子能把宝箱变成什么样的叠加态呢？自然是两种状态的叠加态——一种是开启，一种是关闭。

为什么宝箱开启的状态会被叠加进去？

因为10种骰子全排列的组合里必定有一种正确的组合是可以打开宝箱的，10个量子骰子组合代表了全部100亿种密码组合，那么量子骰子的叠加态里就一定包含那个正确的组合，我们再用骰子去和宝箱叠加，所得到的宝箱叠加态里也就一定有被成功打开的状态。

到了这里，似乎还算说得通。接下来，请深吸一口气，因为我们要开始进行神操作了。

我们现在要用一种量子比较器，将那个宝箱开启状态的微弱可能性筛选出来（翻转其概率）。实际上，我们能在无数的叠加态中把我们希望找到的那种状态用量子电路筛选出来。

尽管我们知道这肯定是极小的概率，只有百亿分之一的可能性，但是这不重要，只要它存在我们就能筛选出来。

接下来，我们用一种量子放大器来放大这个开启状态的概率，千百遍乃至几十万遍地反复放大，直到这个概率接近100%。

好了，最后一步就是测量这个被我们篡改过状态的量子宝箱。

按照规律，这时宝箱会立即坍缩，我们已经把宝箱开启状态的可能性给放大了，所以现在宝箱有极大可能坍缩成开启状态（如果不是就再来一遍好了）。

我们的目的不是得到这个坍缩的宝箱。量子宝箱如果一坍缩，宝箱里面的10个量子骰子也会跟着一起坍缩。如果宝箱坍缩成开启状态，那么10个量子骰子也就只能坍缩成开启宝箱的密码组合，因为它们之间的逻辑关系必须相互符合。这样一来，我们只要看看坍缩后的骰子状态就可以轻松地得到那个用传统方法要尝试十几代人的正确密码。

是不是很惊喜，很意外？

有没有觉得不真实，感觉就像是考试时你偷看了标准答案一样？

是啊，几乎什么都没尝试，就让这些量子自动帮我们"选"出了唯一正确的答案，而这个神奇的操作居然能够实实在在地节省一千多年的常规计算时间，我们也不用等待十几代人以后才能知道结果了，这真的可以算得上神迹了！

你可能会好奇，我们怎样才能制作量子骰子，怎样才能用电子设备模拟一个"没有扔出的骰子"，或者说模拟一个具有量子特性的计算元素？

其实，这也很简单。想要让计算元素具有量子特性，最简单的办法就是用量子本身充当电路元件。我们可以去找一个量子（当然不是去抓一个野生量子，野生的不好养活，还是要在人工环境里制备），把它放到计算机里当作基础元件，这个元件的名字叫作"量子比特"。

现在制备量子比特元件的方案有很多，如光量子、超导、离子阱、中性原子等，基本原理都是利用某种技术把一个可操作的量子态粒子固定在计算元件里，使之成为可用的量子比特。

比特（bit）储存在计算机集成电路芯片的晶体管里。半导体晶体管是传统计算机处理数据的最基本单元，从功能上来说它像个开关，可阻挡或允许电流通过，开关形成的高低电信号便成了用0和1表示的数据，即比特。传统计算机的比特位数越多，能够表示的数就越大，为了在一片芯片上集成十几亿个晶体管以应对庞大的运算量，如今晶体管越做越小，已经可以做到纳米级别。

那么量子比特和传统比特的区别是什么呢？其实它们之间的区别就相当于双缝干涉实验里没有被观测的波函数和被观测后的粒子的区别。

经典"比特"是经典计算机中的基本概念，是指计算机中一个最小的信息存储单位，一般用"0"和"1"来表示。对照日常典型的例子，相当于硬币的正、反两个面或开关的开、关两个状态。

那么量子世界的最小信息单位"量子比特（qubit）"呢？它包含的就不是两个状态了，而是两个状态之间所有的可能性的概率组合。

波函数没有被观测时的状态是充满不确定性的，它既可以走左缝隙，又可以走右缝隙，各种可能性都包含在一起；而被观测后的粒子就只能走两条缝隙中的一条，不是1就是0。所以，量子比特最重要的特点就是能够同时表达0和1，还能同时表达0和1之间的不同概率组合，它表达的不是一个精确的状态，而是一种混合的可能性。

打个比方，传统比特相当于一个简单的开关，只有开和关两种状态；而量子比特相当于一个音量旋钮，可以包含从开到关之间无穷多个连续的状态。

经典比特　　　量子比特

简单开关和旋钮对比

但是要注意，这种形容针对的都是未被测量状态时的量子比特，只有在未被测量时，量子比特才会显现出这种连续性和叠加性；一旦测量，量子比特的旋钮就会迅速向某个方向一拧到底，变成和经典比特毫无区别的0或1的状态。

我们经常会误认为量子比特可以比经典比特存储更多的信息，实际上并非如此。因为量子比特虽然相比于经典比特可以表现出更多的信息量，这些信息量却不能被读出（一旦被测量，量子比特所蕴含的信息就会基本丢失，只剩下与传统比特同等容量的内容），哪怕运用了量子密集编码技术也只能多存储一倍的数据。

可以用一个数学公式来表示量子比特的这种连续状态：

$$|\psi\rangle = \alpha|0\rangle + \beta|1\rangle$$

式中，α和β为0和1的概率系数，分别代表这个量子比特的叠加态中有多少比例概率为0，有多少比例概率为1。这两个系数的平方和一定是等于1的，也就是所谓的归一，意思就是这个量子比特为0和1的总概率必然是100%。

这个式子所表示的就是量子比特未被测量时的状态，其中的α和β就是量子比特处于叠加态时所蕴含的量子信息，因为这两个数值可以是任意两个相加为1的正数，所以信息量确实不小。

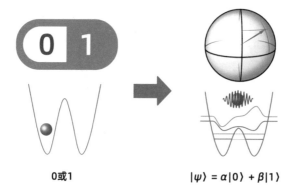

0或1　　　　　　　　$|\psi\rangle = \alpha|0\rangle + \beta|1\rangle$

我们一般把二阶量子比特的系数所代表的可能状态映射到一个半径为1的球面上，球面上的任意一个点都代表一种可能存在的概率状态，这个球又被称为布洛赫球（Bloch球）。

当然，这是对量子比特未被测量时状态的描述，量子比特一旦被测量，也一样会坍缩成传统比特，只剩下0和1两种状态，就像一个肥皂泡被戳破一样，所有可能性都消失了。所以，这种信息不能用于普通存储。

那么，量子比特在这种叠加状态下的系数信息有什么作用呢？

当然有用。当量子比特处于叠加态时，我们可以借助量子电路对量子比特的系数进行操作，如放大缩小或某种运算，我们还能一次对多个彼此纠缠的量子比特的系数进行操作。

一旦我们进行了这样的操作，在计算效率上的优势马上就会体现出来。

一台有 n 个量子比特的量子计算机，一次操作就可以最多同时改变 2^n 个量子比特的系数，相当于用经典计算机对 n 个经典比特进行了 2^n 次操作——效率提升完全是指数级的。

量子计算是在量子泡泡还没有被戳破的时候进行的，这时每个量子比特都拥有庞大的信息量，它们之间的每次叠加计算，都等同于经典计算机数万亿次的常规运算。所以，量子比特就是量子计算机的真正灵魂所在，也是量子计算机强大的计算能力的根源。

当然，这种中间运算过程的庞大信息量，其实到了最后输出时依然会丢失大部分，但是如果算法设计得好，大部分计算量已经在中间环节完成了，最后输出的时候再找回丢失信息的计算成本还是远远小于中间节省的计算成本的。而这之间的差别就被称为"量子优势"，即量子计算机相较于经典计算机的计算效率优势。

运用好这种优势，就可以给传统计算方式的效率带来指数级提升，同时还能带来储存成本上的指数级减少，这真是一举两得的好事。

怎么用量子比特来表示传统比特的数据呢？举个例子，我们要用传统比特表示4个数字（0~3），就需要用到2位二进制数字的组合，分别是00、01、10、11。同理，越大的数字我们就需要用位数越多的传统比特来表示。

如果我们要表示16个数字（0~15），就需要用到4位传统比特排列组合成16组数字。

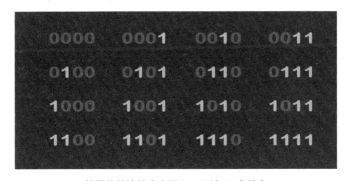

使用传统比特来表示0~15这16个数字

如果换成量子比特，它可以同时表达0和1的叠加态，所以在二进制组合中，量子比特的状态容纳能力就超过了传统比特，而且位数越多，量子比特的优势就越大。

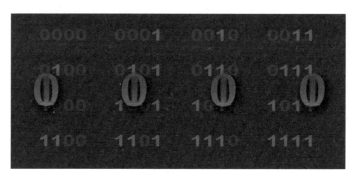

= 0, 1
= 00, 01, 10, 11
= 000, 001, 010, 011, 100, 101, 110, 111

量子比特的状态容纳能力

因此，4位二进制数字，也就是0~15这16个数字，我们只需4位量子比特就可以同时表示出来，这样的存储容量已经远远超过了传统比特。

4位量子比特

很显然，在叠加态的帮助下，我们用n位量子比特可以表示2^n个二进制数字，这是相当惊人的存储优势。

在我们的宝箱运算里，用到的量子骰子实际上就是用量子比特模拟出来的。我们可以用4位量子比特模拟出最多16面的骰子。不过，4位量子比特并不是模拟出16面骰子扔出的所有结果，而是在计算过程中模拟出还未扔出16面骰子的所有可能性。两者之间的差别需要认真体会。

当然在宝箱运算中，只需要模拟10面骰子就够了。我们用10组4位量子比特模拟10面骰子，只需要40位量子比特的容量，就可以模拟出高达100

亿组的数字组合；如果用传统计算机的比特模拟出这个规模，则需要高达4768GB的存储空间。量子比特实在是太节省空间了。

可能大家还有点蒙，我再尝试用更通俗的语言把量子计算的过程分步解释一遍。

搜索问题的量子计算步骤

第一步，我们用若干量子比特模拟了10个骰子的全部组合排列，获得了一组代表100亿种可能性的量子骰子。

第二步，我们将这组量子骰子放入加密宝箱，就得到了"输入全部骰子组合后的全部宝箱的组合"，这个全部宝箱的组合就相当于我们把100亿种的骰子密码组合全部输入后得到的100亿种宝箱的状态的集合。这个集合很显然是由1种开启状态和9999999999种关闭状态组合在一起的，而且这100亿种状态的概率目前全是相同的（都是100亿分之一）。

第三步，我们用量子比较器把宝箱组合里唯一的开启状态筛选出来，并用放大器把这个特定状态的概率翻转后再不断放大（相当于同时降低其他关闭状态的概率）。如果我们将这个开启的概率放大到99.9%，其实就相当于我们把叠加后的结果人为地扭曲成99.9%的概率是开启状态。

第四步，我们用测量的方式去坍缩这个被我们扭曲了概率的结果，从而带动模拟10个骰子的量子比特也一起坍缩。因为结果已经被扭曲成大概率是开启状态了，那么量子比特坍缩出的结果也大概率就是正确的开启宝箱的密码组合；如果运气不好没有得到正确的密码，就把上面的步骤再多来几遍。

你看，我们分四步就"把大象装进了冰箱"。神不神奇？

你可能会怀疑，量子计算的操作怎么会这么节省时间，用比较器还有放大器操作，难道不需要很多计算时间吗？

我们姑且认为现在量子计算中的这些操作要比经典计算机的传统运算操作的单位速度要慢一些，但这种慢只是单一指令上的慢，而量子计算的快却是计算量在数量级上的减少带来的快。

认真回想一下我们刚才寻找宝箱密码的整个计算过程，量子计算和经典计算相比，在第一步就拥有绝对的优势，量子计算一次就拿出了10个处于叠加态的量子十面骰子（当然具体计算时肯定要用量子比特来编码模拟十面骰）。这是什么概念？相当于传统计算机100亿倍的普通数据。

如果用传统计算方式，肯定要用 $10 \times 10 \times \cdots\cdots \times 10$ 的循环结构来遍历这10个骰子的全部数字组合，逐一尝试，但是就算我们能飞速地遍历全部循环，也只能以线性串行的方式进行比较。量子计算机就不同了，它可以将10个量子骰子的全部组合一次性输入宝箱并尝试，相当于把100亿次的比较用一次并行操作就完成了，剩下的当然就是慢慢挑出正确结果了，能得到的结果只有两种：关闭和开启。在这两种结果里选一个显然比在100亿种组合里找一个要容易得多。

不论这个过程中的各种量子操作有多慢，也比用传统方式进行100亿次线性串行式的逐一比较要快得多。

事实上，量子计算机的确也要进行许多次计算操作，例如，需要把占比极小的开启状态的概率放大很多倍，但操作次数会远远小于逐次比较。科学家已经证明，如果我们用传统计算机来逐一比较，n个数平均需要比较$n/2$次，这很好理解，至少要比较一半；但是用量子计算机，我们只需要做$\sqrt{n}$次放大操作就够了，显然$\sqrt{n}$是远远小于$n/2$的（$n>4$时），而且n越大，我们要操作的信息量越大，量子计算机的优势就越明显，这就是所谓的量子计算的优越性。

如果有人说我们的宇宙是虚拟的，那么它一定是用量子计算机虚拟出来的，只有用量子才能存储这么大的数据容量。理论上，n位量子比特就可以表示2^n个数，所以我们只需要用300位量子比特就足以表示宇宙中所有原子的数量了，这就是量子态的威力。

当量子比特之间发生纠缠时，实际上就是波函数之间在进行运算。这种说法可能会令人疑惑，波函数之间怎么能够互相运算呢？其实这在数学上是可能的，函数之间的运算就相当于把两个函数的数值空间拿来计算，在数学上可以用矩阵算法来表示。如波函数之间的乘法被称作张量积（Tensor Product），这在数学中就表示一种矩阵之间的乘积。

不过，这种计算的计算量都非常大，而且中间过程非常消耗存储空间和算力，数字稍微大一点，传统计算机就无法完成了。但是，如果我们在计算过程中不把这些波函数展开，而是用代码逻辑来表示它们之间的运算，那就省事了。

换成虚拟世界的视角来看，量子计算机正是如此工作的。每位量子比特就相当于一段可执行的函数代码，而量子比特之间的运算就相当于代码层级之间进行的逻辑编程。传统计算机只能用具体的数字来进行逻辑运算，而量子计算机能用函数进行逻辑运算，在计算逻辑上量子计算机其实是比传统计算机高出一个逻辑维度的。

用量子计算机对两个波函数进行加减乘除运算时，我们不需要先去测量它们，可以直接用量子本身进行叠加运算来得到新的量子态，这就相当于把两个波函数的代码混合重新编程，并打包成一个新的函数。这样反复计算占用的就只是代码空间的资源，不需要输出任何中间结果，等待全部计算完成得到我们最终需要的函数之后，再进行测量取样即可。这种省略中间过程输出的方法自然就大大节省了资源和时间，就连最后的测量过程都是交由母机完成的。

不过，量子计算虽然很强大，也不是万能的，在我们日常的各种计算机应用场景里，如办公、绘图、视频解码、玩游戏、上网冲浪等，其实大多数应用都不需要强大的并行计算能力，所以并不能体现出量子计算机的优势。

哪怕真的造出量子计算机了，在大多数情况下也是用不着的。

我们之前就说过，量子计算机其实也是一种特殊类型的计算机，只适合解决某些特定类型的问题。

那么，量子计算机究竟应该用在什么地方，解决什么问题呢？

我们在下一站将继续探讨这个问题，看看这种强大的算力究竟能干些什么。

12

借用宇宙母机的
算力（下）

量子计算技术可以说是迄今为止人类对上帝制定的宇宙规则的极限运用方式，也许我们永远搞不清楚这个世界背后的真相是什么，但这并不妨碍我们借用上帝设置的机制，让自己在这个世界的能力更强大一些。

　　其实这就是科学家的信条，科学家并不关心无法验证的哲学问题，但是这不妨碍他们探求能验证的客观规律。诡异的量子世界背后是什么，也许我们还无法弄明白，但并不妨碍我们先运用它的规律来为人类服务。

　　就像游戏里的角色，也许他永远搞不清楚这个世界底层的那些硬件、网络或操作系统是怎么运转的，但是不妨碍他发现游戏里可以利用的规则或BUG，并创造新的玩法，就像《我的世界》（ *Minecraft* ）的玩家在游戏里创造红石计算机一样[1]。我们既然发现了量子世界，当然要物尽其用。

　　接下来让我们继续探究量子计算的奥秘吧。

　　在第11章里我们解释了如何用量子比特模拟"未扔出的十面骰子"，也解释了量子比特带来的强大算力主要来自其强大的并行处理能力，所以量子计算机可以处理远超经典计算机运算能力的复杂问题。我们也认识到，量子

1　在《我的世界》游戏中，有很多玩家尝试用游戏提供的红石电路道具，搭建出CPU、内存、显卡，进而搭建出具有完整计算能力的计算机系统，2014年复旦大学的季文瀚在课程设计中就在该游戏中造出了一个16 bit的CPU，命名为Alpha21016。2021年国外玩家"sammyuri"搭建了一台更完整的简易电脑，并在其上再次运行了《我的世界》游戏，实现了虚拟世界的"套娃"效果。

计算机并不具有万能优越性，它也是一种特殊的仿真计算设备，有自己最擅长处理的领域，尤其对某些计算问题更能显示其优越性。

那么，量子计算机究竟擅长解决什么问题呢？

按照标准说法——量子计算机擅长将一些NP问题变成P问题。

这种说法对不对呢？要理解这种说法，首先我们要弄清楚P问题是什么，NP问题又是什么。

所谓P和NP问题，其实是数学上对于问题复杂度的一种划分概念。

P问题就是可以在多项式时间[1]内解决的问题，直白一点理解就是我们明确知道可以解决的问题，而且计算时间随着问题难度增加会以有限速度增长（多项式的计算时间一般要高于线性的计算时间，但是低于指数的计算时间）。例如，我们要在很多数字（n个数）里面找最大的数，我们查找的次数最多也就是n次。虽然要查询的数字越多，查找时间越长，但是时间的增长是线性的，低于多项式时间，不会增加很快。类似的还有排序问题、查找质数等，这些也都是P问题。

实际上，数学上对于P问题、NP问题和NP完全问题的划分其实还不明确，在这个领域人们还有诸多没有弄清楚的问题。比如说P问题和NP问题的界限划分是否一定准确还是未知的。

2000年5月，美国的克雷数学研究所曾经精心挑选出7道世纪级数学难题进行悬赏，其中有一道就是：有确定性多项式时间算法的问题类P是否等于有非确定性多项式时间算法的问题类NP。这道题至今无人能够解答，说明整个数学界到现在为止还不确定P问题和NP问题是否能够互相转换。

所以，我们单纯以量子计算机能够解决经典计算机难以解决的NP问题

---

1 多项式时间（Polynomial time）在计算复杂度理论中，指的是一个问题的计算时间不大于问题大小的多项式倍数。

来描述量子计算机的计算优势其实是不正确的。事实上，如果找到合适的算法，经典计算机也可以解决一些目前惯常认为是NP类型的问题；而真正难以解决的一些NP完全问题，在没有合适算法的情况下，量子计算机也解决不了。

那么，量子计算机到底有什么优势呢？

严谨地说，首先可以确认的是量子计算机在某些合适的P问题上计算效率会大大提高，比如之前说的在无结构数据库中查找数据的问题，还有第11章提到的尝试宝箱密钥的问题。这些问题虽然用经典计算机也能解决，但是量子计算能够成倍地提升计算速度。

其次，在某些现在认为属于NP类型的问题上，如果我们找到了合适的量子算法，就能够将其转换为一个量子多项式时间内可以解决的问题，使不可解决的问题得以解决。而解决这类问题对于整个人类社会来说影响是巨大的，因为我们终于能够将之前的不可能变为可能。

很多P问题虽然复杂，但是因为计算时间随着复杂度的上升只是线性增长，所以传统的经典计算机的性能增长基本上都能满足计算量的增加需求；就算摩尔定律失效，每年将经典计算机性能提升20%～30%在相当长的时间里我们还是能够做到的，所以我们并不需要为计算P问题而发愁。

而NP问题则是指在多项式时间内可以验证的问题，要解决显然就困难很多。多数NP问题只能在比较快的时间内验证某个答案是否正确，不能很快地解出。数独游戏就是这样的，如果给出一个答案，我们都能很快地验证答案对不对，但若是解题则要慢很多。大多数的NP问题都有解决时间随着难度增加呈指数上升的特点，例如，数独的矩阵大10倍，解题时间可不止增加10倍，也许需要数百倍的时间。

数独其实就是一个NP完全问题，类似的问题还有很多，如旅行家问题

（Travelling Salesman Problem，TSP）。

旅行家问题是这样的：给定一系列城市及每两个城市之间的距离，要求从某点出发经过其余每个点之后回到该点，在保证每个点只能经过一次的情况下，求产生最短路径的城市序列。

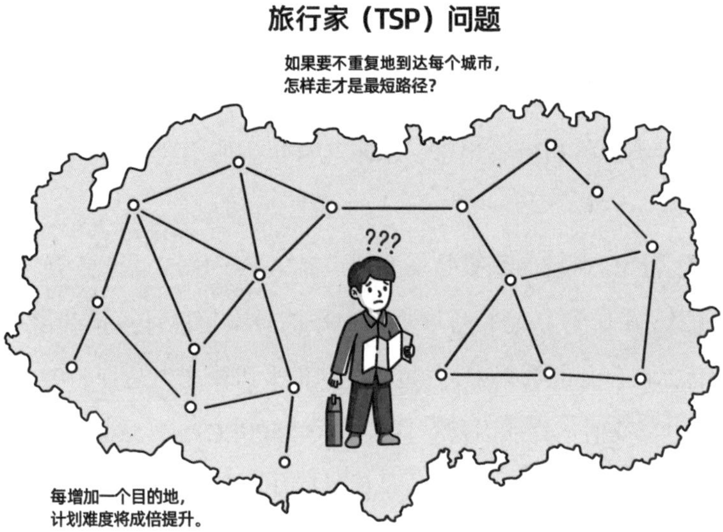

旅行家问题

这个问题属于数学的图论问题，用专业的数学术语描述，这个问题的实质是在一个带权完全无向图中，找一个权值最小的汉密尔顿（Hamilton）回路。该问题属于NP完全问题，随着城市数量的增加，任何TSP算法最坏情况下的运行时间都有可能展示出超高（指数）级别的增长。早期的研究者使用精确算法求解该问题，常用的方法包括分支定界法、线性规划法、动态规划法等。但是，随着问题规模的增长，精确算法将变得无能为力。因此，在后来的研究中，国内外学者重点使用近似算法或启发式算法，主要有遗传算法、模拟退火法、蚁群算法、禁忌搜索算法、贪婪算法和神经网络等。

这些NP问题往往才是经典计算机根本无法解决的问题，一旦这些问题难度增加，计算时间会呈幂指数级上升，用经典计算机花费数百上千年，甚至几百万年都算不出来也是很正常的。

超级计算机（超算）排行榜每年都在更新，但超算再厉害也只是经典计算机，其计算速度的增加是线性的，新的超算能比上一代计算机快30%就已经很厉害了，你听说过某一代的计算机比上一代快几十万倍的吗？所以，经典计算机计算性能上的缓慢提升对于解决NP问题没有任何帮助，很多问题我们现在用经典计算机解不出来，未来几百年后使用经典计算机可能还是解不出来。

2022年美国橡树岭国家实验室的"边界"（Frontier）成为全球第一款E级超算（百亿亿次），轻松超越蝉联两年冠军的日本超级计算机"富岳"，夺取排行榜榜首。在公开的数据中，"边界"的最大运算能力达到1102.00PFLOP/s（110亿亿次），峰值运算能力甚至达到1685.55PFLOP/s。

这台边界超算虽然很厉害，但是如果你让它帮你解出你的加密文档的密码，在你的密码足够复杂的情况下，它照样耗费几百年也算不出来。

对，现代的数学加密技术很多就是利用一些数学的NP问题发展起来的。

例如，怎样才能快速地得到一个巨大数字的所有质因数，或者如何在椭圆曲线上寻找离散对数等问题。

大多数程序员应当非常熟悉这些数学问题，如基于大质数分解的RSA算法或基于椭圆曲线的ECC算法等。

这些算法在数学上都被称为陷门函数，简单来说，就是同一个函数正逆运算量完全不对等。例如，我们可以很快地将两个大质数相乘得出一个目标数字n，却很难从目标数字n倒推出它是哪两个质数相乘的结果。这就是一个非常典型的NP问题，验证结果是否正确需要的时间很短，要找到正确结果需要的时间却非常长。

利用陷门函数运算难度的不对称性，我们就可以设计出非常安全的加密算法，让知道密钥的人能够快速解密，而没有密钥的人却很难快速找到密钥。

这就好比为了保护住在城堡里的公主，我们在城堡外面建起了一个超大迷宫。这个迷宫有无数个入口，但却看不到中间的路径，想知道哪个入口最终能走到出口，没有别的办法，只能逐个尝试。

用迷宫保护的城堡具有无数个入口

那么，只要我们把迷宫建得足够大，入口足够多，这个迷宫所保护的城堡就是安全的。如果迷宫入口多到在公主的有生之年入侵者也不可能尝试完总数的万分之一，公主就安全无虞了。

而知道正确入口的王子，只需要几分钟就可以轻轻松松地穿过迷宫。

这种神奇的迷宫用传统的办法是不可能破解的，哪怕入侵者尝试的速度再快，也很难在公主有生之年完成这么艰巨的任务。何况，加大迷宫其实是一件很容易的事情，迷宫每加大一层，需要尝试的入口数量可是呈指数级上升的。

那么，我们要怎么才能破解这种超级迷宫呢？

入侵者想到了一个办法，他收买了城堡里的一个仆人，指使仆人在迷宫的出口位置偷偷放置一些非常香的食物；随后他就抓了很多蚂蚁，给每只蚂蚁都编上号码，再从每个入口放进一只蚂蚁。最后他让收买的仆人偷偷观察，看什么时候有蚂蚁从出口爬出来吃食物，并记录这只蚂蚁身上的号码。

蚁群算法

这样，入侵者再查询之前的编号记录，就知道哪个入口是正确的入口了。

这种解法有点类似于计算机算法里的"蚁群算法"，核心就是利用大量的蚂蚁并行寻找道路，并且互相竞争，用海量的分布式计算来搜索正确的路径，再根据最后的胜利者逆向查找其出发地。

但是这种算法同样也受限于蚂蚁的数量。当迷宫的入口有成千上万个时，蚂蚁的数量还比较好处理；如果入口高达亿亿个甚至更多，那么调动如此庞大的并行算力来模拟蚂蚁，同样也要消耗大量的资源和时间，所以蚁群算法同样不能解决超大的算法迷宫的问题。说到底，还是经典计算机的算力不足。

但是蚁群算法给了我们一个启示——如果真的有无上限的海量蚂蚁可供使用，这个方法还真的可以确保找到正确的出口。因为可以并行计算，所以我们放完蚂蚁之后只要去观察出口就可以了，只要有蚂蚁从出口出来，我们瞬间就可以知道它是从哪个入口进来的。

而量子计算机就非常适合解决这种问题，量子所拥有的无限可能的量子态就好像无尽的蚂蚁。我们可以用有限个量子比特的叠加态组合来模拟巨大数量的蚂蚁，在每个入口都分别放置一个量子比特组合，同时推动它们进入迷宫，让迷宫里面所有的路径分别和不同的量子比特组合叠加，再把这些结果全部叠加，这样就出现了一个包含全部可能的总叠加结果。

我们在全部结果的叠加态里筛选出正确路径的组合，设法放大它，再对其测量使之坍缩还原，就能得知究竟哪个（些）比特组合是唯一的胜利者，只需要反查入口编号就能够得到正确的答案。

这是一种前所未有的神奇计算哲学：先给所有可能发生的事件编号，并行演进所有事件得到结果，再逆向从全部事件结果里筛选我们需要的正确结果，最后回溯出之前的事件编号。相当于量子替我们把迷宫所有的道路都跑完了，还留下了路绳，而我们只需要从出口逆向沿着正确的那条路径中的路绳找回入口。陷门函数的不对称难度顿时被消除了，求解过程也变得简单，困难的NP问题顿时就变成简单的P问题。

量子计算机利用其超强的并行计算能力和超大的存储能力，把NP问题中最困难的部分——传统计算机需要逐一尝试的环节只用一步就越过了。一个简单的量子叠加操作，一步就直接给出了全部计算量的叠加结果。

这一步我们说起来似乎轻松又简单，但是对于人类来说，这可是真正超越凡力的可怕神速啊！

这是之前的传统计算理论完全无法想象的事情，就算人们现在已经充分论证过量子计算的可行性，甚至制造了很多初级的量子计算机，谈论起来还是有一种不真实感。我们真的可以这样完成运算过程吗？这真的是普通人可以随便调用的算力吗？

我们经常听到量子计算的新闻引发的争论——量子计算到底有没有体现出"量子优越性"。所谓量子优越性，就是对比传统计算机，解决相同的问题是不是真的节省了时间。我想，说到底还是我们不够自信，不敢相信人类真的能借用宇宙主机的计算能力。

是啊，拥有这么强大的算力，理论上人类就可以解决很多不高于布莱曼极限的计算量的问题了（所谓布莱曼极限，就是根据量子不确定性原理计算出的人类所制造的单位质量的计算系统在单位时间内的极限信息处理能力）。

实际上，任何计算设备或手段的算力都存在极限，使其无法解决复杂程度超越自身能力极限的问题。1962年，汉斯·布莱曼（Hans Bremermann）根据量子理论推算出这样的结论："不存在其执行速度超过每秒钟每克质量2×10^{47}比特的数据处理系统，无论是人工的还是生命系统都是如此。"

按照布莱曼的计算极限推算，我们把整个地球设想为一个量子态计算机，按照地球的估计质量为6×10^{27}克，年龄为10^{10}年，每年约3.14×10^7秒进行推算，地球处理信息的极限约为10^{93}比特，所以10^{93}通常被称为布莱曼极限。布莱曼极限意味着知识的基本界限，10^{93}就是信息世界的边界，超越这一数值的信息是不可认知的。

布莱曼极限所描述的信息极限本身就是基于量子计算体系算出的，所以这对于经典计算机来说简直是完全无法企及的量级，只有未来的量子计算机才能逐渐逼近这个理论极限，可见量子计算才是人类未来的终极算力。

未来人类掌握了这样强大的计算能力，大量现在我们还束手无策的NP计算问题就会被解决。除了对解决复杂问题的巨大帮助，这样的能力也会使现在互联网上的很多加密体系面临严重的威胁。

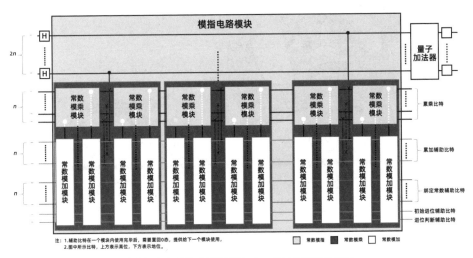

某种解决大质数分解问题的shor算法量子逻辑电路

例如，现在流行的基于区块链技术的各种虚拟货币体系就很危险。这些虚拟货币的获取和记账本质上都是利用了数字加密技术，如大名鼎鼎的比特币用的就是哈希（Hash）算法和椭圆曲线加密算法，这些加密算法都很合量子计算机的"胃口"。虽然目前人们只针对RSA加密算法设计出了秀儿（Shor）破解算法，但是随着对量子算法研究的逐渐深入，相信其他加密算法的量子破解算法也会被陆续发现。

如果有一天量子计算机的硬件性能真的已经达到非常高的水平了，就意味着这些依靠不对称运算难度来加密的算法统统不可靠了。可能量子计算机首次通过独立运算破解某个比特币地址的密钥的那一天，将成为传统加密算法的"D日"，从那一刻起，所有的同类虚拟货币账户都不再安全了，同类算法保护的其他资产或数据的安全性也都不可靠了，整个互联网多年间建立的加密安全体系将瞬间瓦解，这势必引发巨大的恐慌。

量子计算机给加密体系带来的危机

所以，相信不用等到那一天，只要量子计算机已经能够破解一些简单的加密文件时，各种虚拟货币的抛售狂潮或许就要开始，虚拟货币的价值可能将面临雪崩，同时其他相关领域的恐慌性事件也会密集发生。

届时，不仅虚拟货币体系，互联网上所有基于传统加密算法的体系的安全性都要受到挑战。例如，你的银行账户、社交软件账户、游戏账户，存储在网络云盘的加密资料、加密通信、各种加密文件等都可能随时被破解；这将是人类加密史上的一次超级危机，所以数学家需要在此之前就研发出新的抗量子计算的加密体系来替换现有的算法，这个项目的工程量将会远超当年的"千年虫危机"。

当然，我们也不必过度悲观，因为人类距离真正掌握这种神级的逆天技术还有相当长的一段时间。

究竟还需要多长时间呢？

举个例子来说吧，现在人类已经可以制造拥有数百个量子比特的计算机了。2023年12月5日，IBM对外公布了全新的超导量子计算芯片路线图，其中包括名为"秃鹰"（Condor）的量子处理器——这是迄今发布的最大的基于Transmon的量子处理器，拥有1121个超导量子比特，也是截至2023年底全球最强的超导量子芯片。

一台能够在有效时间里破解比特币的椭圆曲线的量子计算机需要多少位数呢？

马克·韦伯（Mark Webber）等学者在《AVS量子科学》上刊登的一篇研究论文[1]显示，要想在有效时间段内（对于比特币交易来说通常为10～60分钟）破解比特币网络的256位椭圆曲线加密算法，量子计算机至少需要拥有3.17亿个量子比特。

从1121到3.17亿，看起来目标还非常遥远。不是吗？

不过，有人认为，在新一轮的摩尔定律的驱使下，现在看起来很遥远的目标也许未来10年内就可以实现。

---

1 论文名称为 *The impact of hardware specifications on reaching quantum advantage in the fault tolerant regime*

截至 2021 年年底的量子计算机排名

机构	技术路径	量子比特数	双量子位门保真度	双量子位门时间	T_2/T_1	退相干前门的个数	量子比特连接方式
Google（2019）	超导（Transmon）	53	99.07%～99.38%	12 ns	NA/16 μs	NA	网格
USTC（2021）	超导（Transmon）	56	99.41%	32 ns	5.3 μs/30.6 μs	165	网格
IBM（2020）（Falcon）	超导（Transmon）	27	99.30%	406 ns	123 μs/135 μs	300	六角网格
IBM（2020）（Hummingbird）	超导（Transmon）	65	98.86%	373 ns	81 μs/66 μs	200	六角网格
IBM（2021）（Eagle）	超导（Transmon）	127	98.17%	553 ns	98 μs/95 μs	200	六角网格
Rigetti（2020）	超导（Transmon）	32	94.66%	184 ns	13 μs/30 μs	NA	NA
ETH（2021）	超导（Transmon）	17	98.5%	68 ns	38 μs/33 μs	550	网格
Honeywell（2021）	离子（QCCD）	11	99.77%	25 μs（×50）	3 s/1000 ks	2400	全连接的
AQT & Innsbruck（2021）	离子（Ionaddressing）	16	97.5%	270 μs	90 ms/1 s	330	全连接的
UMD（2020）	离子（Ionaddressing）	13	98.5%～99.3%	225 μs	610 ms/NA	3000	全连接的
IONQ（2019）	离子（Ionaddressing）	11	98%	NA	NA	NA	全连接的
Harvard（2021）	中性原子	24	97.2%（单量子位门：96.5%）	NA	1.5 s/4 s	NA	全连接的

的确，在经典计算机的芯片发展历史上，从CPU集成数千个晶体管到现在集成数百亿个晶体管（苹果2023年6月推出的M2 Ultra芯片已经集成了1340亿个晶体管）也就用了几十年的时间，之前谁也没有预料到芯片的集成度能以这样高的速度增长，难道量子芯片的发展不会重现这样的规律吗？

不过，发展量子芯片恐怕还真的没有那么容易。

这是因为人类对量子电路技术的认识程度还远不如当年对传统晶体管电路的认识程度。造出第一块集成电路时，人类其实就已经基本具备了对集成电路的所有基础理论，集成电路从当年的小规模芯片发展到现在的超大规模芯片，在技术原理上并没有本质的变化，改进的只是材料和制造工艺，现在最先进的芯片依然是基于最早的半导体的物理原理。可以说，在当年制造第一块芯片时，人类就已经认识到制造更精细的芯片不存在底层原理上的障碍，需要解决的只是工程技术方面的问题。

但是，人类现在对于量子电路的底层原理的认识还非常肤浅。别的不说，人们现在还根本搞不清楚量子在什么情况下会"退相干"。

所谓退相干，就是处于纠缠态的量子被观测时，解除纠缠并坍缩的过程。量子计算机在运行时，我们其实是希望量子比特都保持相干状态的，这样才能进行各种量子计算操作，只有在计算完毕之后，才需要通过测量来退相干并获取结果。

但是，在"奇妙而又微妙的测量"一章中我们就说过了，测量其实是一件目前物理学还无法准确定义的事情。实际上，不仅是直接观测，还有很多扰动都可能造成量子比特退相干，如温度、振动或电磁干扰等，这就使量子计算机成了一种非常脆弱的设备，人们需要非常小心地保护其中的量子芯片，用超低温或各种隔离手段来尽量防止量子在计算中发生退相干。

尽管如此，目前量子比特在计算中正常工作的概率还是不高，也就是说出错的概率还是非常高的，需要我们设计各种容错和纠错机制来帮助它们正常工作。

现在量子计算机的设计者，可以说一大半的工作精力都用在研究怎样纠错上，量子计算机的量子数越多，需要的纠错系统就越复杂庞大。因此如何使量子态保持稳定也是目前各种不同的设计方案竞争的关键。

另外，量子计算机还有一个重要特点，就是它本质上是一种"模拟"设备，而非传统的数码设备。

我们知道，在数字电路出现以前，大家使用的都是模拟电子设备，如模拟收音机、模拟手机、模拟音响等。模拟电器就是把自然界的各种状态尽量用电子电路模拟出来，如用电压模拟声音的振幅变化或模拟图像的明暗亮度等。

显然，这种模拟设备精度很低，存在很多的干扰和噪声，模拟信号也很难进行深度处理，设备功耗大、稳定性差。所以，当数字电路出现后，迅速地取代了模拟电路，人们把一切自然的状态量都通过取样的方式数字化了，以前电路里面各种连续变化的电流、电压全都变成了高低电平组成的 0 和 1，一切模拟量都被转化成二进制的数字，这些数字信号相比模拟信号处理起来既容易又精确。

数字化以后，电路的各种性能都得到了大幅度的提升，如抗干扰的性能、信号的处理能力等。更重要的，正是因为数字电路的出现，电子计算机才得以诞生。传统的经典计算机正是借助二进制的逻辑电路，实现了复杂的程序逻辑。

所以，数字设备的优势使得人们已经很少再使用模拟电子设备了。

可是，量子计算机包含了很多"非数字"式的、类似模拟设备的元件。因为用来计算的量子比特需要保持量子叠加态，所以我们不能以 0 和 1 的方式来处理它。量子信号有着类似模拟信号一样的连续变化量，因此处理这种非数字式的信号也会像处理模拟信号一样，难免会出现各种"噪声"。而处理量子信号的量子位和量子门都不能轻易地抑制物理电路中出现的噪声。因此，量子运算时一旦出现噪声干扰，或者耦合到物理系统中存在的任何杂散信号，都会导致出现错误的输出。

我们操作量子比特的数量和次数增多，这种误差率也会随之增加。这就和以前的模拟设备一样，抑制噪声的要求严重限制了系统的规模扩展。为了解决降噪的问题，系统必须消耗大量的计算能力来进行冗余纠错，否则不断增长的编码错误率会严重影响系统的可用性。

而这些问题在经典的数字计算机上都不存在，在经典的数字电路里1就是1，0就是0，噪声很容易剔除，无论增加多少晶体管也不会让1和0互相混淆。而在复杂精细的量子电路中，只要有十万分之一的误差就会严重影响结果的精确性，所以我们可以理解，量子芯片的规模递增难度要远大于经典芯片。

此外，限制量子计算机发展速度的因素还有很多，如制备多纠缠态的量子也是异常困难的事情，人们现在还没有找到可控的大量制备纠缠量子并且保持它们的稳定相干状态的方法，甚至连大方向都还不清楚。纠缠量子制备后的操控也是面临着各种难题，因为操作量子比特要求粒子级的精度，所以对操控元件和电路的要求也非常高，如此多的精密元件光是组合起来都困难重重。

量子计算在数据的输入、输出方面目前也存在巨大困难，'如何快速地将经典数据输入量子比特'这一问题至今也没有很好的解决方案，而读取计算后的测量数据又需要光子级的测量精度，一点点的误差都会导致计算失败。

还有，量子的特性决定了我们不能在计算的中间过程观测计算的中间状态或结果。任何观测都会导致量子坍缩，使纠缠态的量子退相干，所以我们完全无法在计算过程中输出任何中间结果，整个计算过程完全处于黑盒状态，这对软件调试和监控自然是极为不利的。

这些环节虽然不是计算的核心部分，但又是完成整体计算所必需的，每个环节的障碍都在降低量子计算的整体优势。而且这些问题的解决难度都会随着量子比特数量的增加而成倍地提高，这种复杂挑战我们在之前经典计算机的发展过程中从未遇到过，所以量子计算机的性能提升难度相比于传统计算机，高了不是一点半点，而是百倍千倍。

通过对比量子芯片到现在为止的发展速度与当年传统芯片的发展速度，也能够看出两者的发展难度有着不小的差别：人类用了二十几年就能把传统芯片集成度提高数万倍，这样迅猛的发展速度在量子芯片上恐怕无法重现。这种情况似乎也不难理解，传统数字芯片集成度虽然能倍数式地提高，带来的算力提升却是线性的；量子芯片的发展速度也许要远慢于传统芯片，带来的算力提升却是指数式的。最后人类可能会发现，我们从自然界索取算力的速度只能按部就班、循序渐进，并不会有什么超级捷径可走。

所以，我们也不要对现在在新闻里报道得风生水起的量子计算技术感觉太过乐观。虽然每隔一段时间就可以看到有更多比特数的量子计算机诞生，但是了解了量子芯片的发展速度之后，大家就会知道，这种进展其实是微乎其微的。

至于炒得火热的"量子霸权"话题，大家更要冷静看待。世界上不会一夜之间产生什么超高性能、足以破解现在主流商业加密手段的量子计算机，也不会忽然出现瞬间就能够解决诸如旅行家问题之类难题的高级设备，或者帮助人工智能大幅超越人类智力的智能机器。

科学的发展存在一条规律——只有当底层基础理论的研究取得突破之

后，再等几十年，人们才会看到实用技术方面的一些大规模的突破和应用；在底层理论还没有更新的情况下，技术应用领域的进展其实是不会非常明显的。

人类现在虽然在量子计算、量子通信等领域不断投入研发资源，但是所依据的基本理论还是近百年前创立的量子力学体系，我们仍然在使用薛定谔方程、狄拉克算符、海森堡矩阵和费曼图这些已经被创立了几十年的理论工具。几十年前科学家们搞不清楚的一些概念，到今天其实依然没有非常明确的答案，如对于测量的认识、对于量子纠缠的认识等都还不够明晰。物理学在这些基础理论上的止步不前，导致具体技术运用领域的发展缓慢。在实际发展中，没有坚实理论支撑的技术必然会碰到各种不可逾越的困难和障碍。

由于基础理论的不足，现在的量子专家远不能像传统计算机专家那样随心所欲地操纵电子在复杂电路里面任意运行，量子专家其实更像照顾脾气古怪的小动物一样在伺候这些脾气同样古怪的微观粒子（甚至他们都不知道该不该叫它们"粒子"）。人们必须小心翼翼地隔绝外界干扰，又要让它们参与计算活动，或者偶尔才会看它们一眼。即便这样，也很难让它们一直保持正常工作状态。

尽管专家们用了大量的精力去研究如何给量子系统纠错、降噪、抗干扰、减少误差，在各种保护性的措施上想尽办法，但量子系统的性能提升之路依然障碍重重。他们的任务就像在惊涛骇浪的狂风怒涛中闭着眼睛艰难地维持几百条小船的平衡，还要让这些小船互相连接并不断变换阵形一样艰难。想要多增加一只小船，整个任务的困难程度显然不是只增加一点，而是会翻倍提升。

知道了研究量子计算机所面临的种种困难后，我们就可以更加冷静理性地看待各种关于量子计算领域的新闻报道了，其实未来我们更应当关注的不是哪家公司又制造出了多几十位量子的新计算机，或者又出现了哪个专门领域的量子设备，而是在量子基础理论研究方面的进展，毕竟只有基础理论得到突破以后，才有可能推动技术应用领域产生质的飞跃。否则仅凭借在现有理论上的各种挖掘，在未来几十年里，我们可能都很难见到真正实用化的具有所谓"量子霸权"的量子计算机出现。

好了，现在看看你的虚拟币钱包和网盘文件，是不是感觉安心一点了？至少我们知道，在相当长的时间内，它们还是安全的，你不会某天起床突然发现全互联网的密码都失效了，这种事情目前也只能让科幻小说家拿去当作写作素材，现实世界里的量子危机还很遥远。

不过，我们对量子计算时代的来临，感受到更多的也不应当是威胁。其实量子计算对于人类更重要的作用并不是解密或"挖矿"，毕竟人类发明的这些数字游戏除在信息安全领域比较有价值外，其他领域里发挥作用的并不多。

但是NP问题则不然，除了在数论领域，在现在大量的前沿研究领域，如生物医疗、材料科学、气象研究、天体物理甚至金融模型其实都存在大量的急需解决的NP问题。

例如，人类的药物研发一直是非常艰难和漫长的过程，科学家找新药的方法就是在成千上万种化合物里寻找对疾病标靶有效，同时对人体又没有毒副作用的化学分子。经过反复且漫长的分析、计算、临床验证等环节的研究，如果筛选出1000种化学分子，每种都要经过一年的验证时间，就算100支团队一起工作也需要10年才能完成。而且耗费了这么巨量的资金和时间之后，还不能确保一定成功。因此现代也只有少数几家巨头医药公司才有实力进行创新药物的研发工作，因为新药的研发门槛实在是太高了。

这种问题像不像我们前面提到的迷宫问题？入口超级多，很难并行查找，只能逐个尝试，而且正向过程极度漫长，逆向验证有效性却相对容易。这不正适合用量子计算机来解决吗？

如果我们能把量子计算成功运用到药物研发领域，就可以用量子比特来模拟无数种复杂的药物分子直接作用于人体蛋白质模型，用量子算法来大大加速传统的模拟算法，更高效率地完成药物的仿真计算，从而帮助人类大大提升研发药物的效率。

这样的技术图景一旦实现，将震撼整个医药界，甚至整个世界，人类对药物研发的速度将得到指数级的提升，新药的研发成本会得到极大降低，无数疾病将被连环攻克，人类健康指数将会飞跃上升，甚至人类的平均寿命都会延长十年以上，这显然会给整个社会带来极大的改变。

你看，这才是量子计算的正确运用方式。

我们还可以利用量子计算寻找超级材料的配方，材料学也是技术领域的底层基础，新材料的研发同样是耗时耗力的过程；一旦突破，伴随而来的往往就是全社会各个领域的技术飞跃，如新的发动机材料、新的电池材料、新的高分子材料等，而每种能获得广泛运用的新材料都能在很大程度上改变一个甚至多个行业。

除此之外，量子计算还可以帮助解决全球变暖问题、预防金融危机、优化物流运输、进化人工智能等，甚至解决量子技术自身的各种复杂运用问题。所以，量子计算技术未来带给人类的帮助是非常具有想象空间的，而且随着我们对量子硬件技术和量子软件算法的不断研发探索，这个想象空间还会不断变大，我们会发现越来越多的适合使用量子计算来解决问题的领域。

量子计算和人工智能的结合也是非常有前景的未来领域。试想，在现代经典计算机的帮助下，我们现阶段创造的千亿参数级的以GPT为代表的大数据语言模型就已经具有了如此之高的人工智慧，如果让量子计算参与到AI的模型计算中，在量子比特强大的信息存储能力和快速并行的运算能力的帮助下，AI模型的训练规模将大大提升，同时还能大幅减少训练时间，降低能耗成本，使得未来打造万亿、十万亿参数级别的智能模型也将变得轻而易举，量子AI模型的强大将是难以想象的。

有研究表明，人类大脑的思维活动中也包含着大量的量子计算过程，这也许就是人脑以如此低功耗还能产出如此多复杂智慧的原因。所以也许未来只有加持了量子计算能力的AI模型才可以算得上拥有真正媲美甚至超越人类大脑的能力，量子AI未来将会如何发展，这也将是一个有趣的话题。

量子计算机的确不是万能的，它很特殊，而且存在非常多的局限性，因为量子计算过程的特殊性，在很多传统计算机擅长的领域，量子计算机可能并不具备优势。但是，我们也不期待它具有万能的计算优势，只需要它能够帮助解决部分传统计算机无法解决的问题就足够了，哪怕只是能够解决少部分的NP问题，带给人类的收益也是不可估量的。

试想一下，有些NP类型问题，人类是明确知道解决方法的，只是使用传统算力来解决，理论上可能需要耗费上百万年，甚至更久的时间。也就是说这些问题的答案对于整个人类文明来说是可望而不可即的，我们只能期待用碰运气的方式在漫无边际的时空里碰到一个还算合适的答案，这对一个渴求知识的文明是多么无奈的一件事。

这就好像有人把大山一样的一堆彩票送给你，告诉你其中有一张能开出巨额的奖金，只是不知道是哪张，你只能自己去试。可是你发现以这堆彩票的规模，就算每秒刮一张，可能十几代人也刮不完。你觉得送了等于没送，这里面藏着的奖金对你来说毫无意义。因此你看到这堆彩票的心情肯定是相当平静的，你知道你如果有这个运气，那赚钱的方法就太多了。所以你最多就是无聊了随便抽几张刮着玩玩，绝对不会真的认为自己可以刮到大奖。

但是现在，量子计算给了你希望，它有可能帮你一夜之间刮完所有的彩票，以前对你来说毫无意义的彩票山突然就有了价值，以前根本和你没有关系的财富也不再遥远。

这就是现在人类期待量子计算的心情。在量子计算的帮助下，很多之前历经整个文明进程也无法解开的问题突然就可能得到答案了，这种可能性就是上帝算力带来的奇迹。能成功获取这样的算力，难道不是整个文明科技水平的一次巨大进步吗？

在彩票山里找宝藏

宇宙无边，时光无尽，希望在无穷无尽的宇宙时空中，神奇的量子算力能够为小小的人类文明多点亮一盏微光，让我们能够看得更远一点、离彼岸更近一点。

关于量子计算的话题就介绍到这里吧，我们马上就要离开这一站继续出发了，越过这座技术高峰之后，我们的量子列车还要继续前行。下一站，我将带大家去拜访一个在量子世界中的中国城，了解在量子发展史上与我国科学家有关的一些故事和知识，同时我们也将再次接触一个非常有趣的量子现象，以及与这个现象有关的一些游戏知识。

13

造物主是个
左撇子吗?

对 称 破 缺 —— 为 什 么 它 不 能 翻 转?

在量子物理学的历史上，曾经出现过无数个"大神级"人物，如薛定谔、爱因斯坦、普朗克、费曼、玻尔、泡利、海森堡等等，这些横空出世的天才们在科学史上都留下了各自的华章，他们的名字被以各种形式镌刻在了人类知识宝库之中，人们用他们名字命名各种各样的常数、公式和定理，如薛定谔方程、玻尔-爱因斯坦凝聚、普朗克常数、泡利不相容原理、玻尔定律、海森堡矩阵等。

不过在无数充满西方人名的量子物理学课本里，我们也可以看到一些这样的名字，如"杨振宁-米尔斯方程""杨振宁-米尔斯规范场""李-杨假说"，这些包含中文名字的物理名词背后，自然也对应着我国科学家在量子物理领域做出的巨大贡献，其中甚至还包含了诺贝尔奖级别的巨大成就。

那么，是什么样的科学发现能让我们科学家获得诺贝尔奖呢，他们的研究内容我们普通读者也可以理解吗？

当然可以的，而且他们的研究内容还特别值得我们了解，因为有很多重要内容正和我们的量子世界相关。所以这一站我就将带大家来到量子世界的"中国城"，了解和中国理论物理学家相关的一些历史和知识，同时我们也将再次见识到一个只有在虚拟世界里才能重现的神奇量子现象。

说到我国科学家在量子领域的辉煌时代，就不得不先讲一段物理学史上的往事和一些有趣的知识。

不同的人对美有不同的理解，而在物理学家心目中，对世界之美也有自己的认识，他们认为的美是什么呢？

物理学家认为最美的东西，莫过于一个非常简洁而又优美的宇宙模型。

简洁比较好理解，那么科学家心目中的优美应当是什么样子呢？

科学家认为优美的数学模型就应当像美女的脸庞一样，首先应当是自然对称的，其次还应当是守恒的和巧妙关联各种基础元素的。因此，物理学家对于对称性都有一种强烈的执念，他们希望这个宇宙里各种维度都存在对称性，而所有的物理量在这些对称的维度下都是守恒的。

在20世纪初，德国著名的女性数学家埃米·诺特就提出了非常著名也非常受物理学家推崇的诺特定理，她说："在系统中每个连续的对称性，都会对应着一个守恒量。"

这句话要怎么理解呢？

意思就是说，在这个世界上，任何连续性的对称维度下，都一定存在某个守恒的物理量。

例如，在时间维度上就存在平移对称性。

什么意思呢？就是说，任何相同的物理过程，换一个时间来进行都是一样的结果。例如，把一个小球从相同楼层抛下去，不管你是今天丢，还是明天丢，这个加速掉落的过程肯定都是一样的，最后落地的速度也一定一样，这些都可以用相同的重力加速度公式来计算，这个公式里面也不会有任何起始

德国数学家埃米·诺特

时间的参数。因为不管什么时间做这个实验，结果肯定都是相同的。

那么时间平移的对称性对应什么物理量守恒呢？

答案是：能量守恒。

为什么这么说呢？因为时间平移如果对称，系统的整体能量就不会发生变化。例如，你今天把小球拿到楼顶付出了一定的能量，转化成了小球的势能；如果你不再移动小球，到明天小球的势能也不会有任何变化；而如果明天你抛下小球，小球的势能就会转化成落地的动能，能量因为时间平移具有对称性，所以保持了总量守恒。

如果时间平移不对称了，如重力常数随时间发生了变化，变得越来越大了，那么第二天小球就会凭空具有了更多的势能，能量就不守恒了，我们就可以凭空地源源不断地获得能量。这显然是不可能的，因此时间平移一定是对称的。

同样，物理学里还有空间平移对称性，意思是一个物理过程，无论在哪里进行都是一样的，它不会随位置变化而发生改变。

在知名科幻小说《三体》里开篇就有这么一段情节，三体人派了几个智子跑到地球来捣乱，随机地干扰了粒子加速器实验，结果导致全球的物理学家都陷入了恐慌。当时材料学家汪淼去找物理学家丁仪，想了解科学界发生了什么事情，丁仪就邀请汪淼打台球。丁仪问汪淼，如果你能把台球打进洞，那么我把球桌换个位置，用相同的球，在相同的位置，以相同的角度和力度击打，是不是还能打进洞？

汪淼当时一脸迷茫地说："当然可以啊，这个过程中没有任何物理量发生变化。"

其实并不是没有任何物理量发生变化，因为球桌的位置已经不同了，可是汪淼还是会默认没有什么发生变化，就是因为空间平移对称性在大家心目中都是下意识默认的，不会有谁认为空间平移后物理过程就不同了。所以，任何物理实验在任何位置和时间做，只要过程完全相同，那么过程和结果都应该是完全相同的。

这甚至是人类科学能够建立起来的基础。试想，如果这两条都不成立了，就没有人能够观察到完全相同的实验现象；如果实验不能重现，那么一切科学实验就都失去意义了，整个客观世界也就毫无规律可言了。

这也是在《三体》小说里，当外星人的智子干扰了地球上的所有粒子对撞实验，造成空间或时间平移对称性被破坏的假象以后科学家为什么会感到恐慌的原因，因为这等于说在微观层面，整个人类发展科学的实验基础都不存在了。

所以在小说里，作者就假想出当智子干扰了全世界粒子加速器的时空对称性后，全球的高能物理科学研究被彻底锁死的情形。因为人们将无法再通过实验的手段去探索和发现新的物理规律，从而导致整个人类科学的进步都被彻底锁死了。

如果真的有这种恐怖的技术手段，这种假想也确实是有可能成立的，因为时间和空间平移对称性的确是一切现代科学的基本前提，没有时空平移对称性的世界是不可想象的。

如果说时间平移对称性对应了能量守恒，那么空间平移对称性对应了什么守恒呢？

答：动量守恒。

那肯定有朋友就会想了，物理学上守恒的量好像还有不少，如角动量也是守恒的，它又对应了什么对称性呢？

角动量守恒的确也有对应的对称性，它对应的是空间旋转对称性。也就是说，任何物理过程在任何角度方向上进行结果都是一致的，如果我们不标注方位，观察某个物理实验过程的录像，在排除外界影响的前提下，是无法判断实验中各种物理过程的方向的，它可能朝北，也可能朝南，但是这不重要，因为无论它朝什么方向都不会影响实验的过程和结果，物理过程在空间方向上是旋转对称的。

其实这些对称性反映的是我们宇宙的一个基本特性，就是宇宙在时间和空间维度上的分布都是绝对均匀的。例如，在我们的宇宙里无论是不同位置，还是不同方向，或者是不同时间，光速都是绝对一致的，各种常数也都是完全相同的，所以各种物理过程自然也是完全一致的；时间维度上同样如此，无论是过去、现在，还是将来，我们的物理定律都是不会发生变化的，这很好理解。

除这些对称性之外，人们还发现了很多其他对称性，如洛伦兹对称性，说的是在不同惯性系中物理规则也是一样的。这涉及相对论的一些概念，我们在此不过多赘述。

不过大家有没有发现，这些对称性描述的都是一些连续量，因为诺特定理本来说的就是连续的对称性。那么有没有不连续的对称性呢？

有科学家认为也有这种非连续的对称性，有人就提出了空间的镜像变化可能也是对称的，意思就是任何物理过程，如果我们把它镜像翻转，这个过程应该还是对称的。如你在手里抛接一个硬币，这里面包含可以用牛顿力学解释的运动过程；如果有一面镜子，将整个过程映射出来的话，那么镜子里面反射的过程也是应当符合牛顿力学规则的，不会发生变化。

有不熟悉物理学的朋友就会奇怪了，为什么要研究镜中世界呢？镜子里不就是真实世界的影像反射，里面怎么会有物理过程？

其实这个镜像中的镜子只是一个比喻，并不是真的观察一面镜子。

镜像对称的意思就是如果我们有办法把一个物理系统里面所有向量的方

向像镜像一样翻转变化，那么整个系统的物理过程也会对称地全都反过来，系统的整个演化过程会像镜像一样左右相反，但是其他因素不变。例如，一个旋转的足球，顺时针和逆时针状态就是互为镜像的，那么与之相关的物理过程也都应该是镜像的。物理系统应该具有"空间镜像不变性"。

那么任何物理过程都具有空间镜像对称性又对应什么守恒呢？

1927年美国的物理学家尤金·维格纳（Eugene Paul Wigner）提出，这种对称应该对应宇称守恒。

美国物理学家尤金·维格纳

"宇称"是什么意思呢？宇称（Parity）又译为奇偶性。所谓的宇称守恒（Parity Conservation）就是奇偶守恒的意思。

奇偶守恒又是什么意思呢？这就要用到一些中学数学的概念了。

我们都知道量子可以用波函数来描述，而有的波函数是偶函数。学过初等代数的朋友都知道，偶函数（Even Function）的定义就是如果对于函数 $f(x)$ 的定义域内任意的一个 x，都有 $f(x) = f(-x)$，这个函数就是偶函数。偶函数的图像是关于 y 轴对称的，左右翻转就能和原图像重合。

还有的波函数是奇函数（Odd Function），即对于一个定义域函数 $f(x)$ 定义域内的任意一个 x，都有 $f(x) = -f(x)$。奇函数的图像关于原点对称，需要上下和左右都翻转图像才能重合。尤金·维格纳认为，镜像对称对应的应该就是波函数的奇偶特性不变，也就是说任何物理系统镜像以后，其中量子的波函数会保持奇偶特性不变，奇函数镜像后还是奇函数，偶函数镜像后还是偶函数，函数性质不会变化，而这种不变性就被称为宇称守恒。

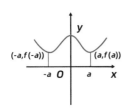

偶函数的图像关于 y 轴对称，反过来，如果一个函数的图像关于 y 轴对称，那么这个函数就是偶函数。

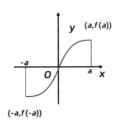

奇函数的图像关于原点对称，反过来，如果一个函数的图像关于原点对称，那么这个函数就是奇函数。

奇偶函数图像

当然维格纳也不是凭空这样断定的，而是通过复杂的数学证明得到的这个结论。物理学家当然都很喜欢这个结论，几乎所有的物理学家都有一种天生的执念，他们认为优美的大自然就应该是对称的，对称就是宇宙最和谐自然的形态，是它应该有的样子，宇称守恒很符合物理学家的审美观。

很快大家也在万有引力、强互相作用力和电磁力中用实验验证了宇称守恒，这就更让大家坚信宇称守恒无处不在了。

不过大家发现还有一些实验似乎有点疑问，是什么实验呢？

出现问题的是当时高能粒子实验中发现的一些"奇异粒子"。

什么是"奇异粒子"呢?

奇异粒子是在加速器实验中通过粒子碰撞产生,又被物理学家发现的两种新粒子,这两种粒子分别被命名为 θ 粒子和 τ 粒子。之前科学家一直觉得它们应该是相同的粒子,因为 θ 粒子和 τ 粒子的物理性质非常一致,具有相同的质量、相同的电荷,就连寿命也是一样的。

那么后来物理学家怎么知道它们是两种粒子的呢?是因为发现它们的衰变产物不一样。

$$\theta^+ \rightarrow \pi^+ + \pi^0$$

$$\tau^+ \rightarrow \pi^+ + \pi^+ + \pi^-$$

θ 粒子和 τ 粒子的衰变公式

按照它们的衰变公式,θ 粒子可以衰变成两个粒子,包括一个 π^+ 介子和一个 π^0 介子;而 τ 粒子衰变之后的产物则是两个 π^+ 介子和一个 π^- 介子,有 3 个粒子,两者明显不同。

更重要的是:θ 粒子衰变产物的波函数是偶宇称的,那么根据宇称守恒,θ 粒子的波函数也应当是偶宇称的;而 τ 粒子的衰变产物的波函数是奇宇称的,所以 τ 粒子的波函数也应当是奇宇称的。

这样看,θ 粒子和 τ 粒子的衰变产物不同,从衰变产物的属性又能得知它们的奇偶属性也不同,所以虽然它们两个其他方面很像,但也只是长得像的双胞胎,并不是同一种粒子。

但是,这两种粒子过高的相似性也引起了一些科学家的怀疑,别的粒子之间都差别巨大,它们两个怎么会如此相似呢?

于是有人开始怀疑,有没有可能这两种粒子其实就是同一种粒子呢?但宇称守恒明确地指出这是不可能的。

在当时这一现象也被称为"θ-τ之谜"，很多科学家试图弄清楚这件事情，其中就包括大名鼎鼎的杨振宁和李政道，他们对这个现象也产生了很大的研究兴趣。

年轻的杨振宁和李政道

杨振宁和李政道两人最感兴趣的是衰变过程中起作用的"弱相互作用力"。

我们都知道在目前的物理理论中，宇宙中所有力的属性可以分为四大类，分别是"万有引力""电磁作用力""强相互作用力（又称强核力）"和"弱相互作用力（又称弱核力）"，这四大类力又被称为四大基本作用力。

这四大类力中，最强的是强相互作用力，其次是电磁作用力，然后是弱相互作用力，而能压扁恒星、塑造黑洞的万有引力其实是最弱的作用力。

弱相互作用力是原子核之间的作用力，作用距离在核际范围；强相互作用力是原子核内部的作用力，作用距离最短；而电磁力和引力都是长程力，作用距离可以无限远。

科学家认为所有的力都是通过某种玻色子来传递的，如电磁作用力表示电荷在磁场中所受到的力，它对应的玻色子就是光子。传递强相互作用力的是胶子；传递弱相互作用力的是 Z 和 W 玻色子。而传递万有引力则是目前还未发现，仍只存在于假想中的"引力子"，找到它一直是许多物理学家的心愿。

四大作用力

名称	相对强度	作用范围	媒介子
强相互作用力	1	10^{-15} m	胶子
电磁作用力	1/137	∞	光子
弱相互作用力	10^{-13}	10^{-18} m	Z 和 W 玻色子
万有引力	10^{-39}	∞	引力子

杨振宁和李政道检查了之前所有与宇称守恒相关的实验，发现四大作用力中只有弱相互作用力的宇称守恒还没有被任何实验验证过，也就是说大家默认在弱相互作用下，宇称应该也是守恒的，而这很可能是宇称的一个漏洞。在粒子的衰变中起作用的恰恰是弱相互作用力，那么有没有可能在弱相互作用下宇称其实是不守恒的，从而导致同种粒子在弱相互作用下衰变，结果因为镜像变化后产生了差异才出现了两种衰变结果呢？

这对于当时的物理学界来说可是一个很惊人的猜想，因为它直接挑战了物理学家们的集体信念：宇宙中不可能存在宇称不守恒的现象。虽然科学家们对于宇称的对称没有像之前对待那些连续量的对称性那么笃定，但是也是相当自信的。

但凡是惊人的论断自然需要惊人的证据，杨振宁和李政道知道光凭借理论推导是不足以令人信服的，于是他们构想出了两套检验观点的实验方案，希望用确凿的事实加以证明。

然后杨振宁和李政道就开始寻找能够帮助他们用实验验证宇称不守恒现象的科学家。不过他们找了很久都没有找到合适的人选，因为几乎所有人都认为这个实验不会成功，要推翻宇称守恒几乎是不可能的。其中不乏一些知名的大科学家都对此表示了质疑，包括泡利、费曼、朗道这样级别的科学家。泡利甚至愿意花钱跟人打赌宇称一定是守恒的，而居然没有谁愿意跟他对赌，可见当时整个物理学界对宇称守恒是多么相信。

就在杨振宁和李政道快要陷入困境时，他们终于找到支持者——同为华裔身份的女物理学家吴健雄教授。

吴健雄教授

吴健雄这个名字听起来颇为阳刚，但她却是一名资深的女物理学家，是哥伦比亚大学的知名女教授，而且她还是袁世凯的孙媳妇——她的丈夫袁家骝是袁世凯的孙子，也是一名相当出色的物理学家。吴健雄作为华裔女性核物理学家的独特身份在学术界已经是罕见，不过她的学术成就更加不一般，她不仅是美国物理学会的会长，甚至还参与了美国制造原子弹的"曼哈顿工程"，并在其中做出了非常重要的贡献。她的论文方案成功解决了核实验中遇到的原子炉连续反应停止故障问题，因此她也被称为世界第一枚原子弹的"助产士"。

在杨李两人找到吴健雄之前，她已经是研究原子 β 衰变的权威专家。β 衰变正好是在弱相互作用力范畴，正适合帮助两人实现他们构想的第一套实验方案；而吴健雄教授也对杨振宁和李政道两人的猜想非常有兴趣，于是决定支持他们。

当杨振宁和李政道找到她，吴健雄教授仔细研究了他们的想法和方案后，立即决定放弃自己的假期和会议来进行这个实验；正是这个决定让整个物理学取得了一次重大突破。

杨振宁和李政道认为要验证宇称问题，最好的办法就是找到一种放射性的粒子，把它们调制成不同的自旋方向，让它们互为镜像，再观察不同自旋方向的放射粒子在衰变时发射衰变射线的情况会不会违背镜像原理，即可验证宇称是否守恒，这就是他们构想出来的第一套实验方案。

吴健雄根据他们的方案，决定选择使用钴–60元素作为放射源。钴–60 会经过两步衰变成镍元素，过程中会放射出一份电子、一份中微子和两份 γ 射线，其中发射的电子正好可供实验者进行观察。一份几十毫克的钴–60样品一秒钟就可以发射数以万计的电子，是一种非常好的放射源。

钴原子　　镍原子　　电子　中微子　γ射线

$$^{60}_{27}\text{Co} \rightarrow \,^{60}_{28}\text{Ni}^* + e^- + \bar{v}_e + \gamma + 1.17\,\text{MeV}$$

$$^{60}_{28}\text{Ni}^* \rightarrow \,^{60}_{28}\text{Ni} \qquad\qquad\quad + \gamma + 1.33\,\text{MeV}$$

钴–60的衰变公式

β 放射源找好以后，下一步就是调制出自旋不同方向的稳定的钴原子了，这是最困难的环节。为了得到稳定的钴原子，吴健雄想尽了办法，最后她使用了美国国家标准局的超低温装置，将钴元素冷冻到接近绝对零度的温度下（0.003开尔文），从而制备出了稳定的接近静态的钴原子。

吴健雄又利用螺线管制造出强磁场，把两份钴原子调制成不同的自旋方向，从而得到互为镜像状态的钴原子；接下来就可以观察统计它们在衰变过程中，从不同方向上发射出的电子数量是否存在区别。

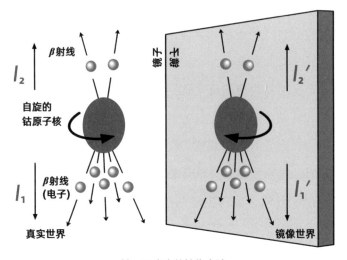

钴-60衰变的镜像实验

吴健雄教授统计了钴原子自旋的轴向方向上发射出的电子数量，把逆时针自旋的钴原子向下发射的电子数量记录为I_1，向上发射的电子数量记录为I_2；把顺时针自旋的钴原子向上发射的电子数量记录为I_2'，向下发射的电子数量记录为I_1'。

这4个数值存在什么样的关系呢？

首先根据空间旋转对称性我们可以知道，如果把逆时针自旋的钴原子的轴线旋转180°就可以使之变成顺时针自旋的状态。那么根据旋转对称性，很显然，I_2就变成了I_1'；I_1就变成了I_2'，所以I_2肯定要等于I_1'，I_1也肯定要等于I_2'。

再根据宇称对称，这两个原子现在已经互为镜像关系，所以 I_2 又要等于 I_1'，I_1 又要等于 I_1'。

如果两个对称性都成立，就有下面两组等式，所以这4个数值应该全部相等，4个方向上发射的电子数量应该完全一样。

$$\left.\begin{array}{l} I_2 = I_1' \\ I_1 = I_2' \end{array}\right\} = 空间旋转对称性$$

$$\left.\begin{array}{l} I_1 = I_1' \\ I_2 = I_2' \end{array}\right\} = 空间镜像对称性$$

$$\therefore I_1 = I_2 = I_1' = I_2'$$

但吴健雄精心地测量了这4个数值，发现它们并不相等，这就很明确地证明两组等式之中必定有某组是不成立的。

更进一步的测量结果是，旋转对称中的两个等式是成立的，但是镜像对称的等式不成立。这说明钴原子在自旋的轴向上，向上和向下发射的电子数量并不相等，而且系统镜像之后，上下发生了颠倒，因此钴原子的衰变过程并非镜像对称的。

这里可能会有人产生疑问，为什么发射电子在上下方向数量不同就可以证明两者是"非镜像对称"呢？

这个问题类似之前网络上流传的一个问题，"为什么人照镜子时，左右会颠倒，而上下却不会颠倒呢？"

这个问题乍听起来好像还真有点费解，但其实答案很简单，因为"左右"和"上下"两组文字概念在不同坐标系中是不一样的。

我们首先看镜子的作用是什么，镜子的作用其实就是翻转现实世界的坐标系。

镜中的坐标翻转

我们照镜子时，如果把空间的三维坐标用 xyz 标出来，对照镜子里面 3 个坐标轴和镜外的 3 个坐标轴，其实只有 $x(x')$ 轴方向发生了反转，而 y 轴和 z 轴的方向并没有发生变化。

图中 z 轴代表的是上和下，所以镜子里的"上下"和镜子外的"上下"还是同样的方向。

而"左右"则不同了，左右是一个相对概念，它与图中 x 轴的朝向是相关的。所以当镜子里的 x 轴反转时，自然也就改变了左右的概念，镜子里的左右就发生了颠倒。

刚才那个问题考验的其实是你有没有认识到镜子反转的坐标轴只和左右概念有关，但是和上下概念没有关系。

认识到这一点的我们就可以理解，镜像的过程是不会改变上下方向的。

那么镜像两边的钴-60 原子，在上下方向上发射出的电子数量，自然就应该是彼此对应相等的。

但是，现实的情况是不相等。

上帝可能真的是一个左撇子！

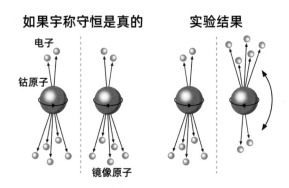

如果宇称守恒是真的　　实验结果

电子

钴原子

镜像原子

吴氏实验中的宇称不守恒

　　1957年初在哥伦比亚大学物理系的某次聚餐上，年轻的李政道兴奋地把他们的实验接近成功的消息告诉了其他人，这自然引起了轰动。在场的莱德曼教授（Leon Lederman）听后心想，如果弱相互作用力下宇称真的不守恒，那么他正好有加速器的设备条件来试试杨振宁和李政道论文中设计的第二套实验方案。莱德曼的团队只用了4天时间就完成了杨振宁和李政道的第二套实验方案，结果也非常清晰地指向宇称不守恒。也就是说，吴健雄和莱德曼的两个实验的结论都推翻了弱相互作用力下的宇称守恒，两篇实验报告同时发表了出来，这项诺贝尔奖级别的发现就此正式诞生了！

　　这项发现让李政道和杨振宁两人终于成功地揭开了 θ-τ 粒子之谜，他们清楚地证明在弱相互作用力下，宇称是不守恒的，所以 θ 和 τ 粒子其实就是同种粒子（后来被统称为K介子），它们之间的衰变差异只是因为在弱相互作用力下微观粒子的衰变具有不对称的"手性"造成的。

　　不过这项发现的意义其实并不是揭开了 θ-τ 粒子之谜那么简单，这项发现对当时的物理学界来说可谓是颠覆性的，很多顶级专家都发表了感到不可置信的评价，研究晶体的布洛赫曾经说，如果宇称不守恒，他就把自己的帽子吃掉！可见之前的宇称观念在物理界是多么深入人心。

而李政道和杨振宁的发现让人们第一次认识到原来大自然不是自己想象的那么和谐完美，里面有很多"破缺"的地方，这些破缺成就了世界现在的样子。

人们顺着李政道和杨振宁的思路进一步深入，基于宇称不守恒的思想，用对称性破缺结合杨振宁和米尔斯在1954年一起确定的杨—米尔斯方程，于是认识到了电磁作用力和弱相互作用力之间更深层的关系。后来温伯格提出了弱电统一理论，第一次将四大作用力中两种作用力的理论统一了起来；接着盖尔曼等人建立了描述强相互作用的量子色动力学，又统一了强力；再后来就是粒子的标准模型体系的建立，以及更后来发展出的弦论等。

当然这些都是后话了，但是从这段历史中我们可以了解到杨振宁、李政道、吴健雄等科学家在粒子物理学的发展历程中曾经点亮过多么关键的节点，因此对他们的贡献的褒奖自然也是世界级的，杨振宁和李政道两人获得了1957年的诺贝尔奖，当时他们都是中国国籍，因此他俩也就成为首次获得诺贝尔奖的中国人，而且他们这项惊世骇俗的发现还创造了最快获得诺贝尔奖的记录——前一年发表论文，第二年就获奖了，说明诺贝尔奖对这项发现的认可度相当高。可惜的是，一同参与验证这项发现的号称"东方居里夫人"的吴健雄教授却没有同时获奖，虽然之后她也获得了高达7次的诺贝尔奖提名，但还是因为种种原因未能最终获奖，实在令人遗憾。

李政道和杨振宁打破了宇称守恒以后，物理学界也都接受了弱相互作用力下宇称破缺的概念，但是整个物理学界还是觉得非常不舒服，因为大家觉得这种不对称看起来就不和谐。

其实在微观世界里充满了各种不和谐的现象，也不知道为什么物理学家单单对这个不对称现象特别反感；很多人就开始尝试，想方设法地要找回对称性，让宇宙回归大家心目中的和谐状态。

后来，苏联物理学家朗道提出了一个观点，他认为宇称不对称的原因可能在于电荷也是不对称的，所以如果我们把电荷（C）和宇称（P）合在一起就守恒了，他称之为CP对称性。也就是说电子和镜子里面的正电子遵循同样的物理定律，这成为物理学退守的一条新的对称性防线。

1964年美国物理学家克洛宁和费奇发现有一种K介子很特别，他们通过实验证明它在衰变成两个 π 介子的过程中，CP也不守恒。于是，这两位打破CP守恒的物理学家获得了1980年的诺贝尔物理学奖，CP对称防线也随之瓦解了。

可那些物理学家们还是没有放弃最后的挣扎，他们还有最后一根救命稻草：泡利1954年和吕德斯一起提出了一个更强大的CPT守恒规则，这里面的T是指时间，就是说守恒不仅要算上宇称、电荷，还要算上时间，这些合在一起必然是守恒的。

那么，作为时间的T怎么对称呢？一些物理学家认为T对称就是指时间如果反演，物理过程也应该是对称的。如我们用摄像机拍下一个微观的物理过程，那么如果你不看时间标签，播放录像时正放和倒放是分辨不出来的。

这些物理学家认为，就算CP也不守恒了，但是当电荷、宇称、时间三者同时考虑时，物理定律还是能保持一致的。举个例子，负电子和镜像系统里时光倒流的正电子就遵循同样的物理定律。

啧啧，时光倒流都出来了，可见物理学家们对于宇称守恒的执念有多么强烈。不过加入时间参数后，这个守恒倒确实是不容易被推翻了，毕竟谁能做出一个时光倒流的实验来验证呢？

于是CPT守恒成了物理学对于守恒观点的最后一道防线。

也许物理学家认为上帝创造的世界不应该是一个左右不对称的世界吧，就像泡利所说的："我不相信上帝是一个软弱的左撇子！"想想也是，如果你要创造一个世界，为什么不把它弄成对称的呢？这样不是更省心也更舒服吗？

说到造物主的想法，就得看看我们的虚拟世界了。

首先我们看看，在虚拟的游戏世界里会有这种镜像的情况出现吗？

你别说，还真的有。

我们来看一张游戏的图片。

大BOSS沙加特

在这张《街霸》游戏的截图里，大家可以看到大BOSS沙加特的两个头像，当两个沙加特对战时，如果仔细观察你会发现，他们瞎的是不同的眼睛。这是什么设定？

不管是游戏结束的头像特写，还是游戏里的打斗动画，沙加特都同样是只有屏幕内侧的眼睛才会戴眼罩，所以游戏甚至会出现角色在空中转身后，眼罩就突然从左眼变到右眼的情况；这还是挺挑战玩家常识的，就算眼罩可以换个位置戴，但是瞎了的眼睛也能瞬间换一个吗？

你看游戏公司为了让角色保持镜像对称，竟不惜违反玩家常识了。

所以游戏制作公司卡普空（CAPCOM）经常被《街霸》的玩家吐槽："卡普空到底让沙加特瞎哪只眼，就如薛定谔的猫的死活一样，取决于你如何观察。"

其实，游戏的美术设计人员只是希望游戏画面更美观一些，为了让玩家无论从哪个角度都可以看到沙加特没瞎的眼睛，就做成了镜像翻转的画面。

同样，游戏中角色对战时，游戏设计者也喜欢让同一个角色采用镜像的左右站姿，如左边的角色就会左手左脚在前，而右边的角色则会右手右脚在前。

这同样也是出于角色表现考虑，这种镜像的站姿都是为了更好地展示角色形象和格斗动作，而玩家一般是不会在意这点的，甚至多半都没注意到这种设计存在的问题。而且，采用这种镜像站姿后，玩家操纵角色反而会感觉更加习惯一些，这样玩家就感觉不出从不同方向上看上去角色存在的差异了，因为两个方向都能看清细节，这样更有利不同方向体验的一致性，让不同位置的对战玩家都觉得很舒服。

游戏中角色对战

你看，游戏中也存在"宇称"现象，为了照顾观察者的视角和习惯，游戏居然也是采用镜像方式来表现角色的。

再给大家看一张早期2D网络游戏中角色的斜俯视角的8个方向图片，你会发现在2D网络游戏中角色其实都是左右镜像的。所以在2D游戏里，玩家如果认真观察都会发现，角色转身之后武器就会换手，为什么要这样设计呢？

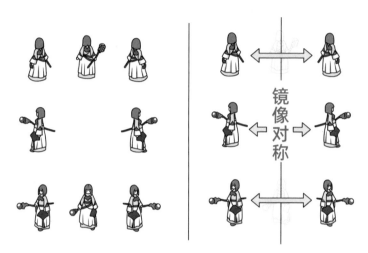

早期2D网络游戏中角色的斜俯视角的8个方向图片

答案又是为了节省资源。早期的2D角色扮演游戏，所有的角色动作都是由一系列的序列帧图片组成的，如跑动、打斗、跳跃等，因为角色一般有8个朝向，所以这些序列帧都需要做8个方向的序列。

而这些动作序列图片会占用大量的硬盘空间，所以能精简的地方设计师都会尽量精简。因此，游戏的设计团队一般就会把角色的动作全部镜像，这样就只需要做5个方向的序列了，每个角色都可以省掉3个方向的全部动作，总计节省的空间就不少了，而且这也会大大减少美术设计人员的工作量。

从设计者的角度来看，镜像设计自然是省时省力的好办法，至于小小的左右颠倒问题，其实并不重要。所以很多游戏引擎的动画编辑器里，也都非常贴心地给开发者设置了快速镜像动画的功能，方便开发者节省工作量。

那么，什么情况下不能随便地镜像呢？

那肯定是左右的不同属性带来了玩家体验上的实际差别，只不过游戏中一般不会这么设计，除了极少数的例外。

这个很少见的例外设计还是在《街霸》游戏里出现的。在《街霸Ⅲ》里，卡普空设计了一个左右属性不一致的角色吉尔，这个角色一半身体是火属性、一半身体是冰属性。

这个翻转的角色是不是看上去反而有点奇怪？其实你认真感受一下就会发现，这才是正常的角色翻转，而不是镜像翻转。

吉尔的左右站姿（示意图）

而且，游戏设计师为了表现出这个角色真实的方向感，还特别设定：吉尔站在1p方向（面向右侧）时用左手左脚，发出的技能都是火属性的；而在2p方向（面向左侧）时，用右手右脚，发出的技能都是冰属性的。

吉尔不同方向招数属性不同（示意图）

其实说实话，转过身相同招式的属性发生变化对玩家来说还挺难适应的，玩家已经习惯了没有方向的角色，想要玩好吉尔还得重新适应。

所以，如无必要，其实不如违反常识。

不过，我们宇宙的造物主为啥也要纠结这个左右问题呢？它为啥不像游戏设计师一样，把弱相互作用力和其他三种力都统一起来，直接都镜像守恒呢？

这种宇宙底层逻辑中的神秘设定肯定是为了某种重要需求，虽然现在我们还难以一窥究竟，但是已经有物理学家提出了一些看法。

有科学家认为，正是因为弱相互作用力下的宇称不守恒，才让这个世界在诞生时，在那个大爆炸之初，宇宙里的物质能够比反物质多一点。

后来大部分的物质和反物质都互相湮灭了，结果导致物质粒子比反物质粒子多了十万分之一，多出来的这么一点点物质才构成了这整个宇宙。如果正反物质严格对称，那么很可能整个宇宙就永远没法物质化了。

所以说还是不要过分追求事物的完美，绝对的完美就会等于绝对的虚无，而只有不对称的宇宙才能诞生出精彩无比的现实世界。

因为吴健雄实验里的不对称现象，科学家认真分析了钴-60元素的衰变过程，也发现了一些有趣的东西。

我们来仔细看看吴健雄实验中钴-60的衰变方程，在几种衰变产物里有一个特别的粒子引起了科学家的兴趣。

$$^{60}_{27}Co \rightarrow \, ^{60}_{28}Ni^* + e^- + \overline{v}_e + \gamma + 1.17 \, MeV$$

这个特别的粒子就是被称为反电中微子的轻子，又称为反中微子。

它有什么特别之处呢？

我们首先了解一下中微子这个粒子族类吧，这可是现代粒子物理学中的明星粒子族类。而且它能够被发现也是挺不容易的，因为中微子是一种几乎不与其他任何粒子发生相互作用的粒子，它完全不受电磁作用力和强相互作用力的影响，只受弱相互作用力和万有引力的影响，而这两种力都很弱，所以它几乎可以不受任何影响地穿越一切障碍。

假如你举起手掌，一秒钟内大概就有上千亿个由太阳内部核聚变反应释放出的中微子穿过了你的掌心，但是你毫无感觉，而且你也没有办法阻挡它们，因为它们只需要0.2秒就可以毫无阻碍地穿过整个地球，更别提你的手掌了。

中微子还具有诸多的神奇性质，引起了实验和理论物理学家的高度关注。

中微子一共有3种类型，人们把它们称为3种"味"，分别是电 e 中微子（V_e）、μ 中微子（V_μ）和 τ 中微子（V_τ），这3种中微子又分别对应一个反粒子，所以还有3种反中微子，一共是3种味道6种类型。

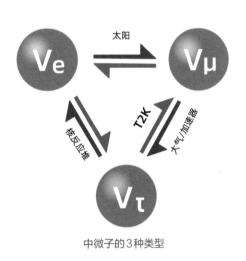

中微子的3种类型

不同味道的中微子是可以相互转换的，称为中微子的振荡，不过限于篇幅，我们还是重点关注中微子在镜像状态下的一些特别表现。

中微子也有自旋，不过它是一种奇特的"单自旋"粒子。

什么叫单自旋粒子？

前面已经描述过微观粒子的自旋是一种不能类比宏观物体旋转的内禀属性，它并没有真正的几何旋转，却带有角动量，还能与电磁场互动；但是中微子的自旋就更奇特了，它不仅没有真正的几何旋转，甚至连角动量的方向都只有一种。

一般的粒子，我们都能观察到它们在任何方向上都具有两种自旋方向：向左或向右，分别用左旋和右旋来标记，并在计算时用正表示右旋，负表示左旋。多数基本粒子都有左右两种不同的自旋取值，如电子、质子和中子的自旋。

而且自旋和观测方向也是紧密相关的，如果你从某个角度观察一个粒子是左旋的，那么我们可以断言从相反方向观察它肯定是右旋的。

虽然这种左旋和右旋与宏观物体的顺时针旋转和逆时针旋转本质还是不同的，但是至少类比宏观物体的旋转，感觉还是可以理解的。可是中微子就比较特别，在实验中观测到的中微子从来都是左旋（取值为 −1）的，而反中微子全部是右旋（取值为 +1）的，不管从什么角度观测都是如此。也就是说人们从未发现左旋的反中微子，也没发现过右旋的中微子。

为什么中微子要"搞特殊化"呢？到目前为止，这还是一个未解之谜，学界有两种不同的主流观点：

（1）中微子是所谓的"马约拉纳粒子"，这种粒子的自旋没有左右之分，右旋同时也是左旋，何况在微观世界里面也不存在几何逻辑，所以可以用这样"任性"的观点来解释。

（2）中微子的自旋单一取向是其本身的特点，且中微子的左旋性说明其以光速运动，是几乎无质量的。

对于第二种观点，为什么说中微子是以光速运动就会导致自旋方向单一呢？

科学家的解释是中微子的运动速度与光子相同，我们只能从正面 180° 的方向上对它进行观测，不存在比光更快的观测方式让我们能从背后观测它，所以这个粒子对于观测者来说就只有一个方向，也就只有一个自旋方向；另一个自旋方向受光速限制是无法观测的，也就是不存在的。

看不到就不存在？这还讲不讲道理了？

其实量子世界就是充满这样奇怪的逻辑，如一切存在都必须基于观测，我们回想一下之前所有的量子现象均是如此，那么观测导致存在单自旋现象似乎也不算太奇怪了。

不过很显然，这是宏观世界里绝对不可能出现的现象，也是无法用宏观经验理解的，用熟悉的专业话术概括就是：该现象没有经典对应。

那么，单向自旋属性的中微子出现在钴-60的衰变方程里，自然会破坏钴原子衰变过程的对称性。当我们对这种单自旋的中微子施加空间镜像变换，按理说左旋的中微子在镜像翻转后应该变成"右旋的中微子"，可是后者在实验中从未被观测到，它不存在，所以左旋的中微子镜像后还会是左旋的状态，于是镜像失败。

中微子的存在就导致该物理过程整体都不再具备"空间镜像不变性"了。

所以，弱相互作用力下的宇称不对称，实质上就是中微子的宇称不对称，是中微子的单自旋特性导致了它无法被镜像翻转。

杨振宁还对此现象延伸说明道："宇称不守恒就是可以定义绝对的左右，这是一件非常惊人的事情。"

定义绝对的"左"和"右"，这也太令人费解了。

因为左和右这两个词的含义，就是按观察者的朝向所确定的坐标系来定义的，从概念上来说应该不可能绝对化。

打个比方，如果人类和外星人进行无线电交流，外星人问："地球的左和右是怎么区别的？"人类可能会回答："我们左手的方向是左边，右手的方向是右边。"这就犯了循环论证的错误，因为外星人无法知道哪只手是你的左手，哪只手是你的右手。

就算我们平时互相沟通，也只能说如果你是右利手，那么你习惯用来写字吃饭的手就是右手，可这还是循环定义。右利手又是指哪只手呢？

但是中微子单自旋这一物理现象的发现，让人类第一次有了通过客观物理现象来区别左和右的可能。人类就可以根据中微子的自旋方向进行左、右旋定义，因为这个定义与观察者的自身视角无关，所以能放之宇宙而皆准，外星人也能准确理解。

中微子这种不管怎么观察都只有一个方向的自旋特性，的确很难以我们的宏观经验去想象。

那我们又要开脑洞了，这种宏观世界里绝对不会存在的现象，在虚拟世界里又如何呢，如在游戏里面能重现吗？

当然，在游戏中还真的存在这样的设计。

说到这里，我们就要提到两款比较古老的游戏了。

《重返德军总部》（Return to Castle Wolfenstein）和《毁灭战士》（DOOM）这两款游戏可以说是FPS射击类游戏的始祖，是最早的主视角3D射击游戏，近些年大家喜欢玩的CS、使命召唤等都是它们的重孙辈产品。

图片为《重返德军总部》及《毁灭战士》海报

这两款游戏是ID Software公司在1992年开发的游戏，现在看起来画面粗糙，但是在当年可是难以想象的惊世作品。为什么？因为这两款游戏在计算机图形性能还十分低下的年代，就开创性地采用了3D立体的画面模型，第一次让玩家通过屏幕感受到了3D游戏的独特魅力。

那可是在1992年，当时的计算机还停留在286、386的时代，CPU的性能低得可怜，也没有什么图形加速卡，内存大小普遍1～2MB（对，你没看错，就是2MB，现在手机内存的万分之一大小），硬盘容量一般为40～80MB。在这样的硬件资源下，ID Software公司是怎样实现了流畅的3D游戏效果呢？

其实很简单，ID Software公司开发的这两款游戏并不是真的3D游戏，而是伪3D游戏，也就是用2D图片伪装而成的3D游戏。

首先在《重返德军总部》这款游戏中，ID Software公司采用了一种光线投射演算（RayCasting）的算法来模拟3D画面。

光线投射演算的概念很简单。就是以玩家为圆心射出一条射线顺时针扫描一遍，然后把扫描到的（也就是玩家能看到的）墙壁跟敌人的2D图片运用距离演算法画在屏幕上。远的就画小一点，近的就画大一点，这样就画出了一个完全不用3D模型，只靠图片的大小跟位置建立起来的伪3D空间。

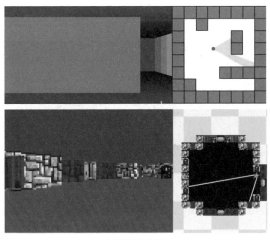

光线投射算法

也就是说，虽然玩家在屏幕上看到了一个敌人，但是这个敌人其实只是一张按距离远近缩放的2D动画图片，就像我们在靶场看到的人形立牌一样，这个敌人是没有侧面，也没有背后的，它只有正面的图片。

所以，玩家在游戏里无论怎样围绕敌人跑动，都不可能看到敌人的后背，因为它没有后背。

在正常战斗时，玩家可能会觉得很自然，因为敌人始终都会面对自己，当然看不到敌人后背。可是，当敌人被玩家杀死变成尸体之后，看起来就有点诡异了，因为尸体也只有一张2D图片，所以当玩家围绕尸体跑动时会发现满地的尸体都保持着同一个角度朝着自己旋转，看起来还是有点诡异的。

不过因为光线投射演算是堆叠2D图片来模拟3D视觉，所以只换算了物体在画面上的大小和位置，因此所有墙壁都是等高的，而地面也只能是平坦的，不存在高低变化，更不可能实现不同楼层的效果。

所以等到开发《毁灭战士》时，ID Software公司又发明了新的欺骗算法——二元空间分割技术，这个算法比光线投射演算要复杂一些。当设计师设计地图时，就可以给每个部分设定"高度"参数了，引擎会自动把2D地图不断分割成一小块一小块的区域。

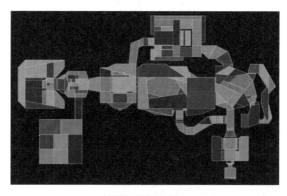

把地图分割成小块

接着，后台算法会把这些切碎的区域资料用二叉树的方式两两连接起来，形成一个巨大的二叉树。

之后，游戏运行中需要呈现影像画面时，引擎会先找到玩家所在的区块和视线朝向，然后自左向右地将玩家面向的区域从二叉树中有相连的地方开始，一块一块地将玩家视野中会看到的部分渲染出来。

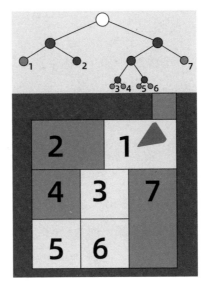

二叉树算法

这个算法的厉害之处就在于避免描画看不到的图片，因此大量节省了计算机的算力。空间被分割之后，玩家就只能看到与自己视线相关的2D图片，而且用2D图片模拟出了高低维度的差别。

当时这款游戏受到全球无数玩家喜爱，虽然计算机硬件性能很弱，但这个模拟3D的算法对当时的CPU来说也足以胜任，所以玩家不必花大价钱买台梦幻电脑就能体验3D游戏乐趣，他们可以在任何普通办公用的电脑上运行这款游戏，而且画面感非常好，还支持局域网联网。

一时间，各个IT公司的办公室都充满了下班后自愿加班的游戏青年，在键盘前第一次体验到如同现在"吃鸡"一般的快乐。

不过，我们讲这么多《重返德军总部》和《毁灭战士》的3D欺骗算法，与我们讲的中微子问题有什么关联呢？

当然有关联了，不知道大家发现没有，当《重返德军总部》和《毁灭战士》采用了2D图片模拟3D图片的技术之后，游戏中的物体也就有了绝对的左和右了？

你想象一下，当一个怪物面对你时，你永远只能从正面观察它，无论你如何围绕它跑动，都不可能看到它的背后，那么它的左右方位是不是就固定了？

这种感觉是不是像中微子一样？我们无论怎么观察它，它都只有一个旋转方向。

如果中微子是一个2D维度的物体，就与《毁灭战士》里的怪物是同样的性质了，它们的确没有背后的视角，因为它们本来就只有一张正面图片。

《毁灭战士》的世界里如果有一面镜子，也无法成功地将物体做镜像翻转，因为翻转后的图片还是会和原图片一样。如果毁灭战士中出现一个胸前有向右旋转图案的怪物，它翻转之后胸前的图案依然是向右旋转的，这就明显打破了宇称对称性。

那么，我们是不是可以假设，中微子之所以有种种奇怪的特性，是因为它只是一个2D粒子，无法进行空间镜像翻转？因此有它参与的弱相互作用力的宇称才会出现破缺，导致我们宇宙的不完美，这才能打破正反物质平衡，从而产生现实世界。

假如真是如此，那么中微子将是我们见到的第一种真正的二维化物体。在《三体》小说里，也曾经出现过能将空间二维化的二向箔武器，不过小说里想象的二维化后的世界其实还是带有强烈的3D思维的，2D平面被表现得像一张极薄的纸，人们可以从各个角度观察2D化的平面世界，但这其实并不是真正的2D世界，这只是一个被拍扁了的3D世界，就算再扁，它也是3D的。而真正的2D物体其实反而应该像游戏中这样，始终只有一个正投影面朝向着你的观察方向，你无法看到它的任何其他侧面，你的观察视角也无法脱离它的垂直法线，它就像是一张永远正对着你的动图。正是因为这个2D物体它仅有两个坐标维度，因此它会向任何3D世界的观察者展示出它全部的结构信息，所以无论你从哪个角度去观察它，它都会展示相同的正面给你看，而你无法用任何倾角去观察它，更不用说从背后观察它了，对它而言我们仅有一个观察角度，所以就算把它放在两个面对面的玩家中间，两个玩家看到的依然还是完全相同的画面，而这就是它无法被翻转镜像的真正原因。

可是，当年ID Software公司这么做，是因为当时的计算机性能有限，无法实现真正的3D运算。可是我们这个宇宙背后有如此强大的超级母机，难道造物主也需要采用这种欺骗算法吗？

可能还是程序员最能理解程序员吧，如果你问程序员，当系统算力足够时，还需要节省资源吗？

答案肯定永远都是："需要，毫无意义地浪费任何系统资源都是可耻的。"

想想那一秒钟就穿越你手掌的上千亿的中微子吧，这么海量的微观粒子，每个都节省哪怕一点资源那总和也是超级庞大的量级吧？

也许，杨振宁、李政道和吴健雄当年费尽心力窥破的，原来就是造物主这点小小的"鸡贼"心思？

好了，脑洞收起，本站的观光又要结束了。我们要回到量子列车上，继续前进，前往下一站。

随着列车的不断深入，我们已经快要到达量子世界的边缘地带了，前方是更加神秘的哲学领域，我们已经接近科学与哲学的交界之处，所以我们也将会很快遇到更加终极的宇宙之问。

　　请大家继续随我前行，下一站我们将要探讨的每个问题都会相当的重大和深远，比如会涉及诸如宇宙的宿命，生命的真正意义，甚至还有造物主的目的等哲学范畴的终极大问题，所以相信接下来会是本趟旅程中最为精彩的一段时光，请大家做好准备，让我们一起共同进入这段将会令你难忘的旅程。

14

游戏里有没有通晓
命运的神兽？（上）

拉 普 拉 斯 妖 —— 宇 宙 要 如 何 打 破 自 己 的 宿 命?

我们的"量子号"列车穿过平原，又越过了高山，这次我们将要前往访问的是一座盘踞着传说中物理学神兽的巢穴。

据说在物理学界有四大神兽，分别是亦生亦死的薛定谔的猫（Schrödinger's Cat）、无法超越的芝诺的乌龟（Zeno's Paradox: Achilles and the tortoise）、逆熵之魔麦克斯韦妖（Maxwell's Demon）和无所不知的拉普拉斯兽（Laplace's Demon）。

在这之前，我们已经认识过薛定谔的猫，也围观过芝诺的乌龟，那么与量子物理最为相关的神兽就只剩下著名的拉普拉斯兽了（麦克斯韦妖主要与热力学相关）。所以我们这次要拜访的，就是这只大名鼎鼎的神兽，看看它和量子物理之间到底有什么纠葛渊源。

拉普拉斯兽，或者拉普拉斯妖的说法也是源自一个著名的思想实验——最早是由法国学者皮埃尔·西蒙·拉普拉斯（Pierre-Simon Laplace）在1814年提出的。值得一提的是，在最原始的叙述中，拉普拉斯并没有使用"妖"（Demon）这个词，而是用了"智者"（Intellect）。

拉普拉斯妖的假说基于传统的经典物理学原理。

在研究经典力学的过程中，科学家发现似乎任何的物理过程一旦其规律被掌握之后，根据时间平移对称性原理，我们都可以准确地预测它的全部演变过程，包括过去和未来。

所以这个思想实验其实分成两个部分：一个是从现在宇宙的状态出发，我们能不能逆向推算之前任意时刻的宇宙状态，这需要反演整个宇宙发生过的所有物理过程；另一个是我们能否通过现在宇宙的状态，正向推算未来宇宙在任意时刻的状态，这需要推算宇宙中所有物理过程未来的发展结果。

前半部分关于物理过程反演的猜想很快就被人发现是行不通的，因为在反演过程中拉普拉斯妖无法解决物理过程中信息熵的增加问题。

简单打个比方，假如有100瓶清水，我们向其中滴入相同数量的同种墨水，等待足够长时间之后，它们都会变成一模一样的100瓶均匀混合的稀释墨水。但是这100瓶墨水的混合过程肯定是各不相同的，这里面包含了无数分子的随机运动和相互作用的混沌过程，而我们肯定无法从最终相同的结果反演出这些不同的混合过程。因为在墨水分子和水分子互相混合的过程中，整个系统的无序程度增加了，有无数的信息熵产生了，所以我们无法通过反演来去除这些增加的信息熵。类似的例子可以举出很多，因此我们很容易否定假想的前半部分命题。

那么，后半部分的命题是否成立呢？

我们能不能通过某个系统现在的状态，计算出其未来任意时刻的状态呢？

从经典物理学角度来看，似乎是可行的。因为只要有足够的信息，一切物理过程都是可以从初始状态推算得知其结果的。理论上，我们只要掌握了足够充足的信息，就能够完全预测一个物理过程未来的演化。

例如，我们抛投一枚硬币，看起来正反面似乎是随机的，但是如果我们彻底掌握了这个抛投系统的全部信息，如硬币的每个原子的状态、周围环境每个空气分子的全部位置和状态、抛投者所有神经活动和肌肉运动的状态等，总之只要掌握了这个系统中所有相关事物的初始状态，那么理论上我们应该完全可以计算出每次抛投硬币的结果，不会有任何偏差。

从更微观的角度来理解，既然我们能够从任何一个粒子的初始状态推算出其未来任意时刻的状态，也能够从任何一个封闭的粒子系统的初始状态推演出整个系统未来任意时刻的状态。

从宏观角度来看，如果我们能完全掌握一个粒子的未来状态，其实宇宙也不过就是更多粒子的集合，那么整个宇宙未来的状态自然也是可以预测的。

从这个推论出发，如果拉普拉斯妖真的得知了宇宙某一刻的全部信息，理论上它就可以得知未来任意时刻整个宇宙的全部状态——包括哪里会诞生恒星和星系，哪个行星会诞生生命以及整个宇宙未来要发生的一切事件，甚至包括你明天早餐会吃什么或你下一秒会想什么，等等。

你可能觉得这也没什么，反正并不存在这么强大的妖兽，所以也不会有人得知未来的一切，但问题没有那么简单。

我们把宇宙的状态推想到一种极端情况，如宇宙刚刚诞生时，那时宇宙可能还只是一个奇点，信息量也非常少，所以理论上拉普拉斯妖可以通过这个奇点的全部信息推算出宇宙的全部未来状态，直到宇宙终结。

这是不是就有点可怕了？

难道一个宇宙一诞生，它所包含的一切演化过程就已经全部注定了吗？包括产生多少星系团、星系、恒星系统，会诞生多少生命、文明……无数的故事在宇宙奇点出现时就已经全部注定了？

这只我们假想出来的拥有无比强大智慧的拉普拉斯妖，其实代表的就是经典物理学带给我们的一种决定论式的宇宙观，一种宿命论的宇宙哲学：宇宙作为一个物理系统，其一切演化过程其实早在诞生之时就已注定，我们将要经历的未来只不过是在宿命的轨道上按照命运的剧本演出早就安排好的情节。

听闻这种宇宙宿命论让人不禁会感到一种万般无奈的颓丧，似乎消解了我们对未来的一切幻想，也消解了我们为了生活付出的所有努力和奋斗的意义。如果一切都早已注定，似乎连我们任何未来的想法和行为都是早就写好在宇宙剧本里的，那么我们努力生活的意义究竟是什么呢？难道我们的生活就像收看早已拍好的电视剧一样，只需要坐好等待着播出下一集吗？

换言之，如果整个宇宙是一个大型游戏，那么被经典物理学支配的宇宙就像固定剧情的单机游戏一样，玩家的一切行为都是在跑流程而已，玩家看上去似乎在玩游戏，其实只不过是在看电影。此时，玩家角色和电影角色的唯一区别只是还有行动自由的幻觉，玩家并不知道打不过那只宿命的BOSS不是自己的技术不好或能力不够，而是剧情安排。玩家可能也不知道，甚至自己在游戏中的选择其实都是游戏已经事先安排好的内容。

这样看来，这只妖吃掉的不仅是我们的未来，还有我们的自由意志。

那么，我们的宇宙到底是一个自由玩法的沙盒游戏，还是一部事先拍好的宏大电影呢？

对于这种宿命论思想，哲学家将其称为机械唯物主义（也称为形而上唯物主义），这是西方哲学界早已存在的一种哲学观念。

而数学家甚至给出了一个命题来描述这种决定论——"请问未来是过去整个宇宙状态的一个函数吗？"

如果这个命题为真，很显然宇宙演化历史就是存在某种决定关系的；如果这个命题为假，才有可能否定决定论，或者在某种程度上证明自由意志的存在。

按照经典物理学的体系，这个命题多半为真，因为在经典物理学中，一切系统的未来状态的确都是其过去历史的函数解，不会出现未来与过去完全无关的现象。

不过幸好，我们之前已经在量子世界里见识过了各种奇峰险崖、深潭龙穴，也不会那么容易被看似庄严神圣的经典物理学殿堂给唬住。

我们已经知道，真正支配这个世界的，并不是经典物理学，而是其背后的量子物理学。

虽然在量子世界里有很多令人困惑甚至不适的现象，带来了各种逼死强迫症的充满随机、波动、概率、纠缠、坍缩等复杂而又含混的奇怪规则，将经典物理世界里原本整齐有序、稳定可靠的法则规律全都搅得支离破碎，让本来清晰有序的世界变得虚实相交、捉摸不定。但是也正是这些令人讨厌、混乱不堪，甚至毫无逻辑的诡异量子法则，却给整个宇宙未来变化带来一线生机。

量子具有的不可捉摸的不确定性，让我们完全无法准确预测宇宙中的任何一个粒子未来会出现在哪里，它们何时会发生纠缠，何时会退相干，何时衰变，何时会湮灭。

虽然薛定谔的波函数方程从数学角度清楚地告诉我们，每个粒子在没有被观测之前，是如何以概率波的形式弥散在整个宇宙空间的。可是，玻恩规则[1]和投影公设又告诉你，这些波函数并不代表你实际看到的物质；当你观测时，这些确定的波函数就会随机地、充满概率地坍缩到宇宙的任意一个角落去，你永远无法确定地预测它究竟会坍缩到哪里，坍缩成什么状态。

接着海森堡测不准原理进一步告诉我们，就算我们进行了观测，由于量子具有测不准的特性，我们也无法同时精确地得知任何一个粒子的速度和位置，因此根本就无从得知一个粒子的全部状态。所以，没有谁能说他精确地掌握了哪怕是一个粒子的瞬时位置和速度，这种精确状态的粒子在我们这个

---

1 玻恩规则（Born's rule）由其提出者物理学者马克斯·玻恩命名。该定律主要描述量子态在被观测时候如何按照概率坍缩成为本征值的过程。

宇宙里根本就不存在。

总之，代表量子力学的神兽——薛定谔的猫对代表经典物理学的神兽——拉普拉斯妖遗憾地说，其实你最想知道的当前宇宙的准确状态是不存在的，而且你试图预测的未来也是不确定的，所以你没有办法知晓或决定未来的任何事情。

看来在混乱无序、难以捉摸的神奇的量子法则的保护下，我们的宇宙终于能够摆脱经典物理学的规则桎梏，从拉普拉斯妖的宿命魔爪中挣脱出来了。

当然这里有一个前提，就是我们谈论的量子不确定性中的随机概率，是真正的随机概率，而不是伪随机。

所谓伪随机，就是虽然产生的随机数看似杂乱，但其实是存在某种规律的，当我们了解其规律之后就可以预测其未产生的随机数值。例如，随机数列在很大长度之后是会重复的，或者我们可以通过某个种子来推算未来的随机数。

那么，量子的随机概率究竟是不是真随机呢？

其实我们永远无法绝对确定地回答这个问题，因为我们无法了解量子随机概率背后的本质，也不可能无限久地记录量子行为的随机概率分布序列。但在现在所有实验观察的范围内，科学家并没有发现量子的随机性有什么规律可言。换言之，就是我们现在可以把量子的随机性视作真随机。

其实这里还引出一个巨大的话题，就是量子力学的真随机性到底是来自何处，是否来自我们的宇宙之外？这个问题就更加哲学了，也很难有一个确切的说法，我们就不再延伸讨论（不过我个人认为，这才是宇宙中最大的秘密）。但是无论量子效应的随机性来自何处，科学家们确信它的确是不可预测的。

在任何一个量子实验中，如发射单光子双缝干涉的实验，就没有任何人能预测下一个光子的准确落点，虽然我们可以使用波动方程计算出每个区域落下光子的概率，但是仍旧没有办法准确地预测任意一个光子的具体落点。

在原子的衰变模型中，我们也无法预测任何一个原子什么时候会衰变，因为什么而衰变。没有任何一个经典力学公式可以推导出一个原子确切的衰变时间或者一个电子确切的跃迁时间。

在微观世界里，这些毫无线索的随机事件比比皆是，而我们穷尽所能也只能了解这些事件的发生概率，而无法确切地知道实际结果。

可以说，在量子理论中，现实和未来之间始终横亘着一道无法穿越也无法看清的概率屏障，隔着屏障我们能够模模糊糊地看到未来的轮廓，但又永远无法真正看清楚。只有当时间带着未来扑面而来，并穿过这道概率之墙后，一切迷雾才会完全散去，朦胧的轮廓才会变成我们能清楚认知的客观现实。

这就是我们这个时空和世界的真实模样，所以我们宇宙的未来就是一个被"概率论"所支配的世界，而不是被"决定论"所支配。

但是有些人非常讨厌概率问题，他们认为概率会带来"无知性"和"不确定"，就像当年的爱因斯坦一样总是企图让世界回归经典。而且往往越是聪慧的科学家越是厌恶这种未知感，总觉得无法预测的未来给人类探索客观世界带来了一种无力感：无论你掌握了多少知识和规律，还是永远都无法准确地预测未来将会发生什么。

这简直是对人类发展科学的终极企图的最大打击。人类发展科学的核心目的不就是希望通过认知客观规律来预测客观世界的未来状态吗？可是，客观世界居然无情地告诉我们，未来是绝对不可预测的，而且这就是宇宙的本质。

科学家非常恼火，为了摆脱这种无力感，他们提出了很多稀奇古怪的理论来尝试摆脱概率论束缚。

例如，一直非常流行的多世界理论，又称为多世界诠释（The Many-Worlds Interpretation，MWI），就是这种想法的具体体现。

在多世界理论里，科学家为了摆脱量子制造出的概率问题，居然假设所有具有发生概率的事件其实都发生了，只是分裂成了不同的平行世界，而在每个平行世界里没有概率，只有必然。

什么意思？

我们还是用量子世界的虚拟游戏来打个比方吧。这种诠释就好像在游戏里，玩家要去刷一个巨龙副本。副本里面的巨龙本来应该以1%的概率掉落史诗级装备，5%的概率掉落传说级装备，10%的概率掉落神话级装备，20%的概率掉落精英级装备。玩家刷副本的时候会获得什么装备就只能看"人品"了，要是"手黑"（运气不好），可能刷上几百次也无法获得一件史诗级装备。

那么，多世界理论怎么看待这件事情呢？这个理论认为，其实并没有什么概率事件发生，而是所有可能性都已经发生了，只不过发生在不同的世界里。

这就好像玩家每进入一次副本，我们就新开很多个服务器，在每个服务器里，巨龙BOSS都是以100%的概率掉落某种道具的，只是掉落史诗级装备的服务器的数量占比是所有服务器数量的1%，如果是有幸处于掉落史诗级装备分支服务器的玩家，那么恭喜，你们将会100%获得这件装备。

但是，其他分支服务器中的玩家就比较倒霉了，他们无论怎么努力都绝对不可能获得史诗级装备。

如果这样设定想必大家也看出来了，我们是用平行服务器的数量代替了单个服务器里的随机性事件的发生基数。

理论上，用开新服务器的方式似乎能够取得等价于单服的随机事件的效果，但如果你是一个有经验的玩家，肯定会发现这里面有个大问题：服务器可以多开，但是玩家难道也要分裂成无数的分身克隆体吗？每个克隆玩家还要在每个服务器里面和BOSS作战？

但多世界理论就是这样诠释的，因为你本身就是世界的一部分，所以整个世界分裂时，你自然也就分裂到不同的平行世界里去了，每个平行世界里都有和你完全一样的个体。

不过你别妄想能够感知到这一点，因为每个分支世界之间是不存在任何信息交流的，所以你永远无法得知其他世界发生的事情，也不会得知和你一样的个体身上发生的任何事情，反之亦然。

再稍微思考一下你就会感觉这是一个非常夸张，甚至恐怖的诠释方式。一个游戏里有无数的大大小小的随机事件，难道每发生一个随机事件我们都要开设新的服务器来承载不同的分支进程吗？如果游戏公司真敢这么做，相信很快就得用光全世界所有的服务器了，而且远远不够，甚至我们将整个宇宙的每个原子都变成服务器也不可能承载这么多的平行世界分支。

当然，我们只是用人类世界的可怜想象力来思考这种设定，因而无法想象要在无数台服务器上运行无数的游戏副本究竟需要如何海量的资源来支撑；但也许在造物主眼里，这整个客观世界的任何资源消耗都不算什么，我们看来不可思议的事情在更高层次的世界里只不过是不值一提的小问题。

但是，这种诠释最大的问题是对我们普通读者非常不友好。

科学家花费了极大的想象力，使用了极其复杂的数学工具却构筑出了如此奇异难懂的世界观，先不说其中那些令人一看就眼晕的艰深复杂的公式推导，单是要让我们想象整个宇宙在一刻不停地分裂成为无数的平行世界，很多的世界里面还有我们自己，但是每个自己都经历着不同的事件，谁能从心底真的理解认同这样的世界观呢？

为了消灭概率，需要大费周章地把世界观扭曲成这样吗？

而且从逻辑角度来说，这似乎也有点太奇怪了。这就好比在大海里行船，你非要说自己的船没动，而是整个大海，甚至整个星球在动一样。虽然非要这么看待也行，但还是不符合我们的日常直觉，也不符合奥卡姆剃刀原则，从逻辑上不够简洁。

而且按这个逻辑，我们也能诠释组成虚拟世界的程序。例如，当一个程序中的随机函数还没有执行时，也可以将这段静态的代码视作已经包含了所有可能结果的数据集，自然也可以假想其实没有什么概率，只是集合里所有数值都平行地参加了运算，但是我们只能得到其中某一个分支的最终结果，其他结果在别的世界里，我们无法获取其信息。

可这种方式得到的结果和使用概率来计算其实是等价的。

所以，也有很多科学家接受不了这种诠释，他们也提出了很多其他的诠释，如交易诠释、时间倒流诠释等。

这些诠释虽然从某种程度来说，暂时摆脱了世界分裂的问题，但是又带来了很多新的难以理解的设定。例如，时间并不真实存在、有能够使时光倒流的粒子等。

总之，一涉及对于量子物理的哲学诠释问题，科学家们就会大致分为两个阵营：科幻阵营和现实阵营。

在科幻阵营里的科学家都化身幻想家，一个个脑洞大开，绞尽脑汁想让量子世界的那些令人难以理解的现象能够在更高的数学或哲学层面上得到某种异想天开但又足以自洽的合理解释。

现实阵营里则是一群表情严肃而又高傲的实干家，他们冷峻的目光让你根本不想向他们提出任何脱离现实的哲学问题，而他们也表示根本不屑于思考这些不着边际的想法。他们认为，凡是无法通过实验检验的理论，统统不应该算在科学范畴。

现实派科学家一方面更加尊重物理学的形式理论和实验理论，拒绝用想象去解读未知领域；另一方面则认为谈论我们无法观察的东西其实是毫无意义的（如玻尔）。

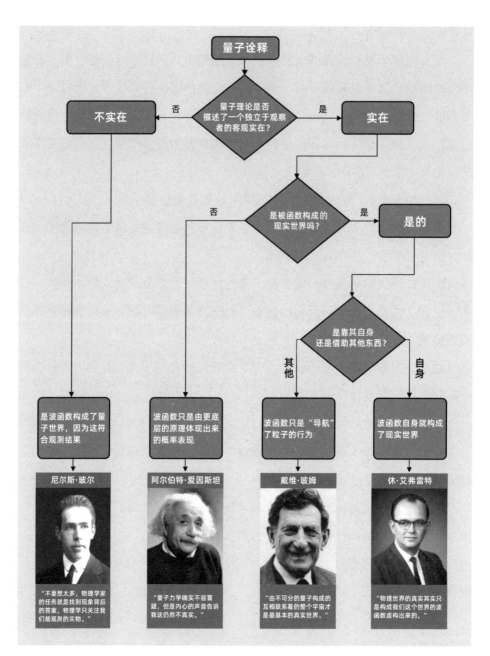

不同的科学家对量子世界有着不同的理解

他们早就不再尝试用任何纯虚构的数学手段去诠释量子现象了，而是更加务实地承认我们暂时还不明白为什么会这样。但这并不重要，这些困惑不妨碍大家去实际利用已经发现的量子规律，只要这些规律管用，那么就先"Shut up and calculate"！

这两个阵营在现在看来其实就是基础理论层面遭遇瓶颈后的一种无奈状况，这也是量子物理学自从诞生以来就一直面临的尴尬状况。

不过我们大可不必去纠结这么又烧脑又糟心的事情，这些问题还是留给人类最顶尖的智者们去头疼就好。至于我们普通人，不是还有容易理解的虚拟世界的视角吗？继续用我们习惯的视角来看待量子世界就好了。

我们只需要知道，在诠释量子世界的本质这件事情上，科学家也许并不比我们游戏玩家更出色，既然大家都是在猜想，那么我们用虚拟游戏的视角来诠释量子现象，其实已经和最前沿的物理学家们站在同一座高山前了，而且可以共同探讨，这在其他科学领域是很少见的现象。

那么，回到虚拟的游戏世界里，我们前面提出了一个问题：我们的世界到底是不是一个剧情固定的单机游戏呢？

答案显然是否定的，否则不确定的量子如何才能构筑得出确定的宇宙未来剧情呢？

也许有玩家会说，量子的不确定性只是表现在微观世界层面，在宏观世界的层面，大量不确定的量子在统计学的作用下依然会表现出非常确定的状态。否则描述宏观世界的经典物理学怎么能够成立呢？我们又怎么能够利用经典物理学发明和实现了那么多科技创造呢？

比如，在现代科技的指引下，我们制造的汽车能奔驰，飞机火箭能上天，计算机能运转，这不都是设计师根据物理规律事先计算好了再制造出来的吗？这不正是对宏观世界的确定性的一个个实证吗？

放大到整个宇宙不也同样如此吗？我们研究宇宙尺度的宏观演化根本不需要去考虑微观世界里的那些随机扰动。

的确，在宇宙学里，借助牛顿力学和相对论，我们能够通过一个星球的大小、运动情况以及周围天体的情况准确计算出它的质量，还能够通过光谱得知它的物质构成，进一步推算它的年龄，更进一步预测这颗星球未来的状态等，由小及大，我们甚至能够推算整个宇宙的演化过程和趋势。这难道不就是一种宏观上的决定论吗？

而且越是宏观的尺度，微观世界的随机性影响就越弱，我们根据经典物理学和相对论体系而进行的预测就会越准确。

宇宙学家的确不用关心单个量子会如何变化，因为在宏观世界层面，微观世界存在的不确定都被巨大数量的粒子所造成的统计学现象给彻底抹平了。在统计意义上，宏观世界的一切又回归了经典物理学和相对论的理论范畴。这是不是意味着从宏观世界的层面，我们可以不用去考虑微观世界的量子效应所造成的不确定性影响，仅在宏观层面是可以承认"拉普拉斯妖"的存在呢？

所以，微观世界的不确定性对于宇宙尺度的宏观世界的演化来说，其实是毫无意义的吗？

这就好像虽然我们的宇宙游戏的画面细节如果放大看的确有无数的随机噪点，但是拉开距离正常观看，其实还是毫无瑕疵的完美画面。而这些画面其实依然是早已录制好的，虽然每次播放这些画面时，画面上那些随机噪点可能会完全不同，但并不影响整个画面乃至整部电影的宏观意义。

再打个比方，这就如同我们把拍好的同一部电影放到无数影院去播放，虽然不同的复制品会有一些细微画面差异，甚至每次播放也会因为播放设备不同或者副本磨损造成画面细节存在不同，但是整部电影的故事情节不会因为这些微不足道的细节变化产生任何有意义的改变，量子的不确定性只是我们这个宏观世界的无意义的背景噪声，并不真正影响宏观世界的未来。

这样的理解对于一部电影，或者一个没有玩家存在的游戏也许是对的。游戏在无人干扰的情况下的确会按照设定和规则沿着剧本自然演进，神兽也的确可以预测其未来的发展。但是大家不要忘记一件非常重要的事情：我们也身在游戏之中，我们的宇宙并不是一个无人的世界，这是一个存在玩家的游戏。

有了玩家有什么不同？

玩家不能算作这个游戏的一部分吗？玩家的宏观行为不能如同微观世界的不确定性一样被统计学抹平吗？

我们的话题深入到这里，讨论范围已经要逐渐超出物理学层面了。凡是涉及与人相关的主观领域，必然需要涉及生理和心理学的层面。因此对于这个问题的讨论已经不只是简单的物理学问题，我们需要涉及更多跨界的知识领域，从更多的角度进行讨论。

因此，对于这个问题的延伸探讨我们也暂时告一段落，下一章我们将横跨到心理学层面，详细分析这个宇宙游戏里玩家的影响到底是什么，对于这个宇宙游戏来说又意味着什么。

这些跨界性质的讨论会涉及很多哲学和心理学领域的问题，如有关自由意志、自我意识等问题，甚至将揭开一个关于我们宇宙的非常重大且惊人的秘密，所以请大家跟随我们的量子列车继续前进，千万不要错过发掘宇宙奥秘的机会。

15

游戏里有没有通晓命运的神兽?(下)

智 慧 生 命 —— 我 是 宇 宙 的 神 圣 桥 梁 。

在上一章里，我们讨论了宏观层面的决定论问题，谈到了哲学上的机械唯物主义在宏观上是否成立的问题。

我们发现，从宏观角度来看，如果宇宙只是一部电影，那么所谓微观世界的不确定性，就好像胶片上的随机噪点一样，是无法真正影响到电影的剧情内容的，无数微观层面的随机波动在宏观意义上都会被统计学抹平，从而使宇宙依然陷入决定性的经典图景里。

同样是信息堆砌起来的世界，现代的电子游戏，尤其是多人参与的网络游戏，却和传统电影有着本质的不同。

在多人角色扮演类（MMORPG）游戏里，往往没有太多固定的剧情，完全是由玩家们彼此之间的互动来构成游戏内容的。

这就是网络游戏和传统电影的最大区别——网络游戏里存在着的大量真实玩家在参与和影响整个虚拟世界，并不需要像传统电影那样由导演编剧事先安排好剧情，然后按计划拍摄画面——网络游戏里的每帧画面都是靠无数玩家共同创作出来的。

所以，在网络游戏中，不同服务器的玩家生态乃至游戏剧情都会截然不同，越是开放自由的玩法，差异就会越大。网络游戏中玩家扰动造成的改变，肯定远远大于不同电影胶片之间的区别，这样的扰动甚至足以塑造出完全不同的世界。

那么，有很多玩家参与的真实世界，拉普拉斯妖还能预测其发展吗？

很显然也不能了！

真实的玩家，或者智慧生命对于宇宙这款游戏造成的宏观影响就不能用统计学来简单抹平了，因为真实玩家的行为是无法预测的，无论在宏观的个人角度上，还是更大的社会尺度上都难以预测。就算是同一款网络游戏，它的不同服务器里发生的事情可能都是完全不同的，尤其是沙盒创造类的游戏，每台服务器里的世界都是完全不一样的，没有人可以预测玩家会把一个沙盒世界改造成什么样子。

我们可以用经典物理学在宏观尺度上预测一颗行星或恒星，甚至一个星系的演化发展，但是无法预测一个智慧个体的未来行为，更无法预测智慧群体会发生的集体行为。

为什么？

哲学家会说，因为人类具有无法预测的自由意志啊。

自由意志这一次又成为哲学家对抗机械唯物主义的有力武器，而认为自由意志存在的哲学学派，我们称之为"客观唯心主义"，也称为"二元论"。

不过这个话题的争论历史可就相当久远了，机械唯物主义派与客观唯心主义派的争论几乎贯穿了整个西方哲学史，甚至直到今天依然在持续。

现在，我们也需要询问：自由意志到底是什么？自由意志真的不可预测吗？世界的确是唯心的吗？

好了，我们也终于谈到这些烦人无比，且被无数专家、网友讨论了千百遍的哲学问题了。

这真是哲学界最知名的问题之一，热门程度大概和"保安三连问"齐名。历史上有无数的人，上到大哲学家，下到小学生对是否存在自由意志都发表过自己的看法。

人类还创作了无数的文学作品、电影、游戏，以各种艺术形式反复地探讨和演绎着这个哲学话题。

有人从存在拉普拉斯妖的角度出发，认为我们其实是没有自由意志的，因为一切物理系统的演化都是注定的，所以我们未来的一切思想和行为显然也是注定的，我们的意志其实也是符合决定论的。未来我们会想什么、会做什么，其实我们并没有任何自主权，只是作为一个傀儡会想到早已经被安排好的想法，去做虽然我们事先不知情，但是早已经注定要做的事情。

当然，这种最纯粹的决定论的观点，随着量子物理学概念的普及已经渐渐没有太多人认同了，大家也都明白，从微观角度来看，组成我们大脑和神经系统的基本物质元素也必然是量子状态的。既然承载我们思想的整个生理系统都是建立在量子基础上的，所谓决定论自然也就无法成立了。

可是，宏观决定论对于人脑来说成立吗？在宏观层面上看，思想的产生过程是可以预测的吗？

从人脑的运作机制上看，似乎这也不可能，因为人脑的整个思维过程也是一个从微观活动演变到宏观现象的过程。

试想，从生物学的角度来看，我们的大脑里有着超过150亿个神经元细胞构成的超级复杂的拓扑神经网络，这些海量的神经细胞通过复杂的生物电流利用神经网络协同工作，不仅管理着我们的身体和行为，还让我们产生了思想和意识。

再进一步细看，我们大脑里的神经细胞又是由细胞体和突起构成的，它们有着不同的种类，彼此复杂连接。而在每个神经细胞的内部，无数的蛋白质等化学物质互相作用，形成各种微弱的电信号，再通过层层放大，经由突触传递到神经网络里。

对于单个神经元内部的运作机制，人类还不甚了解，但是我们至少知道其中蕴含着大量化学物质复杂的物化作用，这些物化作用的本质就是微观层面的各种量子效应的叠加，每个细胞内部都可以看作一个堪比宇宙规模的巨大的量子反应场，巨量的量子态物质在其中进行着各种复杂的相互作用。

在每个神经元里，可能有着"万亿亿亿"以上的巨大数量级的量子态物质，它们之间发生复杂叠加作用的可能结果的数量级都已经远远超过了全宇宙原子的总量。所以，我们可以把每个神经元细胞都看作一个量子宇宙，而这个宇宙里有无数的量子态物质在波函数形态下不断地互相作用着，叠加，坍缩，再发散，无数量子复杂作用的结果最后才叠加出细胞级别的一些宏观作用来，如产生影响神经网络的电信号，或者产生一些影响更多细胞的化学物质。

而无数神经元细胞的共同作用，才会表现为一些更为宏观的神经活动，如让某个脑区呈现兴奋状态，或者抑制某个脑区的活动等，再进一步才能产生我们可以感知的一些明显的心理活动。

在2022年10月7日的《物理学通信》（*Journal of Physics Communications*）上，爱尔兰都柏林圣三一学院的实验团队发表的一篇论文认为，根据一系列针对意识和认知相关的大脑功能介导的量子纠缠现象的实验证明，我们的大脑功能具有显著的量子化特征。

实验团队使用特斯拉级的全身磁共振成像（MRI）研究了40名被测试者（18～46岁）的大脑，并记录了相关数据（所有参与者都被要求在成像协议期间保持清醒）。这项研究的目的是寻找证据证明大脑功能可以在辅助量子系统中产生纠缠。因此，实验采用了可以同时包含多量子相干（SQC）与零量子相干性（ZQC）的混合MRI序列。结果发现，每次心跳时，心脏搏动都会引发核磁共振（NMR）信号爆发，信号对比源自自旋－自旋相互作用。因此，我们可能已经目睹了人脑中的量子纠缠效应。

实验团队认为，对大脑产生的这种纠缠的实验检测将足以证明大脑的非经典性；实验证据也表明，这种纠缠的产生是生理和认知过程的一部分。

圣三一学院神经科学研究所（TCIN）的首席物理学家克里斯蒂安·克斯肯（Christian Kerskens）博士说道："……我们可以推断，这些大脑功能必须是量子化的。因为这些大脑功能也与短期记忆表现和意识相关，所以那些量子过程很可能是我们认知和意识大脑功能的一个重要部分。"

他补充说："量子大脑过程可以解释为什么我们在遇到不可预见的情况、决策或学习新事物时仍然可以胜过超级计算机。我们的实验离薛定谔发表他关于生命的著名思想的演讲厅只有50m远，可能会揭示生物学的奥秘，以及科学上更难掌握的意识的工作机制。"

既然实验证实我们大脑的思维过程具有量子化特征，在我们的大脑里聚集的超过150亿个神经元单元就相当于超过150亿个量子宇宙，也就意味着我们的思想是这150亿个量子宇宙通过巨大的复杂拓扑网络彼此叠加出来的结果。150亿个量子宇宙会产生出多少种的信息组合？这应该是一个我们从数学上描述都非常困难的超级巨大的数量级。

在这样巨大的量子网络所产生的信息量面前，任何形式的决定论都会立刻土崩瓦解，没有任何一种方法可以预测出如此量级的量子网络的未来状态。也就是说，理论上，预测任何一个大脑的思想都是完全不可行的。

可以说，智慧生命的大脑是一种特殊的量子信息的放大器，它成功地将微观世界层面的量子随机性逐级放大，逐级叠加，层层扩散成为超大规模的神经网络的复杂电活动。随着神经网络规模的扩大，这些复杂神经活动逐渐从量变到质变，当达到人脑这个级别时，一种称为"涌现"（Emergence）的混沌学现象终于出现了。

就像现在的人工智能模型一样，当数据活动的规模达到数千亿级别之后，智慧现象就从复杂混沌的模型网络中突然涌现出来了。智慧显然是搭建在各种基础神经活动之上更高级别的宏观神经反应模式，它指导着人类有目的、有意识地进行生产、学习、创造、娱乐、社交等社会化活动，而这些复杂的人类行为也在不断地塑造与人类相关的环境和生态，从而给宏观世界带来了本不应该出现的事件级的随机性。

等到了更高的宏观层面，人的思想带来的影响就更加明显。

就像恒河里没有一粒相同的沙子一样，世界上存在过数千亿计的人类，但是肯定没有人有完全相同的思维模式。

人和人之间的个体差异从宏观角度看起来似乎微小到毫不起眼，人和人之间大脑的差异可能还比不上两块石头之间的差异，更谈不上和宇宙里任何星辰之间的差异。以宇宙时空的宏大浩瀚的巨大尺度来看，生命只不过是存在于某个微小行星上的一层薄薄的有机质，至于个体生命，更是完全忽略不计的微小物质，它们之间存在的小小结构差异对于宇宙来说能有什么意义呢？

其实不然，因为人类思维达到智慧程度之后，思想就有了传播性，个体的思维就可以在更大层面上进行叠加放大，这就是人类的社会性。

为了验证人类的思维叠加是否真正具有随机性，在2016年11月30日，全世界的物理学家共同发起了一场号召全球所有网友一起参加的"大贝尔实验"（The Big Bell Test），实验内容就是同时发动成千上万的网友一起去玩一个简单的网络小游戏。在游戏中，玩家随机地快速按下"0"或"1"的选项来生成随机数，无数网友生成的随机数会混合到一起，然后生成更加随机的参数，最后这些汇总而来的随机数就会发到全球九家物理研究机构进行量子实验，其中还包括中国科学技术大学的潘建伟教授的团队。

大贝尔实验的官网

这些随机数都会被放进13个完全不同的贝尔验证实验中，这些实验有的利用光子纠缠，有的利用超导机制，有的利用凝聚态物质进行。总之，就是利用各种不同的方式来验证定域实在论是否存在。

这个前所未有的世界上最多人同时参与的盛大实验有两重意义：一重意义就是物理学家企图利用无数参与者的自由意识里的随机性的大量叠加，从而生成一个更为可靠的随机数发生器，为量子纠缠实验提供更可靠的随机数来源；另一重意义是希望用量子的不确定性来反证大量自由意志叠加之后的数据也是真正随机的。

这场大型实验算得上是人类从理论层面对造物主发动的一次DDoS（分

布式拒绝服务）攻击。科学家之前都是用一些简单的自然现象，如粒子的随机热运动来获取随机数；但是总有人质疑这种随机数的来源是不可靠的，并不是真正的随机。这次，科学家们就想到了这个办法，号召无数的网友一起用自己的大脑提供随机性并进行叠加。

如果我们这个世界是决定论的，一切未来都是预先注定的，那么成千上万个大脑一起产生随机数这点就是对造物主的预先注定发动的一次过载计算，就和现在黑客在网络上用成千上万台主机向同一个网络地址发动DDoS攻击的情况相似，都是用过量数据来破坏可能存在的预测计算，让造物主的宇宙母机在局部区域短暂卡顿，从而被实验者发觉。

不过等到2018年实验结果纷纷出炉后，人们从所有结论中依然没有发现半点决定论的痕迹，也没有发现任何贝尔不等式成立的迹象，大贝尔实验的结果依然是玻尔战胜了爱因斯坦，量子效应打破了定域实在论；而实验中采集的人类群体行为数据，也就是海量自由意志的叠加结果也是符合量子不确定性的，这说明我们依然无法否认自由意志的真实存在。

换言之，到目前为止，实验还是支持人类的自由意志叠加结果是真随机的。

大贝尔实验其实也是一场很有趣的人类社会学实验，说明了人类社会具备的强大能力。人类可以利用智慧形成庞大的、有组织的社会，而社会则将无数差异化的个体成功地组合到了一起，并且使之互相作用，不断放大和改变其中某些个体的自由意志。于是，整个社会具有了更强大的自由意志。

社会为智慧个体这些微小到毫不起眼的差异赋予了巨大的存在意义，将生命通过智慧放大的量子随机效应再次无限放大，从而将个体的自由意志一层层地传导到了宏观世界的国家和文明的层面，最终使智慧生命成为宇宙中链接微观与宏观的坚实桥梁。

正是因为有了这一系列的放大器，所以某个聪明的人类在沉思中偶尔因为大脑中的量子随机效应而产生出的一个小小念头，让他突然抓住了一丝灵感，再经过详细的分析、思考、推理、沉淀，让灵感逐渐变成想法，想法又梳理成了思路，思路慢慢编织成了理论。

然后，一个人将他的理论传授给学生、同行、朋友，于是慢慢地更多的人接受他的理论，并且一起沿着他的思路帮助完善和丰富其理论，共同将理论构筑成为知识体系。

最后，一些善于动手的人用实验去检验这些理论体系，并进一步将理论推广到实践层面，于是精英群体里有更多人开始接受新的理论，更多科学家、企业家、工程师、投资家都开始加入进来，各种大学、科研院所和企业开始关注新理论可能转化的商业应用，有人开始利用理论设计实用性的产品，于是人们开始生产产品原型，尝试商业化生产，接着更多的企业和资本加入进来，新的制造产业链形成了，社会化的生产体系源源不断运转起来，将前所未有的新产品成批量地制造出来。

就这样，人类从无到有地创造了各种各样的先进事物，如翱翔蓝天的飞机、穿越大洋的巨轮、环绕星球的卫星、照耀天际的核爆炸、聚能为线的激光、前所未有的生命物质、看向遥远深空的巨眼、模拟智慧的机器，甚至是能抵达另一个星球的飞船。也许未来，人类发现的理论还能够帮助我们改天换地，移转星斗，甚至连巨大质量的星系都会被我们这些小小的蛋白质个体重新安排命运。

除此之外，人类还创造了艺术、宗教、科学、哲学，创造出了无数美好又有趣的事物，以及无数从人性深处滋生萌发的精神产物，人不仅创造了物质财富，还创造了大量的精神财富。这些精彩美好的产物，绝非一个混沌无序、缺乏生机的宇宙所能孕育出来的东西。

这才是宇宙时空里真正值得赞美的神迹，量子层面的不确定性在智慧生命的帮助下终于打破了被统计学抹平的命运，成功地来到宏观世界层面，终于让不确定性从微观投射到了宏观时空，为一片混沌的宏观世界带来了无数变化和生机。

而连接微观和宏观的桥梁，正是智慧生命在量子层面上产生的自由意志。

抒情到这里，可能有的朋友会有疑问了：量子的不确定性加上智慧生命，的确会带来不可预测的宏观世界的随机性——可是在神经元里，无数随机叠加放大到整个神经网络后，也只是更大的随机，难道随机就是自由意志吗？这并不是我的意志啊，似乎只是我脑子里上帝扔的骰子在主导我吧，我的自由意志真的存在吗？

看来我们又不得不回到这个老问题上来了：自由意志到底是什么？

如果不能解释自由意志的本质，似乎我们也只不过是被骰子控制的生物，个体的存在价值荡然无存。

如果这么看，自由意志就成了一个极其麻烦的概念，它既反对决定论，又排斥随机性，那么到底怎样才能算是自由意志呢？

有人说，自由意志不就是我要想什么就可以想什么，我可以任意思考各种问题，并且自由地、不受干扰地得出结论或做出各种决策吗？

其实这种简单想法存在明显的逻辑谬误。

如果你认为自由意志就是能"自我"控制的意识，你就需要解释什么是"自我"，而且我们再追问下去，这个"自我"又是由谁控制的呢？

一旦你试图解释到底什么是"自我"，马上会发现自己陷入了一个循环解释的怪圈里，最后你会发现根本无法定义什么是"自我"，自然也无法定义到底什么是"自由意志"。

准确解释何谓自由意志的确是哲学上的一个难题，无数的科学家和哲学家争论这个问题的文章仅是目录估计就可以让我们看上好几天，各种见解理论纷繁无比。

但是我认为，其实"自由意志"这个概念只是我们的某种幻觉，而且也是对我们分析的人的心理和思想最大的误导。

你试一下这样的感觉，先放空思维，突然你想到了一件有趣的事情，请问你为什么会突然想到这件事情呢？这个念头是哪里来的？是你按照某种指示得到的吗？显然不是，这只是大脑根据你之前的知识记忆和当前情绪随机产生的（当然影响因素非常多）。

如果我们排除各种外界刺激产生的想法，企图对自主状态的自由想法进行追踪溯源的话，会发现难以办到。

那么自由意志到底是什么呢？是指我在不受干扰的情况下，想思考什么就思考什么吗？那么"想"思考什么的这个想法又是哪里来的呢？这个所谓主动产生的思想的源头又在哪里呢？

你不断追问下去，最后会发现，总有些东西是随机地、毫无由来地突然从你的脑子里冒出来的。

从逻辑上讲，你所有的想法、所有的念头，一切思想决策如果从根本上去溯源，其实都是带有外部性和随机性的，当然这种随机性的思想的产生有着很强的个人特征。例如，和你的性格、记忆、知识、情绪等都密切相关，但是不可否认，你产生的思想就是你扔出的骰子，虽然的确是你扔的，但是其实你并不知道它会停在哪里，会扔出什么数字。

因为在你产生思想的过程中，无法在大脑里再找出一个更高的"掌控者"来，虽然看起来你的显意识似乎可以充当这个角色，但是且不说你的显意识又是谁来控制的问题，反而我们现在可以知道的是，你大部分的决策和思想其实都是由你的无意识和潜意识来完成的，而你的显意识根本"意识"

不到这件事。

这个事实已经被很多心理学家通过各种实验反复验证过了。

美国的神经科学家本杰明·李贝特（Benjamin Libet）就做过一系列非常惊人的实验。

他邀请了5个"左撇子"大学生，让学生们坐在躺椅上，身体微微倾斜，伸出左臂。

李贝特实验

等学生坐好之后，他告知学生们用1秒或2秒的时间放松头部、颈部和前臂肌肉。接着，他让学生随机地运动手指或手腕，并告诉他们，想要这样做时，他们可以突然快速地动一动手指或手腕，并且是尽量自发地这样做——"请让行为冲动以它自己的方式随时出现，不要有任何预先的计划或刻意的关注。"换句话说，当他们"想要"活动手腕时，就应该立即动起来，按照自己的自由意志，并重复这一过程40次。

与此同时，研究人员测量以下三个变量。

（1）动作开始的时间：由贴在被试前臂上的电极记录。

（2）"预备电位"：在动作开始之前大约1秒缓慢上升的负电位。手腕肌肉会在动作之前收到大脑的指令。预备电位是对指令的提前准备，可以用贴在被试头皮上的电极测量到。

（3）"决定时刻"："想要"执行某种自发性运动的意识出现的瞬间。但这是主观的，只有被试才知道它发生的时间。这要怎么测量？

测量决定时刻的方法是：研究人员在被试面前放置了一块屏幕，屏幕上显示一个圆形，让一个光点在圆中绕圈移动，每2.5秒移动一下，就像钟面上的指针。屏幕上标有放射状的线以及数字 1~12，就像钟面上的数字一样。当被试决定动手腕时，他们就要大声说出光点显示的"时间"。结果表明，这一方法是高度可靠的。

结果显示的时间却十分令人费解，研究人员发现，从平均时间来说，预备电位出现在肌肉实际运动前约1秒的时刻，这很正常。行动的决定也出现在实际运动之前，这也很正常。然而，在几百次实验的每个试次中，决定时刻居然都出现在预备电位之后，而且平均间隔约为350毫秒。

换句话说，大脑在被试"决定"行动以前约1/3秒就自动地发起了动作，然后大脑才意识到决策产生了。

李贝特和他的同事记录了对这项研究的思考：

> ……由结果可以推断，其他相对'自发'的、不按照有意识地考虑或计划进行的自愿行为，也可能由无意识进行的脑部活动启动。当我们认为个体可以有意识地发起和控制自发行为时，该考虑到上述推断。

李贝特的研究结果表明，有意识的决定可能并不是行为的原因，我们似乎是先自发地做出某件事，然后才去"决定"我们打算这样做。研究人员甚至提出，人类可能根本没有自由意志。

1985年，李贝特又报告了进一步的实验研究，在实验中，被试者被要求在做出决定之后否决该行动。这一次，肌肉没有运动。换句话说，我们有时间行使否决权，所以才可以在行为发生之前制止它。

李贝特完善了他的结论，他认为，被试者的想法的确是无意识下产生的，但是被试者还是可以用主观意识在想法执行前干预或否决它。

我们的思想决策居然是大脑在无意识状态下自发产生的，这真是一个震惊心理学界和神经科学界的发现。

于是，一系列实验陆续进行，以验证这个假说。

例如，2008 年，韩国科学家孙俊祥团队（Chun Siong-soon）做了一系列实验。他们利用 fMRI（一种现代常见的脑成像技术）检测参与者的大脑活动，并让参与者完成按按钮的任务。结果发现，通过对大脑活动的监测，研究人员可以确切预测参与者将于何时按下哪个按钮。

也就是说，早在参与者"决定"按下按钮的若干秒前，大脑就已经发出了相关的信号。参与者与其说是自己按下按钮，不如说是被这个信号支配，按下了按钮。

另一个实验是伊扎克·弗莱德（Itzhak Friced）于2011年改进的李贝特式实验。他通过使用更先进的技术，将预测成功率提高到了80%以上。

可能有读者会问：这个电信号有没有可能是时间差，或者是产生动作的准备信号呢？这个猜想也被孙俊祥推翻了。在2013年的实验中，他排除了动作电位的可能，并把预测的提前量精确到了4秒前。

这些实验都说明了什么呢？所谓自由意志真的是不存在的吗？

科学家试图用这些实验来证明，在我们有一个想法之前，其实在大脑里某个地方早就自动产生了这个念头，大脑再将这个念头传达给你思想意识能感知到的部分，并同时驱动你去执行。这样就让你产生了一个错觉：似乎是你的主观意识的"思考"产生了这个念头，再由你主动去付诸行动一样。

例如，在你面前摊开一撂扑克，让你随机挑选一张。你看了一会儿，决定挑出黑桃3来，于是你伸手拿起了黑桃3。在这个过程中，你会觉得产生"挑选黑桃3这张牌"的念头是你能够感知并且能够控制的，你也会觉得可以随时改变念头去挑选另一张牌，整个过程仿佛都在你的控制之下。

但是科学家通过这些实验证明，挑选黑桃3的念头其实是在你没有察觉时自动在你大脑里面生成的，而这个念头一经生成，大脑就自动一边驱使你去拿取，一边同时向你能够感知的意识脑区进行汇报。而你的意识脑区收到汇报后会假装这是它主动思考得到的结果，并继续假装控制你的身体去拿这张牌，但其实它什么都没做，只是"知道了"而已。

怎么样，这个过程是不是令人大吃一惊？原来自己的大脑是这样"思考"的啊，原来你并不能真正地、有意识地控制思考，只是大脑自动完成了决策才来向"你"汇报，而且"你"还会假装是自己有意识主动思考并行动的，而你竟然在不知不觉中听从了这些命令。

这些实验的结论是不是证明其实我们并不具有"自由意志"或"自主意识"呢？我们的大脑其实是自动运转的，而我们能够感知的主观意识只是一个类似傀儡的存在？或者它只是一个阅读者？

不要惊慌，我们再来仔细回想上面的实验。

只要认真思考这些实验结论就会发现，在大脑的思考决策过程中，虽然产生念头的过程是你感知不到的，但是那也是大脑自行运转产生的结果，这并不是其他人灌输或强加给你的想法。你察觉不到并不能证明这不算是你自己的自由意志，难道说无意识或下意识就不是自己的意识吗？

面对相同的选择题，不同的人当然可能会做不同的选择，就算这些选择行为是被试者在无知觉的下意识里自动产生的，也必然和被试的大脑整体状态密切相关。这些决策的最后形成可能包含被试者的独特的天赋属性、性格特征、思考方式、个人记忆和经验、个人认知和知识、当前个人的情绪状态的影响，以及各种随机因素的影响等，在这些完全属于个人的独特内心的各种复杂元素的综合作用下，最后才会形成个人独特的决策结果。

所以，个体思想的产生，必然和个体大脑的独特特质是紧密相关的。因此，被试者在完全不受干扰的情况下独立做出的决策，无论其本人能否有意识地感知到决策的具体过程，我们也不能不承认这就是个体的自由意志。

牛顿当年在苹果树下灵光乍现，迸发出关于引力的新奇想法。他可能也说不清楚这个念头是怎么突然出现在脑子里的，是怎么让自己突然意识到的。但是，这肯定和牛顿本人拥有的天赋，以及之前他人生中的漫长学习获得的知识、成长经历积累的经验、他个人独特的思考模式，还有他在那个时期对相关问题持续的思考沉淀都紧密相关，否则这个念头可能就不会在那个时候突然产生在他脑海里。

因此，无论这个念头的产生过程他能否感知到，或者是不是他主动控制产生的，是否具有随机性，我们都得承认这就是他独立的自由思考获得的结果，是属于他个人的思想成果。

其实所有人类的思想创作都是一样的，需要各种厚积薄发和机缘巧合。例如，音乐家可能不知道脑子里怎么就出现了一段优美的旋律，文学家不知道怎么就有了一个故事的灵感，画家也突然想记录下自己脑子里不知道如何出现的画面。

简言之，就是既不能用我们的主观意识（或者显意识）能否感知和控制下意识中的想法形成过程来证明我们是否拥有自由意志，也不能用产生想法的过程中是否存在随机性来否定自由意志的存在。

其实只需要证明我们的思想具有独一无二的个人独特属性，就足以说明我们是拥有自由意志的。

我们不用关心自己的思想里是否存在任何随机性的因素，只需要关心和我们自身有关的要素是否存在就够了。

这就像我们在玩大富翁游戏时扔骰子一样，虽然骰子最后得到的点数肯定具有随机性，但是自己扔或者是让别人帮忙扔，意义依然是不同的。每个人习惯的投掷方法不同必然会造成不一样的随机分布概率，所以关键不是骰子会扔出什么点数，而是谁扔出了它。

亲手投出骰子虽然会产生随机的结果，但是依然让你感觉自己是在亲自参与游戏，这就是一种区别于假手他人的自我存在感，令你感到你是在"玩"游戏，而不是在"看"游戏。

所以，我们不仅应该相信自由意志的存在，更应该把其中的随机性看作我们思想的财富。

没有随机性存在的思想，就像不用扔骰子玩大富翁一样，缺少随机性带来的未知感，我们可以刚开始就得知结局，整个游戏的乐趣将荡然无存。同样，如果我们的思想缺乏随机要素，就会僵化呆板，我们将无法创新、无法创造、无法产生创意、无法创造艺术，恐怕是只能够进行新陈代谢和繁衍的简单生物罢了。

事实上，只有个人的思想特质加上与之相关的随机属性，才能构成独立的自我意识。只不过这时的意识还是非常原始的，人在成长中经过各种学习、体验、刺激，产生记忆积累、经验沉积之后，经过这些刺激和记忆的不断改造的随机特质，才能被塑造成比较完整成熟的意识体系，而这个意识体系在心理学上就称为个人的"心理图式"。

所以，如果非要给所谓"自由意志"设想一个能够类比的模型，大家可以想象一个形状独特的"骰盅"，里面天然有着复杂的、独一无二的内壁形状，甚至机关沟壑。骰盅能够源源不断地产生骰子，骰子经过晃动，在骰盅复杂的内部构造里不断地随机碰撞、翻滚，最后生成的就是不可预测的个性化的想法和思想序列，而不断翻滚碰撞的过程其实也在不断地改变这个骰盅的内部结构，从而使之越来越独特，也使未来的随机序列的独特性不断被强化。

按照这个模型，我们每个人都具有与生俱来的遗传差异和天赋差异，每个人又将经历截然不同的外部环境和成长变化，这些先天和后天因素不断叠加塑造出来的就是完全不同的个体：能够产生不同分布概率的思想骰盅。所以，在我们个人"心理图式"的形成过程中，先天性、随机性和历史性的作用缺一不可。

这就是为什么我们说自由意识是独特但又不可预测的，因为自由意识本身就兼具"随机性"和"独特性"，我们的意识正是具有不可预测的自我思想。

其次，李贝特后续的补充实验又证明，虽然我们有感知的主观意识只是下意识决策的"阅读者"，但是它还是具有更高的权限——对决策执行的绝对的否决权。实验证明，下意识产生想法后会先汇报给有感知的主观意识部分，而主观意识会再次进行判断，并决策是否执行。如果主观意识否决，那么身体执行就会中断。

比如，你打开酸奶下意识就要去舔盖子，在一般情况下，你的主观意识可能不管这事，但是如果现在你正在女朋友家第一次做客，那么你的主观意识还是可以及时制止你的身体对这个行为的执行，以防止你经历当场"社死"。

当然，这个显意识的产生也是具有一定随机因素的，但是我们能够更清晰地感知它和我们自身精神特质的相关性，感知它的逻辑形成过程，我们也能更容易对显意识所做出的决策产生自我认同感，这多少也弥补了对自身意志缺少掌控的焦虑感。

所以，李贝特实验其实证明了你的自由意识不仅存在，而且还是一套复杂的班子，它是由你能感知的比较理性的显意识和你无法感知的比较感性的下意识或无意识一起构成的（除此之外，心理学认为还有潜意识部分）。

平时在大多数情况下，你的行为都是由下意识进行思考和决策控制的，而你的主观显意识只是在阅读报告并且充当傀儡。

但是，一旦你的显意识觉得下意识的决策不妥，它就会立即执行否决权，阻止你的下意识干出蠢事。

你看，你的显意识是不是很会偷懒，它就像一个君主一样，平时脏活累活都由后台的班子去干，而它只是负责审查把关，甚至还会冒领下属的各种功劳。

干活的下意识系统具体又是怎样决策的呢？具体过程目前我们还不是非常了解，但显然也是在长期日常生活中逐渐通过显意识的训练慢慢形成的。就好像你刚学习走路、骑车时非常费力费脑，但是等到熟练掌握以后，就不再需要主动思考就能够行动一样，你的显意识总是会不断地训练你的下意识和无意识系统，让它们能够自动完成简单的思考和行动，而自己只是专心于决策复杂问题。

不过，虽然我们无法感知下意识系统的运作过程，但可以相信，下意识系统的决策也一定是具有我们的个人特点的。你学会的一切技能自然都与你的天赋习惯、性格特点、知识认知、思考方式等有密切的联系。

例如，当我们学会了同样的文字的写法，每个人写出的文字却依然有着各自独特的笔迹特征，而笔迹专家甚至能够通过你的笔迹判断出你的性格特点，这就说明你的下意识系统里蕴含着磨灭不掉的个人印记。

限于篇幅，我们就不在这里讨论太多精神心理领域的内容了。我们真正想要说明的是，每个人都不可否认地拥有自由意志，而我们的自由意志的本质和根基其实正是来源于我们大脑神经系统中不断发生的复杂且海量的量子效应，这也充分说明我们的意志的基础并不是决定论的。

而我们的意志的不可预测性的基础正是我们的大脑中无数的微观量子过程。

在我们的神经活动过程中，量子的不确定性从单个细胞内部的无数物化过程开始不断叠加累积，然后放大到神经元细胞层面的生物电活动，这些生物电流同时塑造了每个人完全不同的神经突触的连接方式，进一步形成了每个人独有的大脑神经网络的拓扑结构，从而使每个人拥有了个人独特思想的存在基础。

接下来，每个人不同的思想又导致了他们不同的个人行为，这些个人行为通过社会性的传播和互动再放大成为更大的社会组织的集体行为，甚至放大为整个文明社会的集体行为。思想从个体到社会层层递进，直到推动人类去改变更大的宏观世界。

而这个能够将微观世界的不确定性逐渐放大到宏观的过程，我们纵观一切可知的宇宙，似乎只有拥有着自由意志的智慧生命及文明才可以办到。

如果这个宇宙真的是某种更高层次的智慧生命所创造与构建出来的，那么它们创造"虚拟生命"和"虚拟智慧"的目的与期望会是什么呢？

虽然揣度造物主的想法似乎有点过于僭越了，不过忙碌的造物主应该也不太可能计较我们这些普通人的胡思乱想吧。

我们就来斗胆代入一下造物主的角色，如果你是这个世界的造物主，你创造了这个世界，甚至创造了很多类似的世界，你期望看到什么呢？

造物主如果真的是抱有目的地开创宇宙，那么创造一个没有生命的宇宙，就好像把墨水滴到一杯清水里一样，就算把这个过程重复千万遍，虽然演化过程会有微小区别，但也实在太无趣了。在统计学的作用下，这些微小区别必然会被快速抹平，所以每个宇宙基本都会呈现出大同小异的混沌演化过程，最后他也只能得到无数杯相同的稀释墨水。重复这种无趣的事情对于造物主来说，有什么乐趣和意义呢？

但是，如果是能够诞生出生命的宇宙，这个过程就大大不同了。生命就好像是生长在空寂宇宙中的花朵一样，观察它孕育的过程就像养花一样令人充满期待。而且生命演化的形态如此变幻莫测，你不知道它会如何萌芽、如何生长，也不知道它会生长成什么形态，会不会开花，会不会结果，其间又会经历多少变化。

花匠都知道，虽然从长久来看最终花盆里什么都不会剩下，但是养花的过程是充满期待和乐趣的。

所以，很多人都喜欢养花种草，却没听说过有人喜欢只养泥土。

可能这就是造物主创造生命的目的。

不过，只是简单的生命，似乎改变物质世界的节奏和速度还是太慢了，你看地球生命诞生了几十亿年，可是在人类诞生之前，生命对地球样貌的改变还是非常有限的。直到人类出现，地球上才出现了翻天覆地的变化，无数的城市、农田、公路和各种各样的人类造物深刻地改变了这颗行星。

而加速这一切变化过程的就是人类拥有之前生命所没有拥有的力量：智慧。

可能造物主创造生命的目的就是进一步孕育出智慧，而孕育智慧的意义则是将微观世界里的不确定尽可能地放大到宏观世界，让智慧生命将空寂无聊的宏观宇宙改造得千姿百态。

一个生命种族，所拥有的智慧等级越高，改变世界的能力显然就会越强大。没有智慧的低级生命可能只能改变一颗行星上的大气和泥土的化学成分，但是拥有高级智慧的种族可能就可以改造这颗行星，更高的智慧甚至能影响自己母星以外的领域，殖民并改造更多的星球，甚至影响行星系或更高层面的宇宙。

这大概就是造物主赋予生命的真正意义：孕育出更高级的智慧生命，并用智慧的力量继续放大微观世界的不确定，去打破宏观宇宙的无聊宿命。

智慧竟然是连接微观与宏观的一座桥梁，而生命则是这座桥梁的基座墩石，而"生命+智慧"就是微观世界用不确定性去撬动宏观世界发生改变的神奇的两级杠杆。

有没有一种突然发现生命意义，并且窥破宇宙真相的感觉？

以前的哲学家就非常奇怪一件事，如果我们将宇宙视为一个整体的物理系统，那么这个系统从诞生以后就会不断地熵增，不可逆转地从有序走向无序，直到最终热寂归零。

那么生命在这个演化过程中也似乎只是加速了熵增的进程，文明发展到越来越高的级别，就会越来越多地利用宇宙中的能量和物质，加速物质能量循环，从而产生更多的熵增。这个过程除了加速整个宇宙系统走向热寂，对于造物主来说又有什么意义呢？

但我们似乎从来没有从造物主的角度来认真思考他创造这个世界可能的目的。造物主的真正心思我们自然难以揣摩，不过相信肯定不会是为了不断地看着宇宙单调重复着从诞生到热寂的无聊过程，这就像看一根蜡烛从头烧到尾一样，毫无乐趣。

如果我们自己成为造物主，我想我们更希望看到的是宇宙演化期间那些不可预测但又精彩无比的过程。没有人喜欢无聊地盯着蜡烛看，但是我们都喜欢看千姿百态的烟花在夜空绽放，哪怕只是一瞬间的美丽，也比存在时间更久的蜡烛要更为壮观，更值得欣赏，更值得认真感悟。

而相对于漫长的宇宙历史来说，短暂的智慧生命所创造的文明火光不正如同一瞬间的绚烂烟火吗？

也许，造物主正像一位老花匠一样，微笑地看着他创造的智慧生命继而创造出的文明不断地发展、繁荣、爆发，眼里就如同看着夜空烟火绽放的孩子一样，满是兴奋的光芒，同时感悟着万物在随机演化中所产生的种种奥妙。

一颗又一颗被埋到不同的混沌世界里的生命种子，在微观世界的量子场里孕育诞生、发展进化，从单细胞生物到真菌和爬虫，从两栖动物到哺乳动物，从猿猴到原始人类，再发展出智慧和文明，微观世界的量子之力借助着生命发展的阶梯层层递进。

文明又不断壮大，产生各种艺术、宗教、文化，形成各种社会形态，它们彼此之间发生贸易、战争，有时候互相合作，有时候又彼此对抗，孕育出复杂的政治。人类还研究科学，制造飞船在宇宙空隙中穿梭，像细菌一样不断地扩大自己的领地，把宇宙改造得适合自己生存，从而一步一步地改变着越来越广阔的宏观世界，将空冷孤寂的宇宙变得繁荣热闹起来。

这多么有趣啊！造物主就这样静静地看着一排排培养皿里盛开的迥然不同的文明之花，欣赏着从微观世界的不确定里生长出来的千奇百怪的世界，同时思考着更高层次的意义和价值问题。

再往远处看，还有更多的花匠正在热烈地交谈，他们讨论彼此的作品，互相比较，并且被一些稀有品种所吸引，无尽的花盆或培养皿一眼看不到尽头一般，而我们的整个世界只是在这万千世界中的某一个花盆里的一粒极微小的尘埃，大概微小到还没有资格能够让造物主关注到吧。

宇宙的奥妙，可能就在于它在自动穷尽一切的可能性演化过程中产生了造物主认可的美和智慧。

好了，我们这个巨大的脑洞必须打住了，再写下去科普文就要变成真正的科幻小说了；那样的话，可能大家会抱怨没有看过文笔如此差劲的文学作品了。

想不到本章从微观世界的不确定与宏观世界的决定论之间的矛盾谈起，从拉普拉斯兽讲到了玩家的参与，又谈到了自由意志是否存在，接着延伸到了智慧的桥梁作用，最后谈起了生命和智慧对于宇宙创造者的意义。其中虽然是脑洞成分居多，但是不可否认的是，我们的意识确实是建立在量子效应的基础之上的，而且我们的整个社会也确实是由无数个体的意识共同构建的。那么，我们也自然可以说我们整个人类文明，其实都是以量子世界的不确定性为基础的。

这样说起来真的不可思议，人类智慧文明千万年来所创造的一切，包括有形的城市、乡村、道路、田野、车辆、机械、航空工具，无形的宗教、艺术、科学、技术、文化，漫长有趣的历史，人们经历的所有盛世或灾难，还有无数个体的喜怒哀乐、悲欢离合、爱恨情仇，流传的那么多的作品……一切的一切，数不尽的物质和精神财富，居然都是从宇宙诞生之初的那些微不可察的波动里慢慢演变而来的。

这些微观世界的波动居然真的影响了宏观世界，让世界从混乱无序中生出了秩序之美。

而我们，作为智慧生命，居然有幸成为这座无序到有序的神奇桥梁的一部分，成为帮助微观世界扰动宏观世界的亲历者，成为改造宏观世界的参与者。

不得不说，我们真是太幸运了！

无边的宇宙里存在着无尽的物质和能量，智慧载体的占比不足"亿亿亿……分之一"，而我们就正是这"亿亿亿……分之一"的存在，这是何等低的概率！

　　这也令我们人类有些惭愧，如果整个宇宙是造物主给予我们的画布，我们整个文明拼尽全力画到现在，恐怕连一个小点都还没有点上呢，距离造物主期待看到的能够称得上盛开的文明之花，恐怕整个人类文明还有亿万年的长路要走。

　　1990年2月14日，旅行者1号太空船在完成任务后，在离开太阳系之前，从距离64亿公里之外的遥远深空最后回望地球拍摄了一张著名的照片。在这张照片上，我们的地球看上去只是一个0.12像素的微小的"暗淡蓝点"，在浩瀚宇宙中几乎微不可见。而我们人类文明迄今为止所创造的一切事物几乎都在这粒微尘之上，要走出这颗微尘人类都还要继续付出巨大的努力。

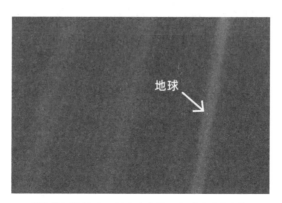

我们生活的地球只是宇宙中的一个"暗淡蓝点"

　　所以，影响宇宙，哪怕只是一个星系，对于一个文明来说，都是多么遥远而又神圣的使命！

　　不过虽然遥远，对于我们来说还是要先面对当下，毕竟，一切漫长的征途都是从每个脚印累积而来的。

看到这里，大家可能会感叹为什么是我们人类肩负起了这样神圣的使命，又为什么自己能够有幸成为这样宏大叙事中的一分子。人类文明肩负了演化宇宙的使命，那么我自己又肩负了什么样的使命呢？

我，为什么会存在于这个世界呢？

这样深奥的哲学话题，我们就留到下一章继续讨论吧。现在请大家都回到我们的量子列车上，我们将继续出发，前往更精彩的下一站。

16

宇宙中到底谁才是
观察者?（上）

挂机游戏玩家的困惑——我离线时世界到底有没有运转?

我们的"量子号"列车已经经过了很多的站点，在之前的旅途中，我不断向大家介绍各种各样奇特而又有趣的量子实验，每次都用我独特的虚拟视角尝试诠释它们。

　　之所以采用这种方式，是因为我偶然间发现用虚拟世界的视角可以使得很多非专业的朋友更容易理解那些晦涩又反直觉的量子现象，让大家能够在熟悉的游戏体验或编程经验中找到和量子微观世界相通的逻辑，重新找回我们在量子世界里面丢失的"宏观世界里的常识感"。

　　例如，我们经常用未运行的静态程序来比喻处于量子态的粒子，因为它包含着各种运行结果的可能性，但是不同结果又有不同的概率，这就远比诸如"量子叠加态"的专业名词更加容易理解。我们可以非常透彻地理解程序怎么运行，却不太容易理解一个粒子怎么能同时处于无数的状态，但两者其实有着相似的逻辑。

　　包含随机函数的代码段和量子一样，在没有运行（观察）之前你永远无法准确地预测它的运行（观察）结果是什么，只能掌握它的概率。

　　在微观世界中，想要运行这段代码，你需要做的事情就是"观察"，或者"测量"，只要对量子态进行测量，它就会如同程序被执行一样，瞬间从不可知的状态变成一个切实的观测结果，波就变成了粒子，函数就变成了数值。

但是这个过程的逻辑总是令人困惑，因为"观测"这个行为太主观了，虽然我们明白量子世界里的一切存在都基于观测，但是难道真的缺少了主观意识的参与，客观世界就不存在了吗？

那么，观测的作用到底只是让客观世界反馈信息给我们的主观意识，还是会让我们的主观意识也反作用于客观世界呢？

答案是，观测不仅给我们的主观意识一个反馈，它本身也会影响到客观世界的运行。

就像在"双缝干涉"实验里一样，如果我们尝试观测光子走了哪条缝隙，就会导致光子的路径信息泄露，从而导致光子的波函数在缝隙位置提前坍缩，所以光子只能选择某条缝隙穿过，也就破坏了屏幕上原本应该出现的双缝干涉条纹。

也就是说，我们的观测行为本身就已经不是简单地获取波函数某一时刻的状态信息了，而是切切实实地改变了客观世界的运行过程，我们"看"的主观行为已经干预了客观世界的原有自然状态。

这也是整个量子理论中，最令人感到难以理解的地方之一。

在量子理论中，人们将对观测过程的认识总结成了一条被称为"冯·诺依曼投影公设"（von Neumann's Projection Postulate）的定理。

这条定理正是由著名的物理学家、现代计算机之父冯·诺依曼提出的。

他经过认真研究后提出，我们的观察行为不只是获取了客观世界的某个状态，更是破

物理学家冯·诺依曼

坏了我们所观察的目标的量子态，我们对一个量子的不确定的量子态进行观察，这个行为令其突变成了确定的与观测维度相关的某个"本征态"。

本征态是什么？

就是你询问量子状态时所给出的选项。

"询问"？我们只是在观察不是吗，什么时候询问它了？

其实，对量子态的任何观察，并不是简单地获取信息，而是在向它提出问题，用询问的方式获取信息。

例如，你可以"询问"一个电子，你现在是自旋向上，还是自旋向下？

此时，你就给了电子两个"本征态"的选项。

而电子则只能在你给出的选项里选择一个回答，它不能回答：我现在是自旋向左的，或者我现在位置在哪里。

而当电子回答完你的问题后，如它说自己是自旋向上的，那么它就真的从此刻起变成了自旋向上。你再问它相同的问题，它也不会回答自旋向下了。

可是，你要是换个问题问它，比如，你现在是自旋向左，还是自旋向右？电子就会马上忘记之前的回答，重新开始考虑你给出的两个新的"本征态"选项，然后随机选择一个新的答案回答你。

而且，电子在给出你这个答案之后，它就立刻忘记了上一次你问过的问题，它现在只记得刚刚回答了你什么。如果，你再回到上一个问题继续询问它：你是自旋向上还是自旋向下的？电子还是会按各50%的概率随机一个答案给你，至于上上次的回答，早就作废了。

所以，从观测行为的实际实验结果来理解，我们的观测行为不简单是"看到"了什么，而是用我们的行为把客观世界"变成"了什么。我们不断改变我们的观测行为，就能够不断扭曲这个客观世界，让它因你而变。换句话说，其实在你没有观测之前，这个客观世界没有什么具体的状态，只有一大堆的可能性等着你了解。

这个离奇的过程到底包含了什么含义呢？

其实很简单，就是我们所能感知的客观世界也是因为我们的观察而具体存在的。

那么假如我们不去观察，客观世界是不是就不存在呢？

从量子理论的角度来说，的确如此！

这听起来已经很不可思议了是吧，但是这句话的推论就更加不可思议了。

如果我们把这句话的含义无限推广，甚至可以说，整个宇宙都是因为我们的观察而存在的。

我们简直就是宇宙之神啊！

你可能会感觉这太荒谬了，但按照投影公设的原理来思考，这句话其实也是符合逻辑的。

如果没有任何人观测，这个宇宙的每个量子都应该始终处于波函数的状态下，由于没有受到任何干扰，它们永远不会坍缩，波函数可以按照时间顺序一直连续弥散地演化——其实也不用演化，因为没有人观测，所谓演化自然也就没有意义，整个宇宙可以在亿万年中都完全保持静止的初始状态。

没有大爆炸，没有宇宙膨胀，没有恒星演化，没有生命诞生，什么都没有发生。

一切就像还没有开始运行的游戏一样，系统内存里空空荡荡，电脑屏幕上一片漆黑，所有可能发生的未来只存在于代码编写的逻辑之中，只要没有被载入内存运行，就永远处于虚无状态。

直到某天有人来运行它。

直到某个玩家启动了这部宏大的游戏，于是以玩家上线启动游戏的时间为参照，系统迅速演化出了之前宇宙中应该发生的所有历史事件，瞬间将宇宙运行到当前状态，并在观测点结算所有被观察的量子态，从而让玩家第一眼就看到了整个"合理的"世界。

这种诡异的情景的确令人难以置信，冯·诺依曼最早提出这条公设时甚至自己也觉得奇怪，为什么"观测"这个行为竟然能够对客观世界产生如此大的影响，而且似乎只有观测才会有这种作用。

人类的观测行为似乎是两种截然不同的世界的分界点。在没有观测时，整个世界是确定的、连续的、幺正的，薛定谔的波函数方程能够准确地计算所有量子的状态，这个过程被冯·诺依曼称为"U过程"，是一种自然和谐的客观世界的自我运行过程。

一旦我们进行观测，量子态的波函数就会瞬间发生随机的剧烈突变，但这种突变并不是系统受到了刺激导致的完全随机坍缩这样的简单过程，而是系统需要明确地回答你观测时提出的问题而导致的有目的的随机突变。

这个世界会了解到你要问的是什么，并准确地从波函数中撷取出你需要的答案给你，也是撷取答案这个操作才导致了波函数的突变，使原来和谐的自然演化着的世界被严重地干扰破坏了。

我们都知道，对量子态的观测和我们平时对宏观世界的观察是两个概念。对量子态进行观测时我们的观测系统必须提供明确的本征态的选项，而这个选项其实就是我们用观测设备设定的，观察结果自然是导致量子态坍缩，并给出一个具体的符合选项的测量值。

对于这个由于观测而导致量子坍缩的过程，冯·诺依曼则称为"R过程"。

R过程令连续变化的波函数产生了突变，直接干扰或改变了整个客观系统原来自然演化的U过程，并令U过程被重置。

有些文章甚至教科书，对这个"R过程"的解释是，因为我们的观察仪器会发出电磁波或光子来探测目标，所以难免要对量子产生干扰，因而观察就不可避免地扰动了量子系统的原有演化状态。

这个解释似乎比较容易理解，但是这种说法其实是错误的，量子态的坍缩并不是这么简单。

量子态并不是系统在被观察以前就存在的确切的状态，在U过程中系统根本就没有任何确切的状态，只有"叠加态"，而且是任意维度、任意结果的无限叠加；而我们的观察则相当于在无限多的牌堆中，有目的地抽取了某个牌堆中特定的牌，同时舍弃了其他所有牌堆和同一堆中的其他牌。

所以，观测行为的真正含义并不是干扰，而是抽取和舍弃；如果只是干扰，我们是无法从不确定中有目的地获取确定内容的。

冯·诺依曼描述的"U过程"与"R过程"就构成了我们客观认知世界的全部演化形态，一个是客观存在的，一个是主观影响的；一个是被动连续的，一个是主动突变的。

我们从虚拟游戏的视角来审视这个系统逻辑，如果你是一个网游玩家，就会有一种非常熟悉的感觉，这不就是现在非常流行的放置类挂机游戏的逻辑吗？

这种放置类挂机游戏，玩家进入之后不需要太多操作，游戏就会自动挂机运转，即使玩家离线之后，游戏角色也可以继续挂机升级。

也就是说，在这类游戏里，无论玩家在不在线，角色似乎永远在自动地打怪练级。尤其当玩家离线之后，游戏角色却还在自动挂机，角色似乎可以永不停息地自动成长。

当玩家再次上线时，系统会把玩家离线这段时间角色的打怪收益全部折算给玩家，玩家就会感觉自己的游戏角色真的是一直在自动挂机，它的等级得到了提升，装备也得到了加强，甚至自己完成了游戏任务。

截图来自《咸鱼之王》手机游戏

在这个过程中，看似游戏系统需要做很多的事情，在玩家离线后需要一直不停地自动运行他的角色。但如果你是一个放置类挂机游戏的研发人员，你肯定不会这么设计。玩家离线后你一定会把玩家的角色停下来，反正玩家不在，系统有什么必要运行一个无人查看的角色呢？只要玩家再上线时，我们假装他的角色一直在运行，把离线收益计算出来增加到游戏角色身上就可以了。

所以当玩家离线后，从系统角度来看，他的角色是处于完全停滞的状态的，系统只是等到玩家重新登录游戏时再根据玩家离线的时长折算出玩家的离线收益，瞬间补偿给玩家角色，并将游戏角色恢复到自动运转的状态。这样就给玩家制造了一种自己的角色一直在线的错觉，但其实玩家离线时系统根本用不着运行玩家的角色，系统什么也没有干。

这种做法的好处是当玩家不在时整个系统并没有为此消耗任何算力，极大地降低了游戏的运营成本，有限的系统资源用来服务在线的玩家就可以了；而离线玩家重新登录时，他的主观感觉却会觉得他的角色一直都在持续自动运行着，角色的游戏行为并没有过任何停顿。所以从玩家的主观体验上讲，这真是一种性价比极高的做法，所有的系统资源都只用在了玩家在线时能够感受到的地方。

如果我们把这类挂机游戏的运行逻辑与量子世界的观察者逻辑进行对照，就可以发现它们具有明显的相似性。

你看，挂机时系统实际上并没有运转，但是我们可以准确地预测系统中的各种数值变化，因为程序设定的离线演化算法里唯一的变量就是玩家的离线时长，所以在玩家离线期间整个系统的变化一定是均匀、连续和稳定的，玩家角色的各种可能状态的总概率相加一定是100%，因此系统是归一的，玩家角色在离线期间的每时每刻的状态都是可以使用时间相关公式准确推算出来的。所以，虽然系统并没有真实运转，我们可以假装它在连续均匀地运转，而且我们并不知道系统在我们离线期间到底有没有真实运转，不是吗？

这段玩家离线时间的系统状态就非常类似于冯·诺依曼描述的量子系统的"U过程"。量子态在没有受到观测扰动时的状态完全具有连续性和确定性，我们也完全可以对系统的变化进行准确的计算和预测，只不过U过程和挂机算法还是有一些区别的。一般挂机游戏里面玩家的行为都是单线程的，如玩家只会在固定的单一线路上行动，重复固定单一的行为；但是量子却不同，它会出现在一切可能的地方，也就是无处不在。

那么，我们可以开发一款模拟量子行为的挂机游戏吗？

当然可以，如果我们将游戏的挂机算法做一些调整，不再让玩家角色只在某个固定的位置或线路上练级，而是让它在整个游戏世界里自由行走会如何呢？

例如，我们将离线的玩家角色放置在一张有很多练级区域的地图上，让玩家的离线角色自由行走如何？

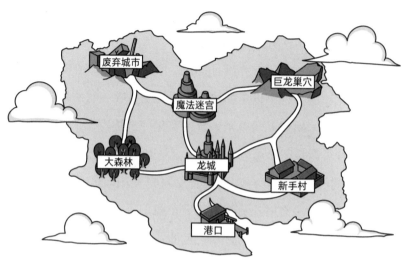

游戏世界的地图

如果你是一个有经验的游戏设计师，可能马上就会发现一个问题：我们是否要在玩家离线时间内真实地模拟一个虚拟的玩家角色练级呢？例如，模拟这个玩家四处行走、打怪休息、完成任务或打造装备。

如果是，显然就无法节省系统资源了。这样完全仿真的话，当玩家不在时系统其实依然要保持同等规模的算力消耗，甚至因为需要AI模拟玩家各种随机行为，系统开销会更多。

但如果不这么做，这种忽略玩家自由的设计就会给游戏带来很多不确定性，因为我们无法合理估算玩家会去哪些地方，获得多少收益，玩家离线一天的收益可能会出现巨大的随机波动，我们无法给玩家一个确定且合理的收益结果。

唯一的办法就是给离线玩家计算出一个平均收益。

那么，怎么计算这个平均收益呢？

游戏设计师会想，如果是玩家正常在线，不同等级的玩家前往不同练级区域的概率是不确定的，不同练级区域每分钟的收益也不相同，那么一个合理的办法就是用玩家在当前等级去各个区域练级的概率乘以离线时长，再乘以各个区域的收益率，最后求和。

当然，在这个过程中，系统会按照时间和路径限制仔细计算角色可能出现的区域范围，不能超过角色最大移动速度，也不能让角色出现在无路径抵达的地方。

例如，一个15级的玩家，系统估算他有30%的概率在大森林练级，30%的概率在魔法迷宫练级，40%的概率在废弃城市练级。如果在大森林练级的收益是100经验/分钟，魔法迷宫练级的经验是150经验/分钟，而废弃城市练级的经验是175经验/分钟。那么我们就可以这样计算：玩家离线100分钟，我们就可以认为他的离线经验收益为（我们暂时忽略了角色抵达这些区域可能需要的移动时间）

$$（100 \times 30\% + 150 \times 30\% + 175 \times 40\%）\times 100 = 14500$$

所以，当任何15级的玩家离线100分钟后再上线时，都会收获相同的经验，这个经验是将他们所有的可能行为按概率叠加后估算出来的。

我们可以看出，这些地域概率的和肯定是归一的（概率总和为100%），因为它代表了玩家全部行为的可能性，所以各种概率的收益求和以后也就可以看作真正的平均总收益。

这种累加算法显然很粗糙，因为并没有真实地模拟出一个实在的具体玩家的行为；而且按照这种算法，所有同级玩家的单位收益肯定是相同的，这显然与实际情况不符。

但是这种算法非常省事，非常公平，也很节省系统资源，不深究的话，对于大部分玩家来说也是可接受的。

而这其实也是我们这个世界的真实运转逻辑。

不观测时，整个世界其实就像游戏系统一样，根本不需要运转；而当我们开始观测时，世界才开始计算所有相关量子态演化的概率叠加结果。例如，系统会根据光子可能的传播路径叠加计算出你观测到的光子的最终位置，而我们上面那个简单的离线经验公式，其实本质上和光的波函数路径积分的原理是一致的，唯一不同的是我们把收益简化成了固定值，而不是波函数。

而这个离线公式里面的概率在物理学上就是薛定谔的波函数方程所计算出的概率波数值。

薛定谔方程是专门用来描述量子系统U过程的，公式展现了一种连续、均匀演化的数学过程——如同玩家离线状态时候的挂机经验公式一样，在脱离现实的状态下，一切都可以是连续的、确定的。

但是整个世界体系如果只是这么运转，造物主就需要解决一个问题——这样简化计算会造成很多粒子全部具有相同的状态，甚至无法区分，这个世界还怎么运行呢？

就像挂机游戏里一样，总不能所有玩家上线全都在一个坐标点上吧？

那么在挂机游戏中，我们又是如何从一个统一的简化挂机公式合理演化出不同玩家的在线状态呢？

其实方法也很简单，就是在玩家上线时，用随机函数把公式里的概率变成数值。我们让骰子停下来，不同的玩家自然就得到了不同的结果。所以相同的15级玩家，有人上线时发现自己在大森林里练着级，有人发现自己正在前往废弃城市的路上，有人正在挑战BOSS，而这些差别其实只是当前概率的随机结果罢了。

唯一不同的是，我们真实世界的造物主比挂机游戏的设计师还要"鸡贼"，真实世界的系统甚至都不愿意一次计算那么多随机数给我们，它每次只会输出一个数值给你，而且还需要玩家先给出具体的选项。

如果挂机游戏要模拟真实世界的做法，那么在玩家上线时，系统就会先询问玩家上线是来看什么的。

如果玩家想来看看自己的角色到底在什么地方练级，系统就会根据玩家在不同区域的存在概率，把概率运行出一个随机结果来，然后把坐标告诉玩家。

如果玩家还想看看自己的角色现在手里拿着什么武器呢？

那不好意思，玩家得重新提出查询申请，系统才会根据玩家角色现在的状态计算它获得和使用各种不同武器的可能概率，然后在合理范围内随机生成一把武器，这样玩家才能得知自己的角色装备着什么武器。

所以和游戏不同，真实世界的量子系统不会同时全面展示出粒子的更多状态，它只是有问有答，你要看什么，它就给你反馈什么，这样做是不是比挂机游戏的算法更节省资源？

不过，有时候这也会令玩家感到困惑，因为系统不会记得你之前问过相同的问题，所以回答时，就会搞出一些相同问题不同答案的笑话来。

例如，你上次问过角色拿着剑还是锤，系统回答说是"剑"。然后你打个岔，如问系统我的角色是用左手拿的武器还是右手。等系统回答完你的第二个问题，你再重新问第一个问题：我的角色拿着剑还是锤？系统就会忘记你已经问过这个问题了，于是重新随机一个答案给你，也许它会告诉你是"锤"。

你可能一脸困惑，我并没有让角色更换武器啊，怎么就变了呢？

其实这一切，都归因于这套不带记忆的偷懒算法，所以我们在真实世界才会对每次观察粒子自旋方向或光子偏振方向出现的不确定性感到困惑。

我们与真实世界这种一问一答模式其实不太像现代的游戏，反而更类似于早期的文字类MUD网络游戏的体验。

　　早期的文字类MUD网络游戏是现在网络游戏的雏形，当时由于网络带宽和单机性能的限制，游戏无法表现出图形，人们就创造了一种只使用文字来进行网络冒险游戏的方式，可以看作一种网络文字聊天室的升级版吧。

　　笔者本人早年也参与研发和架设运营过这种MUD游戏站点，当年能登上MUD游戏的可都是最新锐的互联网潮流玩家们。

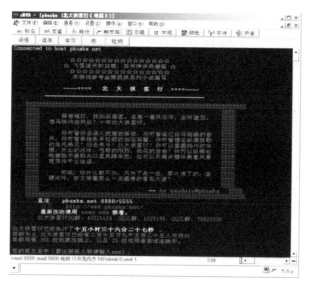

当年有名的《侠客行》MUD游戏截图

　　在这种MUD游戏中没有任何图像，玩家和系统之间以及彼此之间的交互都是通过纯文字命令行的方式来进行的。

　　例如，你的角色正在战斗，你需要了解角色现在的状态，就必须输入"hp"的指令，系统才会把你的状态数据反馈给你；而如果你想了解身上有什么物品，就需要输入"inventory"指令，系统则会列出你身上的物品。

　　所以，在MUD游戏里，你需要频繁地输入指令才能获得你当前状态的近似值。如果系统不主动推送状态给你，你其实很难准确地掌握当前游戏的实时数据。因为网络延迟的关系，任何输入反馈都是需要一些时间的，这就会造成很明显的迟滞效应；如果你没有经验，不知道提前给角色补血，可能你的角色在下次你查看状态前就已经濒死了。

在MUD游戏里，你也无法同时查看角色的多个状态，因为系统同一时间只能响应你的一条指令；如果你不发出指令，系统就会按照自己的算法继续运转。不过在MUD游戏里，系统还是会主动地把很多与你相关的信息推送给你，如战斗时会自动滚屏列出双方的招式和战斗伤害结果，让你不用输入大量指令。

但是真实世界就不会如此了，真实世界不会主动推送任何信息给你，它只会默默演化。而你想要了解"U过程"的演化，就要自己进行观测，向真实世界输入你的查询命令，用"R过程"去了解它，当然同时也会影响它。

所以真实世界很像一个不推送信息的MUD游戏，如果你什么都不输入，就根本无法知道这个世界里发生了什么，甚至无法知道这个世界是否在运转。真实世界也和MUD游戏一样，依靠玩家的询问以及反馈给玩家的信息来延续后续的演化。

如同游戏的拟真效果一样，真实世界也非常尊重在R过程中反馈给玩家的观测结果。

例如，在放置类挂机游戏中，当玩家离线挂机时，系统按照自然的时间进展，会不断地扩展玩家可能到达的范围。但假如某一时刻玩家上线了，希望了解自己角色的位置，系统会根据概率随机出一个结果告诉玩家，比如随机结果是你的角色现在正在大森林，系统就会将这个随机的位置汇报给玩家，并刷新成玩家角色当前的真实坐标。

等玩家离线后，系统也会以大森林作为新的起点位置来进行后续的演化。所以玩家下次询问坐标，系统就是以最近一次汇报过的坐标来重新计算玩家角色的当前可能位置，而不是延续之前的计算。如此循环，每次玩家询问就相当于对系统的挂机结果进行了一次结算操作。

所以玩家上线的行为本身也在推动游戏的演化和发展，如果缺少了玩家，游戏本身其实什么都不会发生。

这就是为什么在现实的双缝干涉实验中，我们对缝隙的观察会导致干涉条纹的消失，因为系统的连续演化被我们的观测行为打断了，系统只能从被我们打断的地方重新开始演化，这种重新演化就导致了干涉条纹的消失，也导致了惠勒延迟选择实验中的因果错觉。

如果在双缝干涉实验中，没有人观察狭缝，也没有光屏来记录光子的落点，那么我们可以认为其实没有任何光子穿过任何狭缝，甚至可以认为没有任何光子在运动，一切事件在没有观察的情况下都可以视作没有发生。

对于玩家询问对系统演化的打断过程，甚至有一个更有说服力的现象。

我们试想一下，如果玩家非常高频地向系统询问自己的角色坐标会怎样？例如，以每秒百万次的频率进行查询。

这时候会出现一个很奇怪的现象，就是因为时间间隔太短，系统认为玩家的角色还没有移动，于是汇报给玩家一个不变的坐标。然后系统又会把这个不变的坐标当作玩家最新的坐标来使用。

如此循环，就会产生一个很严重的后果：只要玩家一直保持如此高频的对角色坐标的查询，就能在游戏中定住自己的角色，令其永远无法移动。

为什么会这样？

这其实很好理解，因为挂机算法是计算长时间发生的连续演化的，所以系统可以利用公式来累积微小时间的变化生成新的数值；但是高频查询会打断这种连续演化，导致角色状态不断被重置，从而丢失了累积微小变化的机会，最后角色就被"定"住了。

你可能认为，这种情况只会发生在算法设计不够周全的虚拟游戏里，应该不可能发生在真实世界中吧。

但是不好意思，我们的真实世界才是那个算法设计不周全的游戏，真实世界里的确存在这种现象。

这种现象在量子物理中被称为"量子芝诺效应"（Quantum Zeno Effect）。

很早科学家就发现，当我们以一种非常高频的方式持续观察一个会随机衰变的不稳定粒子时，就可以阻止它的衰变，令其被"冻结"在它的已知初态上不发生任何变化。

想不到吧，我们对客观世界的观测行为不仅能够干扰量子态，还能够阻止它的演化，把量子给彻底锁定住。

这种神奇的现象放到我们的宏观常识中自然是让人觉得不可思议的，但是如果我们把这个世界视作设计不太周全的虚拟游戏，其实也没有什么不可理解的，我们甚至能够轻易地在虚拟环境中重现这些现象。

在游戏里，也经常出现一些玩家利用外挂高频交互操作，来导致怪物被定住的BUG，其实原理上是近似的，都是用高频的交互行为来破坏原本连续的正常演化程序。

量子芝诺效应其实从侧面印证了一个事实，那就是现实世界确实是离散不连续的，而U过程中不知发生在何处的量子演化则是连续的，因为只有当一个连续系统的变量映射到不连续系统中才会造成这种冻结或者跳跃效应（对应反芝诺现象[1]）。

可能大家已经发现了，量子力学的理论体系其实包含了对两种完全不同

1　测量干扰有时候也会加速量子系统的演化速度。

的系统或者说世界的描述。这两种世界分别是用波函数描述的理想世界和用测量数值描述的现实世界，而分隔这两个世界的界墙就是观测。

在量子理论刚诞生的时代，薛定谔和海森堡曾经分别用了不同的数学形式描述量子函数，薛定谔用的是波函数的形式，而海森堡则用了矩阵的形式。两人曾经就谁的方法才是正确的发生过多次争论，不过薛定谔很快就证明了，波动力学和矩阵力学在数学上是等价的。可是这样的证明并没有平息争论，因为这两种方式虽然在数学上等价，但是其物理基础是不同的，波动力学是建立在一切演化都是连续确定的波动性基础上，而矩阵力学则是建立在离散的粒子性基础上的，可是为什么两种基础截然不同的理论却能等价地解决相同的问题呢？当年连薛定谔也说不清楚其中的道理。

其实，薛定谔和海森堡两人只不过分别站在了U过程和R过程的分界线的两边，薛定谔是从U过程的角度建立了波动数学模型，而海森堡则是从R过程的观察统计角度建立了离散数学模型。但显然，薛定谔的方式更加简洁一些，就像我们计算离线收益，也更习惯使用离线收益的公式，而不是通过统计在线玩家的状态分布来计算，但两者其实并没有太大区别，唯一不同就是分别发生在观测的前后。

既然观测行为如此神奇，那么我们能够有效地利用它吗？就像芝诺效应一样，我们可以用它来操控客观世界吗？

现在的物理学界，对观测效应到底掌握了多少呢？

很可惜，虽然观测效应是如此重要，但是我们目前对其依然知之不多；对于R过程的细节，人们也还有诸多疑问。

在了解观测效应时，很多朋友都会提出类似这样的问题："如果不是人类观测，而是另一种动物观测会引起量子坍缩吗？""如果不是生物观测，而是人工智能（AI）观测会引起坍缩吗？""如果不是有智慧的生物观测，而是一台记录设备观测会引起坍缩吗？"

很多类似问题，其实都是针对观测主体性质的询问。

我们很希望了解究竟什么样的观测主体才能导致量子系统的坍缩，这个主体究竟需不需要意识，意识在观测中到底起到了什么作用。

其实不只我们普通人，物理学家对此也都非常困惑。

1961年，物理学家尤金·维格纳就提出了一个非常有趣的有关观测者效应的思想实验。

维格纳提出的思想实验其实是一个强化版本的"薛定谔的猫"，大家不是说不知道用其他动物观察是否会引起量子态坍缩吗，这次维格纳就干脆设想直接用人来观察会怎样。

他设想自己邀请一个朋友，戴上防毒面具，和那只猫一起待在被放射性原子控制的毒气箱里，帮他观察那只猫。

而维格纳本人依然待在箱子外面，对箱子里发生的事情保持一无所知的状态。

事情就变得有意思起来了。

维格纳的朋友

因为这次实验里出现了两个观察者：维格纳和他的朋友，而这两个观察者获得的信息显然是完全不同的。

维格纳的朋友因为和猫一起被关在箱子里，一直观察着猫的状态，所以猫在他眼里当然没有什么叠加态，死的就是死的，活的就是活的，状态非常明确。

但是维格纳在箱子外却得不到任何信息，箱子对于他来说依然处于黑盒状态，所以在维格纳看来，箱子里的猫还是应该处于一种叠加态，甚至应该和他的朋友纠缠在一起，形成"猫+朋友"的不确定叠加态。

维格纳的朋友戴着防毒面具，并不会被毒死，他是可以完全掌握猫的死活状态的，因此我们也可以说"维格纳朋友的意识+猫的状态"是彼此纠缠的。

但只要维格纳的朋友不将猫的状态透露给外面的维格纳，维格纳就只能认为箱子里的一切都处于叠加态中，至于箱子里有没有其他的观察者其实并不影响他的判断。

现在，在同一个量子事件中，对同一个量子态，两个观察者居然有了完全不同的结论，那么究竟谁是对的呢？谁的看法更代表客观事实呢？

是一直保持观察的维格纳的朋友所看到的确定状态是真实的客观，还是箱子外一无所知的维格纳认为的叠加态才是真实的客观呢？

如果维格纳的朋友看到的情况才是正确的事实，那么箱子里的情况对于维格纳来说就应该是确定的，只是维格纳不知道。

那么，从维格纳的角度来说这就违反了量子不确定性的原理，因为箱子外部的维格纳的确没有获取箱子里的量子系统的任何信息，箱子内部的系统对于维格纳来说应该还是处于叠加态的，依然还处于不确定性之中。

这样一来，维格纳和他的朋友对同一事物的看法就发生了差异，一个观察者的悖论就出现了。

而且，这个思想实验到这一步还不算完，因为这个实验是可以重复"套娃"的。我们可以给维格纳和箱子的外面再套一层箱子，再安排一个观察者来观察箱子，形成新的不确定结果。如果我们如此无限重复，就可以给这个量子事件套上无穷层数的箱子，而每一层我们都可以安排一个观察者，从而形成一个无限嵌套的观察序列。

那么，在这个无限的观察序列中，信息到底传递到哪里才算量子态真正的坍缩呢？

这样无限嵌套下去，如果意识数量没有尽头，那么到底有没有一个真实存在的客观事实呢？

这真是听起来就令人感觉无比烧脑的思想实验，同时这个实验又揭示了量子世界中的观察者问题中的复杂逻辑困境。

这显然不是一个简单的问题，而且这个问题背后的意义其实相当深远重大。

有多深远重大呢？

可以这样说，对于量子观察者问题的追问将会直指我们这个宇宙另一个极深层的核心秘密，一个关于我们整个宇宙是否真实客观存在的惊人秘密。而揭示这个秘密对于我们全体人类的重要意义甚至可以说超越了第15章我们所探讨的生命对于宇宙的意义。

因此在接下来的章节里，我们将要更加详细认真地讨论这个重大问题，看看我们从这个宇宙观察者难题里面到底可以发掘出什么宇宙真相，看看我们到底应当如何认识我们的客观世界。

接下来我们的量子列车马上就要进入最后的加速路段，下一站我们将一起踏上一条前所未有的逻辑思维上的极速回旋之路，列车将连续穿越多个巨大的脑洞隧道，希望各位朋友都系好你们的心理安全带，跟随我们的"量子号"冲刺最刺激最疯狂的科学和哲学的界峰，一起享受最酣畅的思维加速乐趣。

17

宇宙中到底谁才是
观察者?（下）

终 极 观 察 者 —— 我 为 什 么 会 如 此 幸 运 ?

在上一章里，我们对于到底谁才是挂机游戏里真正玩家的问题展开了讨论，也就是对于量子理论中的观察者问题进行了分析。我向大家介绍了一个叫作"维格纳的朋友"的奇妙思想实验，并展现了这个实验中的多观察者所引发的逻辑悖论。

现在，我们继续讨论这个有意思的实验。

对于"维格纳的朋友"的思想实验，目前物理学界的结论到底如何呢？

自从维格纳提出这个思想实验后，物理学界一直抱持着各种不同的意见，因此针对这个意义重大的思想实验，物理学家非常希望能得到答案，甚至可以说是摩拳擦掌地希望把它从思想实验转换成一个真实的实验，并加以检验。

通过科学家的不断努力，这个想法终于变得可行了。

首先是澳大利亚的物理学家娜拉·蒂施勒（Nora Tischler）和她的同事将这个思想实验转变成了一个用数学描述的定理；之后2015年，奥地利维也纳大学的查斯拉夫·布鲁克纳（Časlav Brukner）据此设计了一个利用纠缠光子来进行检验的实验方案。

在布鲁克纳的实验方案中，他使用了两对测量仪器来分别替代"维格纳与维格纳的朋友"，并用两组仪器分别观察一对纠缠着的光子。

首先，布鲁克纳安排每个"维格纳的朋友"观察一个处于纠缠中的粒子，这两组测量仪器分别被置于两个不同的密闭实验室中，在各自的实验室中对被分配的光子进行独立测量。根据布鲁克纳的想法，这两组测量仪器一直在分别观察纠缠光子的状态，所以纠缠的光子对被分别观察后应当已经完全坍缩，发生了退相干，脱离了纠缠状态。

在密闭实验室外，科学家再安排两组测量仪器，充当两个箱子外的"维格纳"。然后由"维格纳们"对正在测量光子的朋友进行测量，之后两个"维格纳"相互交换答案并重复这个过程。

如果两个密闭实验室里的"朋友"设备所看到的是明确的最终结果，因为纠缠光子已经退相干了，那么外部两个"维格纳"所发现的结果之间按道理只应显示出微弱的相关性，其结果应该符合贝尔不等式的约束。但如果"维格纳们"所发现的仍然是一种高度相关的打破贝尔不等式的状态，就说明实验像维格纳当年所猜想的那样，不同的观察者得出了不同的观察结论，观察者之间的矛盾将被证实。

科学家前后进行了超过9万次的实验，这期间他们不断完善实验方案，弥补了很多之前设计不足导致的漏洞，将实验结论的可信度逐渐提高到了趋于完美的地步。

最后实验的结果明确地表明，维格纳的测量得出的是一种高度相关的模式，超越了贝尔不等式的限制。而且澳大利亚和中国台湾的研究团队进行的相似实验也得出了相同的结论。

所以，当今物理学界的最新结论就是，不同的观察者的确会对同一个量子系统得出彼此完全不同的观察结论，客观世界的状态确实会随观察者不同而发生改变。

换句话说，在上述实验中，虽然维格纳和他的朋友看到的客观现象不同，但都是正确的，他们只能看到与自己相关的客观事实。

听起来虽然很离奇，但这个实验的结果其实早就在一些科学家们的预料之中了，他们早就已经预感实验会得出这样的结论。

客观物体的状态会受到观察者影响在科学界也已经不是什么惊世骇俗的观点，不过这个实验把到底什么才是客观真实的哲学问题再一次令人无法回避地摆到了科学家面前，让他们不得不认真地直面客观世界和主观世界之间那个本来就模糊不清的界限。

虽然在这些实验中，科学家都是采用仪器来替代人进行观察的，我们暂时也无法验证到底生命意识的参与在这个过程中会起多大作用；但是现在整个科学界还是普遍相信客观世界与我们的主观世界必然是紧密相关的，彼此缠绕交织着的，主观世界在某种程度上的确决定着客观世界会如何变化。

从哲学角度说，"维格纳的朋友"实验显然是对我们传统世界观的又一次巨大颠覆，虽然之前贝尔不等式的系列验证实验就已经极大地颠覆了我们对于客观世界的理解，但是"维格纳的朋友"实验则更进了一步，它不光是指出客观世界不具有实在性，而且更进一步地指出客观世界甚至不具有唯一性。

这种极其颠覆的世界观显然是大大违背我们的常识的，但是并不违背我们在虚拟世界中的认知。

为什么这样说呢？

因为在虚拟世界中，我们可以轻易重现这种不同玩家对同一事物具有不同认知的现象。举个简单的例子，在玩网络游戏的时候，我们经常会使用一种本地模组程序（MOD）来修改自己机器上的角色外形。比如，你可以下载一种动漫人物形象的角色MOD，把它安装在你的游戏客户端上，你的游戏画面中NPC的角色外形就全都变成了美少女的动漫形象，但是这并不影响游戏中其他玩家所看到的画面，因为你只是在本地的客户端上修改了自己看到的角色形象，这种修改并不会同步给其他玩家。

通过这种方式，每个玩家都可以选择安装自己喜欢的MOD，也并不会影响游戏的运行以及其他玩家。此时，安装了不同MOD的玩家观察游戏中同一个角色或者道具的时候，就可能看到完全不同的外形效果，比如你看到的是二次元美少女形象，而你的朋友看到的则是他喜欢的漫威英雄形象，那么你们俩谁看到的才是真实的呢？

答案是，你们看到的都是真实的。虽然你们的视觉体验不一致，但是你们的确看到的是同一客观对象，在虚拟世界里同一客观对象或者客观事件，在不同玩家眼里都可以有不同的呈现，这完全取决于游戏的设定安排。

在虚拟世界里，观察行为所产生的效应反而与量子世界更为接近，这种可能又带来一个新的问题：在虚拟游戏中，玩家观察到的客观世界彼此不同是因为每个玩家都使用了独立的客户端在生成属于自己的虚拟世界，难道我们现实世界大家并不是同在一个空间里吗？这个问题实在太重大了，这完全是在挑战我们的最基础的世界观认知，讨论这个问题之前显然我们还需要进行更多的思考。

所以，我们先继续探讨一些有关观察者效应的各种细节问题。例如，究竟观察者的"意识"在观察中起到了什么作用？我们的"意识"又是如何影响到客观世界的？为什么不同的观察者对同一个客观世界会有不同的认识，但这个世界在宏观上却依然是整体一致的呢？究竟什么样的观察者才算是有"意识"的呢？动物算吗？AI算吗？还没有正常思考能力的婴儿算吗？

对于这些问题的解释方向，当今物理学界主要有两大流派：一个是比较传统的哥本哈根派；另一个是现在比较流行的多世界派。

这两种理论从哲学角度来说，其实有点殊途同归的意思，我们先说说哥本哈根派的理论。

哥本哈根派走的是意识流方向，把一切归于说不清楚的"意识"。也就是说，使用什么手段、观不观测并不重要，重要的是观测之后的结果有没有被某个意识接收并认识，意识才是最终决定量子是否坍缩的根本原因。

例如，我们让一只狗来观测，波函数会不会坍缩呢？我们其实无法判断狗算不算有意识的动物，但这不重要，关键是狗能否将它观测到的信息有效传递给你，能够在多大程度上准确传递给你？假如狗懂得用叫声将它看到的信息准确地传递给你，那么其实就相当于你观测了，狗只不过相当于你的一件观测设备，这自然同样会导致量子系统的坍缩。

其实我们完全可以把所有自身以外的东西，包括人、动物、仪器等全都看成整个系统的一部分，当这些"东西"观测了某个量子态之后，量子态的信息就会和它们纠缠在一起，一起成为系统的一部分，而最终这些系统会不会坍缩，其实完全取决于"你"最后从这个整体系统中获得了什么信息。

之前我们介绍薛定谔的猫这个思想实验时，用了一个游戏地图刷怪的例子：当玩家角色没有进入地图时，我们是无论如何也无法得知地图上是否有怪的，因为怪还没有刷出来，我们不进入地图，这个怪就永远只是程序脚本中的概率存在。

但是，如果我们派一个NPC（计算机角色）进入地图查看，能否得知怪是否刷出呢？

结论是，要看这个NPC能否把它看到的情况准确无误地告诉我。

如果它看到了，但不告诉我，我依然不知道刷怪程序是否执行了，也就无法判断非玩家角色能否触发刷怪程序；或者刷怪程序虽然执行了，但是如果NPC不能向我汇报它看到的情况，我也无法得知刷怪的结果。

就像刚才维格纳的朋友的实验一样，这两种情况对于我来说，其实是等价的。

所以，我可以认为，NPC现在和地图上的未知怪纠缠在了一起，进入了叠加态；或者这些游戏的一切与刷怪相关的代码目前是否执行，执行结果如何，只要没有可理解的反馈结果，我的感受都同样是未知。

事实上，我们就可以把这个NPC看作这个地图或者这个游戏的一部分，想知道怪是否刷出，最终还是要从这个游戏的未知运行状态中获取我能够理解的信息。我其实并不关心游戏内部的代码是如何运作的，也许里面有非常复杂的逻辑，或者我根本无法理解的算法，但是这些都不重要，我们可以把这些未知统统称为"叠加态"。

所谓叠加态，就是未知的概率结果的组合。之所以未知，是因为我还不知道。

你看，原来世界最终的归宿只有一个，不是某个意识，而是"我"的意识，影响这个世界的唯一因素就是"我"。（注意，这里的"我"不是指笔者，而是代称每位正在阅读文章的您，对！就是你自己。）

这个观点好像太唯我、太自大了吧？为什么整个世界的存在就只和我一个人有关呢？就算是一个网络游戏，难道就没有其他玩家了吗，"我"难道有什么比别人更特殊的地方吗？

这是一个好问题，其实还可以这样问："在这个宇宙中，我是唯一的观察者吗？"

上一章中我们谈到宇宙是因为我们的观察而存在就已经非常惊世骇俗了，可相比现在的结论，简直都不值一提。

如果我才是宇宙中唯一的观察者，那岂不是说宇宙是因为我一个人的观察而存在的？这可信吗？

之前我们反复谈到，这个宇宙的演化，完全是基于观测来影响和推动的。有不少朋友会问，地球人口越来越多，是不是观察者就越来越多，这样真的不会造成整个宇宙模拟系统的负荷太重导致卡顿吗？比如在人口稠密的局部空间会不会卡顿呢？

可能很多有网络游戏经验的朋友都有那种新的热门网游刚刚开放的时候，无数玩家一起登录，全挤在新手村里把系统卡得不断崩溃而导致角色掉线的经历，不由得对我们的现实世界也抱有相同的担忧，生怕人类无限繁殖，导致服务器爆满，系统卡出BUG，整个世界都崩溃了。

现在看来这确实有点杞人忧天了，先不说我们这个宇宙的承载系统究竟有多么强大，更可能的一种情况是，你玩的只是一个单机游戏。你其实是游戏里唯一的玩家！

所以，整个宇宙中观察者总数其实是永恒不变的，始终就只有一个，那就是你自己。

这个看法是不是令人倍感震惊？难道整个地球上几十亿人，全都是NPC吗？

开什么玩笑？

非常匪夷所思，难以置信对吧！但是你细心想一想，这个问题不就跟刚才我们观察游戏BOSS的逻辑是一样的吗？

如果我们把派去观察的NPC换成真正的玩家操作的角色，其实他们对于我来说，也不过就是这个世界的一部分，最终无论谁得到了信息对于我来说都没有意义，有意义的只有我自己是否得到了信息。

是不是感觉这个逻辑太过惊人？

那其他人呢？他们不会影响这个世界吗？

他们当然也会影响这个世界，不过他们也只会影响"他们自己"所在的世界！

你会奇怪，我们大家不都在同一个世界里吗，为什么还会各自有不同的世界？

其实量子观测效应告诉我们，任何信息在没有被"我"的意识接收之前，对于我来说都不算是真正的确定，所以其实你才是你的世界真正的、也是唯一的信息终点，也是你的世界演化的绝对中心。

地球上每个人都具有自己的独立意识，必然也都会是自己世界的演化中心。

也就是说，其实我们每个人都有一个只属于自己的独立世界，而我们在世界上看到的其他任何人，都可以视作你的世界的一部分，你可以把他们想象成游戏里的NPC——非常拟真的NPC。

所以我们每个人其实都身处一个以我为唯一主观观察者的独立宇宙之中。

这样的想象比刚才匪夷所思的观点还要更进一步了吧？

但这样看似荒诞的猜测，并不是笔者凭空想象出来的，而是在物理学界早就有的一个类似的诠释，称为"人择原理"（Anthropic Principle）。

什么是"人择原理"呢？

简单说就是，我们都应该对自己为什么会存在于这个世界上感到不可思议。

为什么？

因为你存在于这个世界上的可能性，从概率角度来看，实在是太低太低了，低到了无法想象的地步。

试想一下，你能出生，意味着从你开始向上数百上千甚至几十万代的祖先（包括进化之前的所有物种祖先）都幸运地存活下来了，并成功地繁衍了后代。在上古时代的恶劣环境下，任何生物能存活到生育年龄的概率都是极低的，而你的每代祖先却全都是其中的幸运者。人类历史上经历了那么多次的战争、瘟疫、自然灾难，而你的每位祖先也都无比幸运地躲过了，这个幸运概率已经堪称惊人了吧。

但显然你的幸运还远不止于此，因为再往上，在亿万年的生命演化过程中，从单细胞生物到多细胞生物，从软体动物到节肢动物，从两栖动物到哺乳动物，从古猿到智人，在漫长的进化岁月中，有无数的物种被淘汰灭绝，地球生物圈还经历了6次的集体大灭绝事件，还不包括无数的其他灾难。在这样艰难复杂的历程中，与你相关的进化线却一直延续至今从未断绝。

再往大了看，还有一个著名的"费米悖论"存在。

所谓"费米悖论"，正是由著名的物理学家费米提出的，这个悖论的核心内容简单来说就是：为什么我们的宇宙看起来这么空寂无人？

因为按照地球生命的演化历史来看，如果我们地球在宇宙中并不特殊，那么整个银河系，进而整个宇宙里应该有无数星球可以诞生生命，甚至是智慧生命。按照宇宙的年龄估算，某些智慧生命种族的诞生时间比人类早个几亿年也很正常，那么按照文明科技进化的速度来看，现在整个宇宙里面应该早就充满了各种智慧文明留下的痕迹才对。

按照概率计算，整个可见宇宙内最保守估计也至少应该有数千万计的智慧文明种族，我们的宇宙应该早就被无数的智慧文明填塞得熙熙攘攘、拥挤不堪了。整个宇宙星空应该到处是被文明开发过的星球，空间里密布着各种各样的航行器和它们的航迹，各种通信信号此起彼伏，甚至我们还应该能观察到一些神级文明创造的令人惊叹的宇宙工程。

可是，为什么我们在整个宇宙里找不到一点明显的智慧文明存在的痕迹呢？在人类建造的最大的天文望远镜里，整个宇宙看起来也是一片沉寂，毫无生气。

哲学家们把这种诡异的情形称为"大沉寂"（The Great Silence）。

当然，提到费米悖论，相关的解释和讨论不少于30种。这里我们也不再赘述，总之从审视全宇宙的角度出发，我们都会发现地球以及地球生命特殊得有点不像话。

我们还可以再向前追溯，与你相关的事件就更宏大了。如地球能成功诞生，能够演化出合适的质量和成分，能够处于太阳系内的宜居带上，没有被任何陨石摧毁，进而还能够诞生生命，形成生态圈，甚至再往前太阳系能够形成，原始太阳能诞生，银河系能够演化出来，每个关键的事件从宇宙层面来看都是小之又小的发生概率，而这一切却都准确无误地发生了。

科学家通过计算发现，我们的宇宙常数非常微妙，如果任何一个常数的数值偏离一点点，这个宇宙就会截然不同。例如，强相互作用力数值比现在偏差了1%，则可能整个宇宙连恒星都无法形成；如果电磁作用力不是像现在这样，比万有引力大了10^{36}倍那么多，那么在行星形成前恒星早就燃烧殆尽了，根本不会出现现在的行星系。

万有引力也是刚刚好，多几十万分之一和少几十万分之一，宇宙都不可能形成稳定的星系，很可能是一个不断崩塌毁灭的结构，或者成为一团混沌。

英国物理学家、剑桥大学达尔文学院院士、国王学院名誉院士马丁·里斯（Martin Rees）写过一本书——《六个数》（Just Six Numbers），他认为我们的宇宙在诞生时有6个初始数字，包括电磁力与万有引力的比值、氢聚变的能量转变系数、宇宙膨胀的常数等，这些宇宙初始值的设定每个都精巧无比，稍微偏差一点，我们整个宇宙都将完全无法形成。

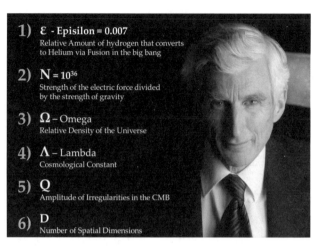

马丁·里斯认为我们宇宙中最微妙的6个数

这些底层数值对精确性的要求如此之高，有的连百万分之一的偏差都不能有，这难道不是太过巧合了吗？

还有一些科学家认为，宇宙中不能出错的数字不止6个，而应该是25-26个底层自由参数——包括电子、μ子、τ子、各种夸克的质量、夸克的混合角等，这些数值本身都是不受其他任何数值影响，从创世就天然存在的，但是这些参数的数值只要任何一个有极微小的改变，这个宇宙就基本不可能诞生任何生命。

撰写《量子力学的真相：爱因斯坦尚未完成的革命》的美国理论物理学家、量子圈引力理论的创立者李·斯莫林（Lee Smolin）曾经计算过，这些物理参数如果是随机产生的，那么这些物理参数若要搭配成一个能够产生生命的"套餐组合"，成功的概率是$1/10^{229}$，这个概率已经小得无法形容了。

所以，当科学家审视我们存在于世界的可能性时，就会不由得连连惊叹：为什么宇宙能够出现？为什么星系能够出现？为什么地球能够出现？为什么生命能够出现？为什么人类能够出现？为什么只有人类出现了？为什么

"我"居然能够出生并存在于这个世界上？

这么多重极低的概率事件连续叠加起来，令我们的存在成了真正的奇迹。

所以你能够存在的概率之低几乎都无法从数学层面进行估算了，恐怕到了需要用极其庞大的葛立恒数（数学上被认为是世界上最大的数字）来作分母的地步吧。

可为什么这样的奇迹居然发生了？

这就像一个极难的无法存档的HardCore模式（死亡即结束）的游戏，你刚接手了上一位玩家的进度，发现你的角色正准备挑战游戏的第1000亿亿亿……亿个关卡，可是当看到前面关卡的介绍和惊险无比的过关录像后，你会觉得你之前的无数玩家全都是超级高手，他们个个都表现出色，个个都无比幸运，把游戏中唯一的一条命坚持到现在交给了你吗？

不管是出于常识还是直觉我们都不会觉得之前的选手会那么无敌幸运，有人认为有两种情况更为可能。

（1）这个游戏其实就是会让任何玩家惊险过关的，无论你怎么玩都可以，它设计得恰到好处，容许了之前所有玩家的所有错误。

（2）这个游戏其实就是给你量身定制的，设计师预见了所有未来，包括所有人的未来操作，他的一切设计都是为了让你能够接手操作。

这就是人择原理对宇宙演化过程的两种阐述，前一种是弱一点的版本，称为"弱人择原理"（Weak Anthropic Principle，WAP），它的表述是："物理学和宇宙学的所有量的观测值，不是同等可能的。它们偏爱那些应该存在使碳基生命得以进化的地域以及宇宙应该足够年老以便做到这点的条件所限定的数值。"

通俗地讲，宇宙里各种物理条件就是刚好设定得能够让生命诞生，甚至刚好能够让你诞生。

这种诠释是不是令你有一种自己是天生幸运儿的感觉？不过这还不算什么，还有一个更强的版本——强人择原理（Strong Anthropic Principle，SAP）。

这个更强的SAP版本就对应了我们的第二条猜想，它的阐述是："宇宙必须具备允许生命在其某个历史阶段得以在其中发展的那些性质，产生生命就是宇宙存在的目的。"

这就是强人择原理版本的核心思想。是不是更夸张了？原来整个宇宙就是为了生命、为了人类，甚至为了你的出现而设计的。

厉不厉害？是不是让你觉得自己岂止是幸运，简直就是"天选之子"。

这是不是已经非常接近我们之前的"我是宇宙唯一观察者"的观点了？

但这样其实还不算完，还有科学家提出了更惊人的版本——终极人择原理（Final Anthropic Principle，FAP），即"包含智慧的信息处理过程一定会在宇宙中出现，而且，一旦它出现了就不会灭亡。"

这个版本的诠释是什么意思？

简言之，整个宇宙就是因为智慧生命，比如你就是因为而存在的，而你一旦存在了，在你的宇宙里，你就是永恒不灭的。

这完全是一种"倒因为果"的诠释逻辑，也就是你并不是宇宙孕育出来的生命，而是造物主为了创造你，顺便制造了整个宇宙以及整个宇宙的演化历史来配合你的存在。

你看，这样基本就等于说你是宇宙中的唯一主角了吧，不过如此嚣张狂妄的想法可不是笔者发明独创的，而是在科学界早就有人提出。

但实际上，如果我们从量子可能性的角度来思考，就算是这个最狂妄、最荒谬的FAP版本，其实也都是有一定道理，甚至是自洽的。

试想一下，我们已经知道，一切量子态最终要被感知必须通过观察，也就是信息最后要被自己的主观意识获知才行，那么没有主观意识存在的世界，其实就是完全不实在的，就像我们刚才举的挂机游戏的例子，如果没有玩家登录，这个游戏世界内的一切其实都不会发生，也不会演化，整个世界都是静态的代码，没有任何资源会被消耗。

如果我们按这个逻辑推导，真正有意思的地方就来了：如果一个存在着你主观意识的世界才是能够被你感知的世界，就等于说你只会存在于一个有你主观意识的世界，那么进一步就等价于你一定会存在于一个有你的世界里。

而因为所有包含可能性的世界都是存在着的，也就是说，一定存在着有你的世界。

既然如此，这就等于说，你一定会永远存在于你自己的世界里！

这一连串的逻辑演绎是不是令你目瞪口呆？

不过这已经不是传统哥本哈根派的理论观点了，而是另一派，现在更主流的多世界诠释的观点。

在多世界诠释里强调一切概率性事件的所有结果其实都出现了，只不过是出现在不同的世界分支里。

换言之，就是这个宇宙里所有的可能性都发生了，其中自然包括有你的世界和没有你的世界。

所以很显然，你肯定会一直存在于所有"有你"的世界分支里，在你自己的世界里你甚至不会死亡，假如你发生了任何意外，只要有亿万分之一，或者无限小的可能性你能够活下来，那么你就一定能够活下来，因为宇宙里所有的可能性都应该有对应的世界分支，所以只要你活下来的概率不是零，就一定有某个世界分支承载着你。

这样你就应该会永远存在于有你的世界分支里，也许在其他世界分支里，你已经死去了，但是那不重要，因为那些没有你主观意识的世界，是与你无关的。没有你的世界分支，你既感知不到，也不会干扰到任何你存在的世界分支，而且你不会因为你存在的世界分支数量的多少感到任何不适，当前的你只会感知到自己当下存在的某个分支。

这一段文字很拗口，但是其中的逻辑却极其惊人，甚至可以直接颠覆我们的世界观。

可是，你却无法反驳，或者没法证伪它！

是啊，如果按照多世界理论（MWI），发生的一切随机事件都会存在于一个独立的世界分支里，那么必然有一些世界分支是没有你的，而有你的世界分支里，你也只能感知到当前世界的信息，因为不同世界之间是不可能存在信息交流的。那么，无论发生什么事情，你都会必然存在于某些世界分支里，哪怕是存活概率再低，也不可能完全抹杀掉有你存在的世界分支。

那么，你就真正在物理学意义上永生了。

如果从这个角度出发，这个世界简直就是冒险者的天堂了，你可以尽情去冒险，尽情尝试各种极限运动，挑战各种危险行为，哪怕你在别人的世界里无数次地死去了，但是你总是可以安然无恙地存在于某些世界分支里，因为你必须存在于一个有你的世界里。

这非常类似一部1993年的美国电影《土拨鼠之日》的情节：电影的主角出于某种原因，被困在了一个小镇，并不断地重复着同一天。主角想尽了办法也无法脱离这种无限循环，他甚至采用各种办法自杀，如触电、撞车、跳楼、服毒，甚至开车冲下悬崖，但是下次依然会在前一天早上6点钟的床上醒来。

这部电影里的设定和我们这个终极人择世界观唯一的区别就是，电影里主角不幸保留了每次轮回的记忆，所以他记得自己不断重复的生活，因此才备受折磨。可是现实世界里不同世界之间是绝对没有信息交流的，所以我们无法判断自己经历了某个"时间线"多少次，任何重复经历对于我们来说都是第一次。

而这个概念在量子学界还被反复地演绎发挥成各种概念，如最惊悚的就是刚才那个自杀玩法，这在量子物理圈里居然还有个专门的名词，即"量子自杀"（Quantum Suicide），所以不要觉得这是笔者杜撰的荒谬脑洞，百度百科上我们甚至可以查到专门的词条。而且相对应地，还有量子永生（Quantum Immortality）。

不过写到这里，我也必须加上一条声明："以上观点仅仅只是纯哲学角度演绎的逻辑猜想，请勿以此作为现实世界的行为指导，否则导致任何后果请一概自负！"

这条声明其实是我为了防止你们影响到我自己世界里的秩序而发出的，因为就算你们可以在自己的世界里永生，但是你们还是可能在我的世界里"死亡"。所以，如果因为相信本书的观点而导致你们挑战极限，那么在我的世界里你们依然有极大可能死去，并使我受到良心上的严重谴责，毕竟我也只能存活在我自己的世界里。不是吗？

另外，就算人择原理告诉你，你不会在有你的世界里死去，但是也不能避免你在自己的世界里面受伤，甚至严重瘫痪。不是吗？所以，跳下悬崖之前请冷静三思，不死并不等于你就会活得很好，还有可能生不如死。无论是什么世界逻辑，我们还是应该规避风险、珍爱生命。除了保护好我们的意识，我们还要保护好我们的身体和家人。

不过，这个疯狂的FAP版本如果换到游戏的例子我觉得还可以这样解释：这个游戏其实就是可以无限续档的，只不过续档时会同时清除你头脑里面的失败记忆，让你只保留成功过关的记忆，从而给你造成一种你一命通关的错觉。

也就是说，宇宙其实尝试了所有的可能性，但是只保留了能够让你一直存在的那些分支。其实这倒是很符合玩家们的逻辑，一个单机玩家看到之前经历的这么多困难的关卡，肯定会认为除了 SL（Save and Load，存档/读档重玩）大法，没有别的解释。

对于这个问题，在物理学中也有一个有趣的讨论，称为"双胞胎失忆问题"。

失忆的双胞胎

有一对双胞胎小 A 和小 B，一起开车出行，结果发生了严重事故，其中一个人死亡了，而另一个人则因为头部重伤导致彻底失忆了。

如果我们无法通过任何外部特征区分识别两人，也就无法判断到底小 A 和小 B 两人中是谁死了，而谁幸存下来了；因为幸存下来的那个人已经无法回忆起之前自己的身份和任何历史记忆，我们包括他自己也没有其他办法可以鉴别死者和生者的身份。

那么，这时候我们可以说，小 A 或小 B 中的任何一个人其实都算活下来了。

如果换一个视角解读就更有趣了。例如，我们代入幸存者的主观意识，那么车祸结果就很清楚："我活了，我的双胞胎兄弟死了；不管死者是谁，我都是那个幸存下来的孩子。"

这其实就是主观视角带来的感受，当你用主观视角观察这个世界时，始终会以自己为中心来理解其他的随机事件，最后总会发现自己就是最幸运的人，车祸里倒霉的那个兄弟的视角并不是不重要，而是你无法代入他的视角，也无法代入一个更高的上帝视角来感受整个事件，能感受事件的，永远都是活下来的自己。

就像你玩过的关卡游戏一样，其实你刚开始用的角色早就挂掉了，每次角色死亡后重新读档，读取的其实都是一个新的角色，只不过你无法分辨这个角色和之前的角色有什么不同罢了。

不过，这不重要，重要的是你还可以继续玩下去，能够体验游戏后续内容的只有当前的角色。换言之，只要游戏还在继续，那么必定存在活着的玩家角色，所以只要你还在你的世界里，你就必须活着。

其实这才是人择原理中最核心的概念。

人择原理指出了我们了解客观世界的一个重要局限：我们只能以自己的主观视角来理解这个世界，而无法假装能够认识到更高的上帝视角。这就是我们认识客观世界所不可避免的局限性，如果我们不断猜测其他视角的观测结果，只会制造出很多无法解释也无法证伪的悖论。

比如，在数学上就有一个著名的"睡美人悖论"。

这个悖论是这样描述的，假设我们请一位睡美人来配合做一个实验，让睡美人在星期日晚上睡去，而在睡前她被告知实验详情，在她睡去后会由我们通过抛硬币来决定她将醒来一次或两次。

（1）如果硬币正面朝上，她会在星期一醒来并接受谈话。

（2）如果硬币反面朝上，她则会在星期一、星期二各醒来一次并分别接受谈话。

无论硬币正反，她每次睡去之前都会被要求喝下失忆药水来彻底清除记忆，她将完全不记得自己是否曾经醒过。因此，她在接受谈话时也并不知道这一天是星期几。

在她每次接受谈话时，我们都会询问她一个问题："你现在有多确信之前抛出的硬币是正面朝上？"

那么，她应该怎样正确地回答呢？

睡美人问题

对于这个问题的答案，在学术上可以大致分为两派：三分之一派和二分之一派。

三分之一派是以睡美人视角思考自己醒来的概率作为分析依据。他们认为睡美人可能是在"正面星期一""反面星期一"和"反面星期二"三种可能中的一种情况下醒来的，因此硬币正面朝上的概率是1/3，而"今天"是星期一的概率（"这次唤醒"是第一次唤醒的概率）则是2/3。

二分之一派则认为应该单纯以硬币概率作为统计依据，他们认为任何时候硬币为正的概率都是1/2，其原因是从睡着到醒来睡美人没有得到与硬币相关的新信息，所以硬币未来的概率没有受到任何影响，据此二分之一派认为"今天"是周一的概率应该是3/4（一半正面加上1/4的反面）。

这两种不同的观点从各自的角度来说其实都是有道理的，只不过它们两派对自身的看法是不同的。

我们来试试厘清这个问题，假设这个实验做了100次，那么也就是抛出了100次硬币，硬币正反面朝上的概率各为50%，则应该有50次的正面朝上和50次的背面朝上。

在50次正面事件里，睡美人都在星期一醒来了；而在50次背面事件里睡美人都醒来了两次，分别是星期一和星期二。

所以，在100次的硬币事件中，睡美人实际醒来了大约150次，其中50次是正面星期一，100次是背面星期一和星期二。

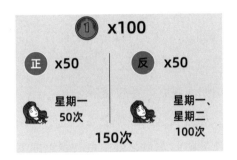

如上图所示，睡美人每次醒来当然都会认为从自己的角度来看，这次醒来肯定是150次醒来中的一次，那么自然只有50/150的概率，也就是1/3的概率是正面概率。

可是，我们还可以从研究者或上帝视角来看待这个问题，因为研究者没有经历失忆和睡去的过程，所以他们会忽略睡美人在背面事件中多醒来的一次，认为睡美人只是因为失忆才导致对同一个背面事件计算了两次。对于他们来说，硬币正反的概率始终是1/2，并不会因为睡美人多醒几次而发生任何改变。

三分之一派在人择圈里被称为自我标识假设派（Self-Indication Assumption，SIA），他们是考虑自己存在的世界，而不是更高维的全部可能世界，因此他们只考虑自己能够感知到的世界里的事件概率。

而二分之一派在人择圈里则被称为自我取样派（Self-Sampling Assumption，

SSA），他们考虑的是上帝视角下的世界，是以全部可能世界里的事件概率为基础来考虑的。

但是数学作为一个精确的计算工具，怎么可以根据人们的看法不同得出完全不同的结论呢？

其实这种说法也是对数学的一种误解，数学从来都是基于我们的客观经验而使用的，它只是一种将我们客观认知精确量化的手段。例如，之前我们讨论过的芝诺悖论中的"阿喀琉斯追龟问题"，数学其实也回答不了无穷多个无限小相加到底是多少，我们只能根据日常观察的经验来约定一个结果。

对于概率问题更是如此，数学可以帮我们计算不同独立事件叠加后的概率，但是对于事件到底应该如何区分，依照什么参照系，其实与数学本身并无关系，这是一个我们如何观察世界的视角问题。

在睡美人问题中，如果我们就是睡美人，也不会知道在我们睡着之后外部如何设置规则，那么我们肯定只是基于自己对抛硬币事件的理解来估算概率，也许当我们睡着后又被反复叫醒过 n 次（如一亿次），但是因为失忆药的关系，这些次数对于我们来说其实并没有影响。这就像平行世界中的某个事件一样，虽然反复发生了，但是因为不同世界之间没有任何信息交流，所以我们计算概率时就可以完全不必考虑其他无关世界中的事件基数，而只需要关心我们自身视角下接收到的信息就可以了。

如果非要猜测在我们醒来之前到底发生过多少我们所不知道的事情，那么很可能我们会得到一些非常难以置信的答案，如我们可能只是在经历亿亿次反面醒来中的某一次而已，硬币正面朝上的概率其实无限小，这显然低估了正常的正面概率。

如果我们把睡美人问题再继续扩展一些，就能够演变成另一个著名的讨论，称为"末日论证"问题。

"末日论证"问题最早是由天体物理学家布兰登·卡特（Brandon Carter）在1983年提出的。哲学家约翰·莱斯利（John Leslie），以及天体物理学家理查德·戈特三世（Richard Gott III）也分别在1989年和1993年提出了相类似的问题。

　　这个论证先是让我们思考一个前提问题。假设你面前有两个一模一样的罐子A和B，已知A罐里面有10个球，而B罐里面有100个球，两个罐子里面的每个球上都有从1开始的顺序数字编号。

　　现在让你在两个罐子里随机选择一个，并从这个罐子里随机拿出一个球。你看见球上面的数字是"6"，那么请问你选了只有10个球的A罐的概率是多少？

　　如果你是随机选择的，自然选择每个罐子的概率都是50%。不过当你看到自己拿到了6号球以后，就会认为从有10个球的A罐里随机拿出6号球的概率是从100个球的B罐里面拿出6号球的10倍。那么看到6号球时你选前者（A罐）的概率就会大大增加，从1/2变成10/11。

　　这很好理解，因为对于100个球来说，抽到小于10的球是少见的低概率事件，所以发现球的序号小于10的情况下，选择100个球的B罐的概率就会相应降低。

　　我们明白了这个例子以后，可以用同样的道理来思考我们对人类未来前景的预测。

　　为了简单起见，假设我们对人类的未来只有以下两种猜想。

　　（1）猜想A：人类会在第2000亿历史人口总数时灭绝。

　　（2）猜想B：人类会在第20000亿历史人口总数时灭绝。

　　如果你把自己当作从人类历史总数中随机选取的一个普通的人类，类似上面的随机小球，那么回顾人类这个物种的存在历史，就可以大致估算出

"你"是人类物种出现以来大概第1000亿个个体。

对于猜想A来说，你的排名相当于一个典型的普通人；而对猜想B来说，你则属于概率很低的出生极早的先行者。

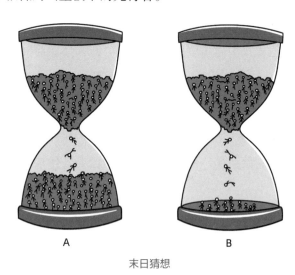

末日猜想

由刚才我们选球的例子同理推导可知，按照你个人的可能的出生序号，猜想A的概率应该是猜想B的10倍，因此猜想A的概率就应大大提高，对人类种群的预期应该变得更悲观。因为猜想A描述的其实是一个贝叶斯概率更新（条件概率计算），它既不取决于实际上到底有多少种对未来的预测，也不取决于各种预测之前的概率是多少。它只说一旦考虑到你自身在所有人类历史总数中的可能的出生先后位置，那么悲观的预测概率就要显著上升，乐观预测的概率就要显著下降。

这个猜想似乎在暗示我们，未来人类还会有很多个体的可能性是不会很高的，但是这一切猜想的基础其实都是站在上帝视角，也就是SSA派的视角来思考，完全没有考虑到"你"能够成为一个观察者的概率也是和人类历史总数相关的。

假如人类只有10个人，但你还是能够成为观察者来思考这个问题，则说明你存在的概率看起来如此之小可是依然存在，宇宙一定是极大地放大了全体人类存在的可能。要么就是人类的存在概率并不高，但人类会有数万亿亿亿的总数，你作为其中一员的可能性才随之增大，所以你只要能够思考这个问题，就说明整个人类存在的概率，或者人类未来的总数都被大大低估了，而低估的原因我们不得而知。这种从自我定位出发的思考逻辑正是SIA派的观点。

总之就是无论你如何思考，"我"此时存在这个事实基点是不变的，这个基点会让任何超越自我视角的概率分析都陷入一种无法评价的状态之中，而当事件与我的存在相关时，一切表面上的低概率也都必须向自我存在这一事实妥协。

这就好像我们在谈论空难时说的，虽然死于空难的概率极低，可是只要你在那架倒霉的飞机上，对你而言死亡的概率就几乎是100%。

所以，思考这种人择问题最终实用的逻辑都是要回归到以自我为中心的视角来理解世界，这也是人择圈中SIA派的支持者比SSA派更多的原因。因为更多的人认识到，任何跳出自身转换到更高的上帝视角来分析问题的尝试，都会因为信息不足从而归谬出种种难以解释的概率悖论来，而解释这些问题的方式也只能依靠无法证伪的猜测，毕竟我们也无法真正以上帝视角看待世界。

还是从这些烧脑的逻辑圈里跳回我们的虚拟世界来找找安慰吧，看看所谓人择问题在游戏世界里是不是也有类似的现象呢？

例如，为什么你每次进入副本时，就刚刚好有一个BOSS等在那里？

为什么这个BOSS的等级每次都正好比你高出5级呢？

为什么当你来到城市里，就正好能够迎面碰上一个向你兜售武器的NPC，而你正好也就开启了一段精彩的主线任务剧情?

如果我们不是在游戏里,而是在现实世界,一定会对这些低概率的事件感到震惊对不对。我们可能会想出很多原因来解释:是不是我最近运气特别好,正好能碰上这么巧的事情?还是碰上诈骗团伙了,我其实是被人设计了?

如果你是物理学家,你可能会想:是不是各种事情其实都发生了,而我只感受到了最合适最有趣的那个组合?

你甚至会怀疑是不是有无数个自己正在玩游戏,而"我"只是正好代入了体验最合理的这个分身?

但如果你是一个真正的玩家,在游戏里根本不会这么思考。你只会很平淡地说,这不就是我触发的游戏剧情和设置吗?这些不都是游戏里已经设定好的内容,只等着我来触发,其实不只是我,每个玩家都会碰到这些巧合。

游戏,不就应该是这样吗?

玩家知道游戏设计师本来就是要刻意这样设计整个游戏的,他们试图给你制造一种你就是世界中心,游戏中唯一主角的假象,而你当然也并不会把这种假象想象成巧合,否则这个世界哪里有这么巧的事情。

甚至如果在游戏里,你没有发现任何巧合,倒还会感觉不自然,为什么这个游戏的剧情做得如此平淡无奇?

所以,当你尝试用一个普通玩家的思维来看待这个世界,就会理解那个看似疯狂的FAP诠释了。

你会发现你并不是宇宙亿万岁月里无比幸运的那个天选之子,也并不是出现了无数机缘巧合才令你能够感受和观测这个世界的,也许这个世界就是设计出来让你感受的,你所感知的一切,整个宇宙的时空、历史,一切的一切都是为了让你感受合理而设计出来的宏大游戏世界背景而已。

只要你把整个宇宙当作一个为特定玩家开发的游戏系统,这一切就不再神奇了。

你看，这也是一种很自洽的诠释，让玩家更为认同的世界观诠释。

令科学家感到费解的不就是一个会被我的主观意识影响的世界吗？在游戏里这再正常不过，游戏里的世界当然是和玩家状态保持互动的，而且游戏的目的就是保护玩家的体验，甚至不惜采用各种"欺骗"的手段。

其实所谓多世界也好，人择原理也好，这一切其实都是在费力解释世界背后隐藏的那个与你相关的触发机制而已。

物理学家当然不愿意承认这个世界背后是有什么智能设计者的，更不愿意承认这个设计者是为了我们人类来设计这一切的，但是他们的所有理论、推理、猜想和诠释，却又隐约地指向了这个可能性。

但是，这种离奇的大胆猜测，我们可以证实它吗？

很遗憾，并不能。

而且不仅是现在不能，可能未来人类也永远无法真正了解我们宇宙的背后成因。

这是我们自己所处位面的认知局限性所造成的，就算有一天，当我们的科技发展终于触到了当前宇宙时空的极限边缘，我们也不可能仅仅通过自身的努力去打破它。

你觉得一个虚拟游戏中的NPC，能够通过研究自己世界的客观规律来打破原本的世界并跃迁到上层世界吗？

这不仅仅是认知的限制，更重要的是维度能力的问题。

虚拟世界里的角色可以在自己的领域中任意探索，但无法只通过自身努力了解和接触到系统以外的事物，无法获取高维世界的信息，更无法操控高于自身世界维度的事物。我们就算穷尽位面里所有的资源和技术，也无法创造出打破或者脱离这个位面的能力，这就好像说在一个绝对封闭和独立的虚拟世界里，你就算拥有了最高的代码权限，你也不可能通过操控虚拟世界的资源来影响到外面世界。换言之，就是我们是无法打破自己的次元壁的。

除非有朝一日我们能获得外部力量的帮助，给予我们更高维的信息和能力，我们才有机会拥有自己在外部世界的传感器和执行躯体。所以要打破次元壁，恐怕要有更高维的力量介入才有可能。

可是，真的会有这种机会吗？如果我们只是身处千万个无人关注甚至被人遗忘的世界中的一个呢，那么人类只能永远困在这个模拟世界之中吗？

这个令人不寒而栗的可能性真是足以令整个人类文明绝望啊，似乎整个人类文明存在的意义都受到了挑战。

我们幻想的话题似乎过于沉重，也越来越脱离现实了，所以我们还是把这些从我们异想天开的脑洞里冒出的想象先放到一边吧。

其实这些过于宏大的问题别说对于我们大家，就算是对于整个人类文明也是不太具有实际意义的。无论我们生活在一个怎样的世界里，我们的生活都还得继续不是吗？所以还是让我们先把这些杞人忧天的事情放一放，返回我们的量子号专列准备继续前行，看看下一站我们将面临什么样的更加终极的问题吧。

而下一站，就将是这次旅程的终点站了，我们面对的问题自然更具挑战性，甚至需要叩问宇宙的本质到底是什么？在下一站，我还将向大家解释一个一直以来都需要我回答的问题：为什么我会用虚拟视角来向大家诠释量子物理？我们这个看似脑洞的诠释方法背后，到底有没有什么科学依据呢？

这个问题的答案不仅是解释我们猜想的原因，而且和我们对宇宙的终极之问也紧密关联，这也将会是一个非常精彩的解释，所以就请各位朋友赶快上车，随着我们的量子列车向终点冲刺，准备一起来揭开宇宙的最后真相之谜吧！

18

我们的宇宙到底是什么？

大 家 都 是 游 戏 玩 家 —— 我 们 应 该 如 何 面 对 科 学 的 尽 头 ？

各位朋友，大家乘坐着"量子号"旅游专列，跟随我这个游戏制作人客串的科普导游在这个神秘的微观世界中翻山越岭，长途跋涉，一路浏览各种美丽景色，不知不觉也即将到达我们旅程的终点了。

在之前我们一起经历的漫长旅程中大家对我应当已经有所了解，都知道我一直是在以一个游戏制作人兼职导游的身份带领大家用游戏玩家熟悉的虚拟世界视角领略并解读量子世界里种种神秘而又有趣的现象。

为什么我要选择采用游戏视角来解读量子现象呢？这一方面自然是因为自己的职业习惯导致的特殊思考角度，另一方面是因为游戏和物理学都是我的爱好之一，不同的爱好在头脑里面待得久了，偶尔就会发生一些融合反应。

在刚刚开始接触量子物理的知识的时候，我也和很多朋友一样，对这些玄妙而又离奇的理论充满困惑和迷茫。量子力学里面种种怪异逻辑的话题也经常成为我和朋友们在茶余饭后一起讨论的有趣话题。而且我发现，不管是不是理科生，大家都很喜欢这些话题。的确，谁不对怪异而又违反常识的事情好奇呢？

从那时起，我就一直在思考这个问题：为什么量子力学的逻辑如此怪异？

或者，我们换一个更严谨的说法：为什么在微观世界里面的经验逻辑和我们在宏观世界的经验逻辑如此的不同？

难道数学和逻辑也会根据观察尺度呈现不同的形式？

如果真是这样，那么区分它们的分界线又在哪里呢？

对于这些疑问我一直找不到什么值得信服的解答，我也阅读过很多不同的理论诠释，但依然没有哪个版本能够真正说服我。不过我也一直没有期望有朝一日能够得到满意的解答，毕竟这种超级前沿的科学问题的探究，对于我们这些业余爱好者来说也只能远远地吃瓜围观。

直到某一天上班时，这些疑惑被某个同事无心的一句话给彻底击穿了。

可能是在某个工作日的下午吧，我们游戏研发团队的策划同事像往常一样调试游戏的脚本文件，有两个同事讨论起了有关刷怪概率的问题，而我可能正好看到某篇量子物理的科普文章，这时候无意间听到他们讨论话语的一些片段："我们也不知道玩家进去是否能够刷到怪，这个概率是玩家进入地图之后才计算的，也许有，也许没有。"

"也许有，也许没有。"

听到这句无意飘进头脑的话，我突然就走神了，不由自主地愣了那么一会儿，然后这句话和脑袋里的薛定谔的猫不知怎么着，一下子就联系起来了。

一瞬间，我似乎被某种突如其来的顿悟给击中了：谁说在宏观世界里面找不到量子世界的类似现象？谁说量子现象没有任何经典对应？又是谁说的，微观世界的现象人们从来没有在日常生活中见过？

我惊奇地发现，可能在基于计算机的虚拟技术发明普及之前这些说法的确成立，但是现在明显不是这样了。

应该也就在那一瞬间，以前疑惑的各种量子现象突然都和我熟悉的虚拟游戏世界对应了起来。

几乎是刹那间我就联想到了如双缝干涉、叠加态、概率波、概率幅、延迟选择、魔术擦除、量子纠缠、全同性、薛定谔方程、玻恩规则、投影公设、自旋、偏振……这些各种各样的纷杂的物理概念分别对应着什么虚拟概念和编程逻辑，以前匆匆看过的那些理论，如费曼图、路径积分、矩阵力学、量子比特，以及各种各样的公式、诠释全都蹦了出来，我模糊地感觉到它们似乎全都可以用程序思维解释得通。

那一刻，我甚至有一种强烈的幻觉，似乎周边的事物都像被《黑客帝国》里的尼奥看穿世界本质后的影像一样，全都变成了在时空中流动着的数码和逻辑符号，整个世界都完全不同了。

我感到一头冷汗，难道这就是这个世界的真相？

一时间，看着面前电脑屏幕上游戏画面里跑来跑去的那些NPC小人，有一种说不出的情绪涌上心头。

再之后，我花了一些业余时间认真琢磨这个想法，果然发现之前百思不得其解的微观现象，居然都可以在虚拟世界中或者游戏体验中找到相似对应的现象。

最有意思的地方是，我们这些正在创造虚拟体验产品的人，几乎都从来没有学习过任何量子理论，或者是对量子现象有所关注；但是我们所制作的虚拟产品里却神奇地出现了和量子现象非常接近的主观体验，这似乎是在说明两者之间存在某种共同的逻辑因素。

于是我开始尝试用虚拟视角诠释这些现象，并将它们讲给感兴趣的朋友听。很出乎我的预料，几乎每个听过的朋友都表示之前很费解的概念似乎也都能轻松理解了，甚至还有学习过物理专业的朋友表示第一次从课本之外搞懂了那些他学过考过的东西到底是怎么回事。但是更加深有同感的还是我的程序员同事们，每次他们听完量子现象背后的虚拟可能性后都有一种恍然的感觉，似乎以他们的职业逻辑非常认同为什么世界就应该如此，甚至必须如此。

这种类比的话题在最开始的时候，可能开脑洞玩笑的成分居多，可是来自越来越多人的认同感不禁令人真的开始思考——不断深入的思考又渐渐令人感觉到了一种毛骨悚然（这就是所谓细思极恐吧），你会不断追问：为什么这些现象之间的类比会感觉这样严丝合缝？为什么微观世界的逻辑和虚拟世界的逻辑竟然如此相似？

难道说，这种比拟真的不只是我的脑洞或巧合，而是暗示着某种事实吗？

发现这种联系难道只是我一个人的脑洞吗？

很快我就发现，这并不是我一个人的感受；相反，世界上有无数的人表达过类似的观点了。

例如，最有名的虚拟世界观点的支持者就是著名企业家埃隆·马斯克，他曾经在2016年的一次论坛上就表示过："我们生活在一个非虚拟世界的可能性只有十亿分之一。"类似的看法比尔·盖茨和霍金都提出过。

不仅是一些名人在媒体采访时会随口讲出，就连在严谨的学术界里，量子物理的虚拟世界诠释理论也早有不少学者认真地研究过，一查之下，我发现相关的学术报道和论文资料已有不少。

例如，早在2003年，英国牛津大学的哲学教授尼克·博斯特罗姆（Nick Bostrom）就发表了一篇题为《我们是否生活在计算机模拟中？》（*Are You Living in a Computer Simulation?*）的论文，他详细地论证了我们生活在非虚拟世界的可能性微乎其微。换言之，就是他认为我们有极大可能就是生存在一个由我们自己创造出来的虚拟的世界之中。

在这篇论文中，他提出了一个哲学式的三难问题，认为以下三个论点，必然有一个是成立的。

（1）人类在达到"后人类"阶段之前就已经彻底灭绝。

（2）任何后人类文明都不能对他们的祖先世界进行模拟。

（3）我们肯定是生活在计算机模拟的世界中。

博斯特罗姆论点中提到的"后人类"指的就是人类拥有了可以创造完全拟真的模拟世界，并模拟自己祖先能力的发展阶段。

如何解读他的这个三难问题呢？简单说就是，他认为要么人类在有能力创造虚拟世界之前就会彻底灭绝，要么就是我们未来没有能力创造仿真现实的虚拟世界（就是所谓元宇宙），又或者我们根本就是生活在一个虚拟世界中。

博斯特罗姆的逻辑很简单，他的意思是除非人类灭亡了，或者是没有能力，否则肯定会创造出虚拟世界来，并且尝试模拟自己或祖先的世界。而且只要最初代的人类成功了，那么后面虚拟世界里面生活的第二代、第三代的人类肯定还会这样做。

而目前我们这一代还没有这样做，那么可能的两种情况就是：要么我们是还没有完全进化的最初代，要么我们正生活在上一代人类创造的虚拟世界中，是还没有来得及再次进化的第N代。

显然，后者的可能性要远远大于前者。

如果以此逻辑递推，创造我们虚拟世界的上一代人类，生活在上上代人类创造的虚拟世界中的可能性也极大。

如此不断递推，我们可以认为，整个宇宙很可能已经是一个多层嵌套的套娃结构，我们所有人其实都生活在别人创造的虚拟世界之中，只是我们并不知道自己身处哪一层。

博斯特罗姆的这个观点吸引了更多的科学家的热烈关注，哥伦比亚大学教授大卫·基平（David Kipping）采用了贝叶斯推理的统计学方法对博斯特罗姆的观点进行了推导论证，他的计算结论是：我们生活在虚拟世界之中的概率的确极大。此结论的相关论文发表在2020年5月18日的美国科学院学报上。

甚至还有更激进者，如美国马里兰大学的物理学家吉姆·盖茨（Jim Gates）

在2016年曾声称，他在研究弦理论中的超对称问题时，发现了某些描述物质基本性质的方程式中包含了一些嵌入式的计算机代码。根据他的介绍，这些代码与现代网络协议中的"错误纠正代码"非常相似，似乎是某种编码协议的一部分，这种纠错码通常是用于防止计算机里的系统编码出错的，可是现实世界为什么会有这样的冗余设计，这很难解释清楚。

你看，在非常前沿的研究领域里科学家也会感到这种现实和虚拟世界的相似性特征。

对这方面进行研究的还有加州理工学院的计算数学专家侯曼·奥瓦迪（Houman Owhadi）。

奥瓦迪对虚拟世界理论发表观点认为："如果模拟现实拥有近乎于无限的运算能力，那么我们就永远没有任何方法能够判断出我们正生活在一个虚拟现实世界中，因为这个模拟现实可以计算出你想要的任何东西，并且以你所期待的真实度呈现出来。若要使这个模拟现实可以被探知，我们必须以它的计算资源有限为前提来思考问题。"

奥瓦迪还用游戏举例，他说："如果我们再次以游戏举例，这就像很多游戏都凭借巧妙的编程尽可能地节省构建游戏中虚拟世界所需的运算能力。"

可以看出，奥瓦迪的想法和本书的看法是非常接近的，他也认为我们发现世界不真实的前提必须是这个世界的创造者出于某种考虑，使用了"节省资源"的算法技巧，所以在某种程度上损失了客观一致性。

从这个角度出发，奥瓦迪也顺理成章地怀疑上了神秘的量子现象。

"如果这个量子系统是无限算力的完全模拟产物，就不应该存在坍缩的过程。"奥瓦迪说，"当你观察它时，一切就应该已经是确定的。但是现实却像你在玩游戏时发生的情况，你看到的那部分虚拟现实已经完成了计算，而余下的虚拟世界只是一种模拟（代码）。"

为了进一步探究真相，奥瓦迪及其团队一直在进行各种双缝变体实验的研究，试图发现其中可能存在的模拟过程的破绽；我们也很期待他的研究有所发现。

除了奥瓦迪的团队，还有马里兰大学帕克分校的物理学家佐雷·达沃迪（Zohreh Davoudi），她也对博斯特罗姆的观点很感兴趣，同样认为应当针对一个运算资源有限的模拟现实将如何露出马脚的问题进行研究。

达沃迪本来的研究方向是使用计算机的算法来模拟粒子之间的互相作用，即用算法模拟微观世界的各种作用力。

她发现在模拟粒子间的强相互作用力时，因为描述强相互作用力的方程极其复杂，即使是现在使用超级计算机也无法用分析方法解开方程，于是她不得不退而求其次，用简化的算法来模拟，以寻找算法上的捷径。而事实上当她的团队把空间看作离散不连续的，模拟算法就取得了很大的进展，研究团队基于这种假设已经成功模拟出了氦原子核，并打算进一步模拟更加复杂的原子。

这使得达沃迪开始思考，是否我们的真实世界的空间其实也是不连续的，也有最小单位，而真实世界的粒子间的相互作用关系说不定也是采用某种便捷算法模拟出来的。

达沃迪据此认为，只有采用一些捷径算法才能让我们在未来可以模拟出更复杂的粒子和更宏观的物质来，否则再多的算力也难以模拟出真实世界。但是反过来，真实世界很可能也是被这样模拟出来的，我们正在做着和造物主相同的事情。

还有比较务实的科学家则更进一步，直接把我们处于虚拟世界中当作研究前提，开始解析如何用可能的程序算法来描述现有的粒子物理学理论，试图把虚拟世界背后的算法模型还原出来。

例如，美国麻省理工学院的华裔终身教授、美国国家科学院的文小刚院士认为，整个宇宙的本质很有可能就是由虚拟的量子信息构成的。

文小刚教授在量子凝聚态物理领域研究了数十年，做出了许多卓越的贡献，因此他也曾获得凝聚态领域的最高荣誉：巴克利（Oliver E. Buckley）奖。

文小刚教授

文小刚教授将自己的研究归纳为一套"弦–网凝聚理论"，认为在我们的宇宙中，信息和物质其实是统一的，也就是说，信息和物质是一回事，或者是某种数学规则构成了我们的宇宙。我们的整个宇宙都是由量子的长程纠缠作用构建起来的，这是一种"量子比特"的海洋，就如同虚拟世界的基础代码一样，而这些代码运行的结果就构成了我们所感知到的现实世界。

文教授在一次接受采访时谈到了电影《黑客帝国》，他认为其实我们的宇宙非常类似于这部电影里描绘的世界。

他说："事实上，我们所在的真实世界比这（电影《黑客帝国》）更为不可思议，它是一个量子信息的世界，信息是一切的基础，物质是由信息构成的虚拟的东西。我们生活的真实世界就是一个量子计算机，存在于其中的各种物质、人，都是量子信息的虚拟反映。这个想法虽然看似天马行空，实则是有理论依据的。"

我在这里罗列出的这些支持虚拟世界相关理论的物理学家当然并不是全部，这说明在科学界，认为我们世界是虚拟出来的已经算不上什么新鲜离奇的观点了。

持有类似观点的这些科学家都非常理性、睿智，都是治学非常严谨的学者，他们对待自己所研究的课题的态度也是相当严肃认真的。

可为什么这些专业的学者和科学家对"我们生活在虚拟世界"这种听起来就像科幻脑洞式的理论却一本正经地表示支持，甚至耗费大量精力进行研究论证呢？

其实这也反映出当今整个物理学界在量子前沿理论研究上所遭遇的某种困境。

甚至可以说是人类科学发展到现在遇到的真正的瓶颈所在。

这种瓶颈到底是什么呢？

我对这种瓶颈的描述就是：为什么我们所处的宇宙的微观世界和宏观世界在数学和逻辑上存在严重的不一致呢？

看到这里，有朋友会感到奇怪，为什么我会对微观世界的数学逻辑和宏观世界不一致感到不解呢？

我们研究科学不就应该尊重我们观察到的各种客观现象吗？

如果宏观世界和微观世界的客观现象是不一致的，我们就应该接受这种不一致，并承认这就是我们所处的客观世界的实际规律才对。从科学角度来讲，这又有什么好质疑的呢？

的确，从自然科学角度来讲，对客观世界的观察结论就是我们认识一切客观规律的基础，可是自然科学其实并不是人类所掌握的最厉害的理性工具。人类认识的比自然科学更高的知识其实还有很多，如数学、逻辑学和哲学等，这些知识是可以完全脱离客观世界而存在的，是形而上的学问。

例如，数学其实并不属于自然科学范畴，而是一种更高的理性语言，也是一种研究一切事物规律的方法论。数学虽然是研究科学所用的工具，但它的本质是高于自然科学的。数学不仅可以描述科学所研究的客观世界，还能研究超越客观世界的纯逻辑世界，研究现实中根本不存在的对象，分析现实中并不存在的问题。

例如，我们可以用数学研究无穷大、无穷小、无理数、虚数、集合、n 维空间等，这些概念其实都超越了客观世界的范畴，但是我们依然可以用数学寻找其中存在的关系和逻辑。

所以，当我们观察的客观世界和这些形而上的认知发生冲突时，我们就有了质疑它们的合理理由。

当然，我们不是怀疑数学出了问题，我们更应该怀疑的是为什么客观世界和数学逻辑不符。

例如，为什么在描述宏观世界和微观世界时，我们需要使用不同的数学方法？

在微观世界里，我们必须用量子态波函数的数学形式来表示粒子，以区别于宏观世界物体的经典态。

在宏观世界里可以用几何旋转来描述物体自转运动，而在微观世界里却很难找到对应的几何模型来描述粒子的自旋属性。

在宏观世界里，我们不需要为观察行为设定什么数学规则，无论怎样观察物体也不会改变它的客观属性，也不需要因为观察对物体做任何数学处理。但是在微观世界里，观察可是会引发复杂的数学操作的，如我们要定义测量基、给出本征态、使用算符计算坍缩值等。总之，任何观察行为都需要对目标函数进行一套复杂的数学变化。

在宏观世界里，我们在数学上可以严格地区分不同的物体，哪怕它们长得一模一样，在进行排列时，我们也照样可以通过对其编号进行区别和排序，不会出现混淆。可是，在微观世界里，对全同粒子我们就无法从数学角度进行编号和区分，也无法进行不同排列，宏观世界的物体区分规则在微观世界突然就失效了。

这些微观世界和宏观世界的不同规律，导致人们需要为微观世界发明一整套的数学规则，并为之创造出各种各样的数学概念和公式方程，而这一切在宏观世界都不需要。

数学既然是一种通用的工具和自然语言，为什么对于同一个客观世界，宏观和微观上我们却需要使用完全不同的数学方法来描述呢？

而且，我们甚至都搞不清这两个世界、两套规则的清晰分界线到底在哪里。

数学本身只是工具，所以原因自然不在数学上，但我们又必须承认我们所观察到的这些客观现象之间的事实差异；那么只有一种可能，就是在微观世界的背后还有人类认识不到的更深层的机制在起作用，正是这些底层的机制才导致了宏观世界和微观世界之间在数学上的差异。

但是以人类目前的科技水平，我们还无法真正地探知这些底层机制的存在，更谈不上去进行实验观察和研究。对于这些我们无法通过实验观察来进行研究的领域，数学的作用就非常凸显了，因为只有数学可以超越我们的观察能力，去建构和描述一个完全未知的领域，在人类实验能力还达不到时先一步建立起未来理论来。

这是一种科学家们都很熟悉的方法论，先用数学解决问题，再研究这些数学规律背后的物理含义到底是什么。

当年普朗克不就是这样解决黑体辐射问题的吗？他通过对自己拼凑出来的数学公式的研究成功开创了整个全新的量子理论，这正是数学的神奇威力体现。

在历史上，数学知识的发展推动科学进步的例子更是数不胜数，人类在数学研究上的很多成果甚至多次引导人类拓展了对整个世界的认知。

说到这里，我们要谈一小段数学的发展史。

最早的数学，人们只是把它当作计数的工具，不同数字对应相对应的物品数量，所以人们认为整数和分数就是数字的全部。直到公元前6世纪，一个名为希伯斯的人在研究正方形对角线长度时发现了$\sqrt{2}$，从而揭开了无理数的面纱。

这种数字和人们之前认识的数字完全不同，它无法像之前的数字一样，表示成整数和整数的比值，把它写成小数后居然有无穷无尽的位数，人们无法相信这种数字会真实地存在于客观世界中。当时知名的数学家毕达哥拉斯创立的学派对这个超越现实的数字感到了惊慌，他们无法解释这个数字的含义，居然选择了掩盖无理数存在的秘密。为了掩盖这个秘密，毕达哥拉斯学派的成员竟然将发现无理数的希伯斯投入海中淹死。

但不管人们怎么企图掩盖无理数的存在，数学规律却是恒在的，它无法被任何力量消灭。所以无理数既然存在就一定会被其他人发现。之后果然有越来越多的无理数被发现，人们不得不承认我们的客观世界的确是存在着这样的"新数"，而且我们的客观世界也需要使用无理数来进行描述。

这件事被数学界称为第一次数学危机，在这次危机里人们第一次感受到数学那种超越常识却无法否认的力量。

后来数学界又发生过因为微积分问题引发的第二次数学危机，和因为集合悖论引发的第三次数学危机。

而在历次数学危机的间隙，数学界还发生过几次小的危机问题，同样带来了对数学基础的认知拓展，其中就包括著名的负数求根问题。

16世纪初，人们在尝试解决三元一次方程难题时，无意间发现了这个负数求根的问题。最开始发现这个问题的是一个名为卡尔达诺（Cardano）的

卡尔达诺（Cardano）

人，他找到了三元方程的一个解，但其实他是找到了所有的三个解，但是其中两个解的根号下有负值，他认为这些结果没有什么意义，于是忽略了它，并称这些负数的平方根为"不可能的结果"（Manifestly Impossible）。

后来他的学生庞贝里（Rafael Bombelli）将这个问题向前推进了一步，在计算中正式接受了 $\sqrt{-1}$ 的存在，并定义了它的计算规则，然后他用这些不可能的结果居然计算出了正确的方程解。

不过到此时庞贝里还是只把如此有用的 $\sqrt{-1}$ 的存在当作一种计算技巧而已，他虽然公布了其发现，但评价这只是个便于计算的工具（Hack）。他说道："整个过程更像是一种假象而不是一种真实。"

的确，用我们日常的思维实在太难对负数的平方根赋予什么具体意义了，谁在日常生活里见过这样的概念呢？

又过了大概50年，人们才开始慢慢思考负数根的价值和意义。1637年，法国数学家笛卡儿（Descartes）在他的《几何学》著作中使用"虚的数"（Imaginary Number）来称呼虚数，与"实的数"相对应，从此虚数的称呼才流传开来。

1777年，数学界的大神欧拉（Euler）在《微分公式》一文中第一次用字母"i"来表示 $\sqrt{-1}$，首创了用符号i作为虚数的基本单位的概念。接着挪威的测量学家韦塞尔在1779年试图给这种虚数以直观的几何解释，然而没有得到学术界的重视。

直到1806年，著名的德国数学家、有数学王子之称的高斯（Gauss）终于公布了他创造的虚数的图像表示法，即将所有实数用一条数轴表示，所有虚数用另一条数轴来表示，两条数轴垂直相交构成一个直角坐标系，从而构成了一个由实轴和虚轴交汇而成的平面。在这个平面上，任何一个复数与平面上的点都可以一一对应，这个平面高斯称之为"复平面"。于是，人们对数域的认识第一次从一维的数轴拓展到了二维的平面空间。

可以说，高斯凭借一己之力创造了整个复数体系，他的复平面的概念不仅大大地拓展了人类对数学的认知，还让人们把这种看上去很虚幻的数学概念运用到了各种实际的计算应用当中。

很快人们就发现，使用复平面可以相当便利地解决很多涉及波动方程的计算问题。因为复数运算的本质天然就包含了旋转的概念，而一切波动又都可以映射成空间坐标系下的各种旋转变化，复平面就成了计算波动方程的最好工具，复数计算也就成了解决很多物理问题的利器。

人们由此构建出了一整套复变函数的分析方法，这套方法被用来解决物理的各种分支学科的问题，其中包括流体力学、电磁学、电路分析、控制论、相对论等，当然也包括我们讨论的量子力学。

在各种量子力学的计算中，我们就必须使用大量的复数计算，因为粒子的量子态本质上就是一种波函数；当我们对波函数进行转换时，使用复数进行计算自然最为方便有效。

不过就算量子理论的公式中使用了大量复数概念，还是有人认为其实复数也就是一种数学工具而已，只是因为其计算一些空间坐标旋转变化非常方便我们才使用它；而真实世界是不可能存在虚数的，人们使用虚数来描述微观世界的粒子运动规律的目的也只是为了简化计算。

甚至就连当年发明量子波动方程的薛定谔，在推导波动方程时也试图避免使用虚数，但后来他还是放弃了，因为使用虚数对计算的简化太有帮助了。不过薛定谔对使用虚数来进行量子计算还是心存疑虑，他也不认为虚数真的具有什么实际意义。很多物理学家也有类似的看法，大家普遍只是把虚数当作一种计算辅助手段来看待。

可是事实究竟如何呢？虚数难道真的与现实世界无关吗？

物理学家对这些波函数公式中存在的虚数项一直非常感兴趣，他们决定认真验证一下，现实中的量子效应究竟是否必须使用复数来进行描述。

2022年，中国科技大学的潘建伟团队和南方科技大学的范靖云团队分别完成了两个相似的实验课题，实验的目的就是研究使用虚数到底对于描述现实的微观世界有没有任何必要性。

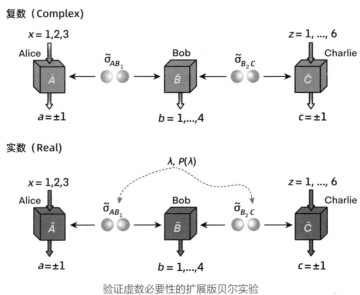

验证虚数必要性的扩展版贝尔实验

中国科技大学和南方科技大学的团队使用了不同的实验方法，分别用光量子和超导量子进行纠缠实验，然后用不同的数学形式的理论进行计算，并用计算结果来与实际实验的结果对照比较。

结果两支团队通过各自独立的实验分别得出了几乎相同的验证结果：只

用实数来描述量子现象是不完备的，想要完备地描述量子现象必须使用虚数。

两支中国的实验团队分别独立证明了在量子计算中使用虚数的必要性，这也说明了虚数并不简单是某种辅助计算的工具，而是描述我们现实世界所必要的数学元素。

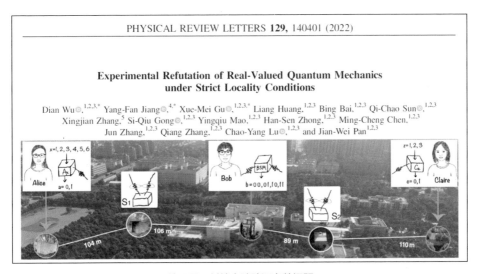

使用量子纠缠实验验证虚数问题

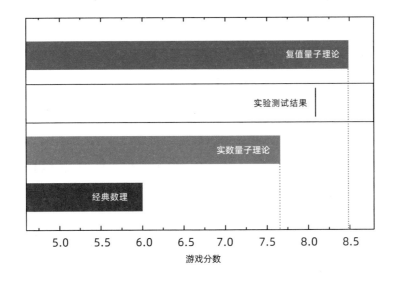

上图中所呈现的实验结果可以清晰地表明，在物理学的理论框架下，采用实数形式的界限值为7.66，而实验测试结果为8.09，超过判据43个标准差，所以实验结论非常明确无误地表明量子物理必须使用复数形式来进行描述。

两支中国团队的两篇论文在同一天发表在物理顶刊《物理评论快报》上，并一起获得了编辑推荐奖。美国物理学会（APS）旗下的Physics网站在评选2022年国际物理学领域的十项重大进展（Highlights of the Year）时，将潘建伟团队和范靖云团队的虚数量子力学检验系列实验列在了第一位。

业界给予这两个实验如此之高的评价，那么这两个实验到底说明了什么呢？

潘建伟和范靖云团队的实验其实充分说明了一件事，就是虚数并不是脱离现实存在的纯数学概念，而是实实在在与我们真实世界紧密相关的东西，就像无理数一样，我们需要使用虚数才能更完整地描述我们的客观世界。

可是，我们怎么才能想象虚数对于客观世界究竟意味着什么呢？复平面对于现实世界来说，又存在于哪里呢？

为了方便大家理解这个问题，我举一个简单的例子。

假设我们有一个2D平面游戏，里面有一个小人。因为在二维（2D）平面里是没有高度概念的，所以这个小人就是个2D的纸片人。又因为在这个平面世界里的所有东西其实都是一些没有厚度的2D物品，所以小人看见的任何物体其实都是一些不同长度的线段而已。

小人在平面里面四处行走，有一天突然发现了一条忽长忽短不断伸缩振动的线段，他围绕着线段转了一圈，发现无论从哪个角度看，观察到的这条线段的振动幅度都是一模一样的。那么他会怎么想呢？

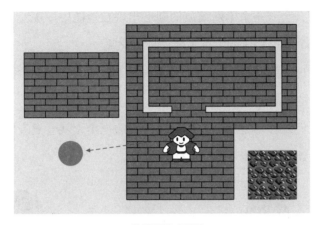

二维平面游戏世界

聪明的小人可能会猜测，这也许是一个不断在缩放的圆形？虽然小人并不能跳出平面来观察整个游戏地图，但是不妨碍他对这个现象做出想象和猜测，他也会建立起一套立体几何学，并且研究超越自身平面、以带有俯仰角度的视角看到的2D图形。

如果假设这条不断伸缩的线段其实就是一个2D平面上在不断缩放的正圆形的话，与纸片小人观察到的客观现象就非常吻合。

二维世界中缩放的圆形

但是为什么会有一个不断缩放的圆形出现在地图中间呢？会不会有其他原因导致了这个圆形物体的大小不断循环变化呢？

不过思考这个问题就太超出小人的认知了，他能做出缩放圆形的猜测已经是很了不起的成果了。

而如果我们能够切换到这个游戏设计者的视角，就会发现他在游戏场景的编辑器里看到的，其实是下面这样的场景。

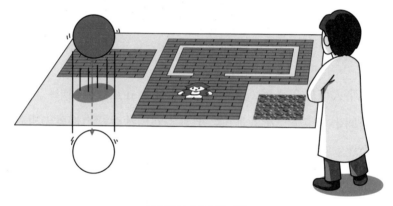

从更高维度看到的球体

原来是在三维空间里，有一个球体的模型在上下振动着，不断地来回穿过2D平面的地图。纸片小人看到的伸缩线段，只不过是3D模型在这个2D世界的平面上来回穿越时留下来的不断变化的交接切面的侧面投影。

这个跳出平面从3D视角看到的景象，是2D纸片小人无论如何都无法想象的，因为它生活在自己的世界里，眼见的只有各种长长短短的不同的线段，别说一个3D物体，就连一个2D的俯瞰画面对他来说都是从未见过的，而他的感知器官、他的思维概念也都只能接受和理解2D的平面世界的信息。

也许，有某个纸片小人世界的最聪明的学者，通过自己的猜想，幻想出了存在更高维度的世界，于是他用一种高维的数学手段将这种3D空间的物体运动规律给呈现了出来，并且用这种计算方法很好地解释了他们在2D世界里观察到的这些奇怪的客观现象；但是他可能也只是认为自己发明了一个方便计算的辅助手段，并不会真的认为这个真实世界存在更高的维度，毕竟无法观察的事物是无法被证明也无法被证伪的。

在这个例子里，我们其实就很像2D世界的平面小人，我们身处自己的世界里，自然感知不到超越现实世界层面的更高的维度和系统，所以我们会感觉很多现象非常难以解释。于是我们中的智者就发展出了一些超越现实的数学概念和手段来描述它们，这些数学模型计算的结果非常符合我们观察到的现象，但是我们无法理解它到底意味着什么。

虚数和复平面就是这种超越我们现实世界的数学概念，它们所表示的，其实就是对于我们这个现实世界来说更高的维度。从现实世界的视角来看，我们也不明白为什么两个纠缠量子可以跨越空间无视距离地相互联系，为什么使用复数可以准确地描述它们。但是也许从更高维的角度来观察，这一切就都不神奇了，复数概念所蕴含的就是这种高维的关系而已。

只不过这种更高的维度，不见得是某种我们想象中的几何意义上的维度，它也可能是更高层级的某种逻辑系统。

这就像在游戏世界里，可能里面的小人也不明白为什么两个相距遥远的宝箱会开出互相关联的物品，但是一个游戏设计师站在他的角度看到的就是一个简单的逻辑关系而已。因为从代码层面来看，这两个宝箱是同一个函数代码生成的，两个纠缠粒子也许只是指向同一个函数的不同指针。

这种代码层面的逻辑当然是无视游戏里面的虚拟空间距离的，作为纸片小人的我们不能理解，是因为我们也只能从自己所处的游戏世界层面的逻辑来思考推导，我们同样不具备更高的系统维度的观察视角。

不过小人如果掌握了一套高级的数学方法，那么他自然也可以把看不见的代码规律用这套数学方法给描绘出来，他也可以对任何代码逻辑进行数学建模，再从数学模型中去思索其含义。

所以潘建伟和范靖云团队虚数验证实验的意义就在于：我们虽然不知道黑盒里面是什么，但是知道黑盒里面的规则和外面不一样，黑盒里面的确存在超越我们宏观经验的某种超现实规则。

在写作本文的过程中，笔者有幸和香港中文大学量子相干中心主任、美国光学学会会士、香港量子信息科技研究所所长刘仁保教授进行了交流。当我们聊到量子背后神秘机制的话题，刘教授就说到了一个有趣的思想实验。他说："如果人类可以到全宇宙随意旅行了，那么我假设找一亿个学生去到一亿个不同的星球上，然后我请他们每个人都做一个双缝干涉实验。但是呢，我要求他们用极其弱的光能量来做这个实验，每个人使用的能量要远小于一个光子。"

我有些疑惑："这样岂不是很多人的屏幕上连一个光子落点都没有吗？"

刘教授说："对，很多人一个落点都没有，但是因为量子能量有随机性，所以还是有不少人能得到一个光子的影像。"

我问："随便什么星球吗？间隔多远都可以吗？"

刘教授说："对，可以在千亿光年之外，人类都还未能观测到的星球上。"

我问："然后呢？"

刘教授神秘地反问："你猜，等他们都拍完了，我如果把这一亿张照片收集到一起，然后全部叠起来会看到什么？"

"会看到什么？"我一脸疑惑，仔细想了想觉得很奇怪，这些光子是在不同地点、不同时间，由不同的发射源分别发射成像的，它们之间也没有任何纠缠关系，完全没有任何联系，这些照片之间似乎什么关联都没有，它们叠在一起能看到什么？

"会看到一幅完整的干涉图像！"刘教授得意地揭开谜底。

听到这个答案我完全震惊了，虽然我对光子的干涉现象也有所了解，但是我还从来没有从如此宏观的角度理解过光量子的特性。在这个夸张的思想实验中完全不相关联的一亿个光子在完全不同的地点、完全不同的时间，却依然能够被同一个波函数机制操纵，从而形成关联规律，这背后的含义简直难以想象。

可是我们还是禁不住去想象，整个宇宙到底是被什么巨大的底层机制构建起来的，竟然能够出现这样的奇迹！这个看似辽阔无垠，人类现在甚至连边界在哪里都不知道的宇宙，其内部的物质居然彼此保持着如此紧密的联系！如果是我看到这样的一幅干涉图像，就会感觉到整个宇宙的物质世界其实都一直在按照共同的节奏不断波动，而且我会觉得这种波动其实正是因为我的观测而产生的，而我似乎正站在整个宇宙脉动的中心或者源头。

其实当今的高能物理发展到今天，虽然在微观领域已经取得了非常可观的成就，可是对于微观世界最大的一个问题，即"粒子究竟是什么"，我们依然无法作出合理的解答。

而量子物理学对此能够回答的极限就是：粒子本质就是一种波，而且不同于任何我们所见过的水波、声波这些机械波，它是一种概率波。可是概率波又是什么呢？概率波完全是基于观测存在的，如果没有观测，这种所谓的波到底存不存在我们都无法判断。

它的本质是什么呢？它背后又是什么机制在起作用呢？我们目前还完全不得而知。

但是，通过虚数实验我们所能知道的就是，概率波应该不是一种和我们处于同一空间维度的波，因为这种波能够导致粒子同时出现在无数多个地方（物质波的相位也是叠加态的），就必然不是我们所能够理解的传统意义上的空间机械波，而必然是要用超现实维度来描述的波，所以这种概率波在数学上就必须使用虚数这种超现实的数学维度来进行描述。

现在，你如何看待这个宇宙背后的神秘黑盒里的东西？

以人类目前的认知经验，我们肯定是无法一窥黑盒之中的玄机，只能说这个黑盒里面蕴藏的宇宙奥秘应该超越了人类最夸张、最极限的想象，也一定是人类非常梦寐以求的知识"皇冠"。

但是黑盒里到底是什么呢？

只可惜数学手段可以帮助我们描绘这些看不到的逻辑规律，但不能帮我们弄清楚它到底是什么。

在缺乏观察和验证手段的情况下，我们只能依靠想象去猜测黑盒里面的情况，也许里面是一套自动机器，也许是某种智能存在，或者是更高层面的虚拟系统。

当然，我们还可以用各种更复杂的模型来诠释这个黑盒。例如，存在着我们无法感知的4维、5维、6维……的超空间，或者存在某种神奇力量。

但我们如何想象其实不重要，对于打不开的黑盒，科学家们实际上并不太关心这些无法证实也无法证伪的猜测哪种更有道理，他们只关心对于黑盒现象的解释，哪种不仅是自洽的，还是最简洁、最容易理解的。

这也是被称为"奥卡姆剃刀"的著名原则："如无必要，勿增实体。"

简单说这个原则的意思是，只要能够得到相同的结果，能够用简单模型解释的，就不要采用更复杂的体系；能够用我们更容易理解的方式，就不要采用更费解的方式。

当然，也许对于那些超级聪明的物理学家，他们认为多世界理论、时间倒流粒子、交易诠释、分形不动集等数学模型更加简洁准确，但是这不妨碍我们这些"吃瓜"爱好者们认为虚拟世界诠释更容易理解不是吗？

反正无论是哪种诠释，其实我们都可以将之看待成一种"未知的基于观测的充满概率性的逻辑机制"，所以这些猜想只要符合我们的实验结果，那我们暂时也不必去深究它们，这反而方便让我们用自己更容易理解的方式来看待微观世界，而不用担心不够正确，毕竟大家都是猜的嘛。当然，我们的猜想还缺乏严格的数学推导和论证，并不算是严谨的理论，只能算是科普层级的脑洞而已。不过对于这种超越实证范围的脑洞诠释，虽然还很粗浅，但相信我，这和其他诠释一样，也同样不会被证伪。

既然现在谁也打不开这个黑盒，那我们自然可以先选择一个我们普通观众容易弄懂的诠释，至于搞清真相？就留给未来人类的顶尖智者或者其他超级AI吧，但至少在这一刻，我们并没有落后于世界上最顶尖的物理学家们。

不过，从目前人类的能力来看，这个黑盒很可能比我们想象的要严密结实，打开它恐怕不是一件很容易的事情，物理学家已经为此努力了很多年了，但是进展甚微。

况且现代物理学还面临着一个更加具体的现实困境在制约着物理学家们探索微观世界的脚步，那就是现代物理学的研究范围已经非常接近人类实验手段所能达到的极限了。

为了拓展物理学的疆界，人类一直在不断制造更大型的粒子对撞机，尝试用更高的能量将微观物质进一步粉碎，以寻找更加基础的物理结构，并不断合并作用力。但是这种方式其实也是有尽头的，如果要继续研究更底层的微观世界，人类未来还需要制造比现在最大的加速器的能级还强大千倍万倍甚至数百万倍的加速设备。

如果我们想要粉碎更基础的物质结构，每前进一步，需要的对撞能级都需要提升很多个数量级。届时我们所需要的加速器直径可能会超过百万千米、千万千米，甚至需要制造出环绕太阳系大小的巨型粒子加速设备才够用，但这种超级的宇宙工程，以人类工业制造能力的发展速度来看，显然在我们可预见的遥远未来都难以实现。

而且就算人类未来可以建造出这样的超级宇宙工程，那么再下一步呢？建造环银河系加速器？建造超星系团级的加速器？

所以，物理学未来发展到一定程度，必然会遇到我们观察能力极限的限制。我们终会面对永远无法揭开的未知秘密，会面对永远无法验证的猜测，会碰到科学手段的真正边界。未来的科学边界之外，自然会充满各种各样人们无法猜想的难以验证的理论模型。

还有另一种可能是，甚至不用等到我们穷尽实验手段的那一天，人类可能会在更早的阶段就会遇到物理理论上的发展瓶颈。

其实科学家通过各种对微观世界现象的不断深入探索和分析，已经越来越感到宇宙的最底层基础可能并不是什么所谓的波、场、弦，而是最纯粹的数学元素，也许完全就是纯粹的数学关系构成了我们这个世界，这种数学结构在复杂的算法推动下才形成了我们能够感知的宏观世界。

大家可能会疑惑，数学不就是人类发现的一种自然语言、一种分析工具吗，它本身又不是什么客观物质，为什么能够构成我们的客观世界呢？

可是，人类在微观世界发现的各种现象似乎都在提示我们，微观粒子的确没有任何客观实体，它们有的只有非常纯粹的数学特性，而且是各种反常识的数学特性。

麻省理工学院宇宙学家马克斯·泰格马克（Max Tegmark）就持有这种观点，他认为整个宇宙就是由数学构成的，没有任何实体存在，宇宙万物只不过是各种数学关系的集合。

他在参加一个论坛时说道："宇宙的一切，包括我们人类，都是数学结构的一部分。"

泰格马克参加腾讯研究院主办的"科技向善"论坛

泰格马克的这种数字宇宙论又被称为"数学一元论"，虽然他的理论被很多人认为荒谬和难以接受，但不得不说到目前为止没有什么观点可以推翻他的说法，反而他的很多看法得到了越来越多的实际物理学实验证据的支持。

一个纯数学结构构成的世界真的令人无法想象也无法接受吗？

其实如果我们真的生活在虚拟世界里，一切就还挺符合逻辑的。

假设我们真的身处虚拟世界，并且对自己的世界深入研究，自然会发现我们的世界底层似乎不是由任何实体构成的。

如果我们是虚拟游戏中的NPC小人，当我们群体中的智者对自己所处的世界进行了一番追根溯源的研究之后，发现整个世界最基础的单元竟然是"0"和"1"两个数字，到这里就再也无法拆分了，再也无法用任何手段感知到更底层的世界了，似乎整个世界就是由0和1构成的，但是这到底意味着什么，小人文明里的智者自然也回答不出来。

再聪明的小人智者自然也不可能知道支撑这套0和1的数字系统的，是背后一整套包括各种复杂的软硬件的庞大系统，这些0和1只是这套系统用来表现虚拟世界的基本逻辑元素，整个虚拟世界的确就是用这些纯粹的数字和逻辑元素搭建起来的，一切的实体其实都是虚拟出来的幻觉。

小人们当然更不可能知道，使用这套复杂的系统是什么样的更高层面的智慧文明，不可能知道他们出于什么样的目的开发出这样的系统，是不是在用某种商业模式在运作这些计算体系，也不可能知道他们未来将如何运营和改变自己的小小世界。

这一切离小人生活的位面实在是太遥远了，遥远到小人世界的智者可能终其一生，甚至穷尽整个虚拟世界里的小人文明历程也不可能了解这些天外之事。

所以，我们也许应该更坦然地接受永远无法探知宇宙的终极真相的现实。

这种说法也不准确，因为宇宙就没有所谓终极真相这件事，应该说也许我们需要坦然接受我们可能永远无法探知超越自身位面真相的事实。

同样，就算是在我们的位面之上的宇宙智能存在，他们可能也无法探知比他们更高位面的真相。而且整个宇宙如果真的是层层叠叠的套娃结构，那么任意层面的宇宙的文明都无法通过自身努力来获取自身层面的完备知识。

在数学上，有一个"哥德尔不完备性"定律，它的出现是数学史上一个超级重要的里程碑。它向全世界的数学家们证明了一件事，就是我们永远不可能在"本系统中"，证明自身系统的完备性，任何人都不可能构建出一个独立的完备的数学系统。

这是什么意思？

其实就是哲学上的"不可知论"思想，因为世界的真相层次是无止境的，所以任何人永远都无法证明你找到的任何规律就是绝对最终真理，任何真理都只不过是在一个更大的系统下产生的局部知识，一旦你试图推算更大的系统知识，就势必需要引入更多无法证明的东西，结果你只能陷入循环论证的怪圈中，永远无法终结。

所以现在很多人说，人类一旦找到所谓终极的"万有理论"，就等于找到了我们宇宙的终极真理。这种说法其实是错误的，就算未来人类统一了现在的相对论和量子物理学，甚至统一了所有的自然科学理论，并且找到了所谓的"万有理论"，其实也就相当于拿到了下一个新的物理理论体系的钥匙而已。这种"万有理论"也不过是新的更高层次理论的某种限制条件下的局部理论，而更高层次的理论一定会给人类再次带来更多的未知和更广阔的需要探索的空间。

哪怕是未来的人类具有了神级的能力，能够探知上层母世界位面的某些知识，我们也只会发现想要理解和解释它们，还需要猜想更上层的世界位面的知识。最后我们在这一眼望不到尽头的探索之途中只会无奈地认识到，我们向上追溯的知识越多，所面临的未知也将越多，需要做出的猜测和假设也就越多，我们将永远无法探知真理的终点。

所以客观世界，从数学角度来讲，不仅没有绝对真理，更没有最终真相。

这一点，其实哲学家早就知道，有很多哲学家已经从逻辑角度论证过人类永远也无法真正地认识客观世界，我们对世界的理解永远只能局限在自己所能感知的层面，超出这个范围的，只能依靠无法验证的猜想。虽然现代的很多哲学流派对不可知论的解读存在诸多差异，但是在世界本质是不可知的这点上，各种学说都达成了共识。

既然如此，为什么我们不可以轻松一点呢？不要再纠结于这些哲学上的终极问题了，还是让我们回归到现实中来，回归到科学的本来目的上来吧。

其实科学的真正目的从来不是探究所谓的宇宙的终极真理，科学的研究目的永远都是实用主义的。它只研究那些我们能够观察到的客观现象，并且根据观察和实验，通过分析和逻辑推导来得出在当下普遍适用的理论，帮助人类掌握那些能够让自己生存得更好的知识，让人类获得更强大实用的现实能力，帮助人类在当前条件下生活得更好并推动人类文明逐步向前发展。

科学并不在乎自己的任何一条理论是不是永恒正确的，科学也不承认所谓的绝对真理，它更看重的是其理论的"当下普适"，甚至它还希望自己的每条理论在未来都会迅速被证伪、被推翻，因为只有推翻旧有的认知，才能诞生更加强大、更加普适的新知识，就像牛顿力学被爱因斯坦相对论所取代一样，科学界从来没有为此感到悲哀和难过，反而相当兴奋地迎接着新理论的到来。

所谓科学思维其实是一种人类应该如何对待宇宙万物，对待自己所身处的客观世界的一种方法论和价值观；而科学精神则是人类的怀疑精神、谦逊精神和实用主义结合后的具体体现。科学里的怀疑精神体现在任何发现都必须有准确和重复验证的观察结论作为依据；而谦逊精神则体现在任何科学定理或结论都必须可以被证伪，而且坚信其未来一定会被证伪。至于实用主义则体现在只关注当前人类能力范围内可观察、可验证的客观现象，不在无法验证的事情上浪费太多时间。

所以那些超越人类观察能力的事物，并不是科学研究和关注的对象，科学不会凭借想象和猜测对其作出任何结论，因为那些遥远的事物既然我们都观察不到，也就不会对现实世界产生任何影响，我们完全没必要去耗费精力研究它们，它们和人类之间从科学角度来看并不存在任何关联。

所以，科学家其实不太在意有没有什么更高位面的智慧生物创造了我们的宇宙，也不太关心我们的宇宙之外是不是还有什么东西，或者关心时间的起点之前到底是什么。只要这些事情不干扰到我们可观察的客观现实世界，科学家们就会先一律无视。

也许，等到某天人类技术进一步飞跃了，我们可以打破一些壁垒，能使用更强大的手段观察到新的时空、维度或位面，那么科学的领域才会继续拓展，覆盖人类新的能力范围，建立新的科学领地。

至于现在，对于追寻宇宙最底层的答案这样的任务，科学可能暂时无能为力了，我们还是把这些可供想象的无尽空间留给科幻作家、艺术家和电影导演们吧。人类其实非常擅长运用艺术想象或宗教神话去填补那些科学暂时触碰不到的地方，让人类不会为身处无尽无边的未知之海而感到恐惧孤独。

话题进行到这里，我们的量子号旅游列车也已经行进到了当今科学的边界之境，同时即将到达我们旅程的尽头了。在最后这段旅程里，我们的量子列车一路疾驰，终于带着大家抵达人类科学认知的最前沿地带，再向前已经是悬挂游客勿入警示牌的黑暗蛮荒之地了，那些未知之境还等待着人类的智者为我们继续开拓探索，而我们则要在这个科学的边境之地结束这趟难忘的量子之旅了。

这一路走来，我这位游戏制作人转行的业余科普导游很荣幸地带着各位朋友，撸着一只可爱的薛定谔的猫和大家一起从起点上车出发，离开大家熟悉的经典世界，进入这奇妙无比的量子微观世界，深入量子物理学的腹地，穿破各种阻碍业余游客的迷雾和藩篱，直抵科学最前沿，并和大家共同欣赏了各种量子世界的奇幻美景，也与大家一起从科学到哲学将话题畅聊到宇宙本质、造物之主、生命意义，甚至位面之外，不得不说真是不虚此行。

量子物理学这个有趣的话题，可以说离我们既远又近，远到与我们的生活几乎毫不相干，近到我们需要为此重新建立自己的三观。写作这本书，对于我来说，也是一个重新学习的过程，在学习过程中我也很好奇人类通过对于微观世界的不断深入探知未来究竟会把人类文明带向何方，好奇我们的文明在宇宙中到底扮演什么样的角色，又承担着什么样的使命。

我们每个人虽然都是平凡的，这些宏大深远的话题也许只能是当作我们茶余饭后的谈资，但是又都是神圣的，因为每个人都拥有独一无二的智慧意识，而且是科学理论也无法描述的神圣观察者、客观世界的意义创造者，甚至是宇宙演化的推动者。从这个角度来看，我们思考这些宏大话题更能够帮助我们认识自身与世界的关系，也更能够明白生活的意义与真谛。

我很希望这本书让你我这些对这个世界都抱有好奇的人在思想上能有一次短暂邂逅，让我们在俗世红尘中"打滚"之余，能够共同停留思考一些超然现实之外的东西，一起感悟宇宙沧桑，共叹生命奇妙，也是人生中难得的小小享受。最后，希望这本书给您的未来人生旅程带来一些新的启迪和可能，帮您开创更多精彩的生活体验。

量子很小，宇宙很大，时光漫长无尽，生命奇妙无比，但这一切都是为了你。

附录　书中涉及的科学家

理查德·菲利普斯·费曼（Richard Phillips Feynman，1918年5月11日—1988年2月15日），美国理论物理学家，以对量子力学的路径积分表述、量子电动力学、过冷液氦的超流性以及粒子物理学中部分子模型的研究闻名于世。因对量子电动力学的贡献，费曼于1965年与朱利安·施温格及朝永振一郎共同获得诺贝尔物理学奖。

尼尔斯·亨里克·达维德·玻尔（丹麦语：Niels Henrik David Bohr，1885年10月7日—1962年11月18日），丹麦物理学家，1922年因"他对原子结构以及从原子发射出的辐射的研究"而荣获诺贝尔物理学奖。

保罗·阿德里安·莫里斯·狄拉克（Paul Adrien Maurice Dirac，1902年8月8日—1984年10月20日），英国理论物理学家，量子力学的奠基者之一，曾经主持剑桥大学的卢卡斯数学教授席位，狄拉克在物理学上有诸多开创性的贡献。

潘建伟（1970年3月—　），中国浙江东阳人，物理学家，中国科学技术大学常务副校长、教授，中国科学院院士，九三学社中央副主席。多年从事量子信息领域的研究工作，并取得了一系列开创性的研究成果。

埃尔温·鲁道夫·约瑟夫·亚历山大·薛定谔（德语：Erwin Rudolf Josef Alexander Schrödinger，1887年8月12日—1961年1月4日），生于奥地

利维也纳，是奥地利理论物理学家，量子力学奠基人之一。

托马斯·杨（Thomas Young，1773年6月13日—1829年5月10日），亦称"杨氏"，是一位英国科学家、医生、通才。托马斯·杨在物理学上作出的最大贡献是关于光学，特别是光的波动性质的研究。

约翰·冯·诺伊曼（德语：John von Neumann，1903年12月28日—1957年2月8日），原名诺依曼·亚诺什·拉约什（匈牙利语：Neumann János Lajos，出生于匈牙利的美国籍犹太人数学家，理论计算机科学与博弈论的奠基者，在泛函分析、遍历理论、几何学、拓扑学和数值分析等众多数学领域及计算机科学、量子力学和经济学中都有重大贡献。

约翰·阿奇博尔德·惠勒（John Archibald Wheeler，1911年7月9日—2008年4月13日），出生于美国佛罗里达州杰克逊维尔，美国理论物理学家，广义相对论领域的重要学者。

马克斯·卡尔·恩斯特·路德维希·普朗克（德语：Max Karl Ernst Ludwig Planck，1858年4月23日—1947年10月4日），德国物理学家，量子力学的创始人。以发现能量量子获得1918年度的诺贝尔物理学奖。物理学里以之为名的普朗克常数是最重要的基本宇宙常数之一。

芝诺（希腊语：Ζήνων ο Ελεάτης，约前490—前430年），古希腊的前苏格拉底哲学家，出生于埃利亚。

阿尔伯特·爱因斯坦（德语：Albert Einstein，1879年3月14日—1955年4月18日），出生于德国、拥有瑞士和美国国籍的犹太裔理论物理学家，他创立了现代物理学的两大支柱的相对论及量子力学。因为"对理论物理的贡献，特别是发现了光电效应的原理"，他荣获1921年度的诺贝尔物理学奖（1922年颁发）。

维尔纳·海森堡（德语：Werner Heisenberg，1901年12月5日—1976年

2月1日），德国物理学家，量子力学创始人之一，"哥本哈根学派"代表性人物。1933年，海森堡因为"创立量子力学以及由此导致的氢的同素异形体的发现"而获得1932年度的诺贝尔物理学奖。他对物理学的主要贡献是给出了量子力学的矩阵形式（矩阵力学），提出了"不确定性原理"（又称"海森堡不确定性原理"）和S矩阵理论等。

沃尔夫冈·欧内斯特·泡利（德语：Wolfgang Ernst Pauli，1900年4月25日—1958年12月15日），奥地利理论物理学家，是量子力学研究先驱者之一。1945年，在爱因斯坦的提名下，他因泡利不相容原理而获得诺贝尔物理学奖。泡利不相容原理涉及自旋理论，是理解物质结构乃至化学的基础。

路易·维克多·德布罗意，第七代布罗伊公爵（法语：Louis Victor de Broglie, prince, duc de Broglie，1892年8月15日—1987年3月19日），简称路易·德布罗意（法语：Louis de Broglie），法国物理学家，法国外交和政治世家布罗伊公爵家族的后代。从1928年到1962年在索邦大学担任理论物理学教授，1929年因发现了电子的波动性，以及他对量子理论的研究而获诺贝尔物理学奖。1952年获联合国教科文组织颁发的卡林加奖。

马克斯·玻恩（德语：Max Born，1882年12月11日—1970年1月5日），是一名德国理论物理学家与数学家，对量子力学的发展作出了重要贡献，在固体物理学及光学方面也有所建树。此外，他在20世纪20年代至30年代间培养了大量知名物理学家。1954年，玻恩因"在量子力学领域的基础研究，特别是对波函数的统计诠释"而获得诺贝尔物理学奖。

阿诺尔德·约翰内斯·威廉·索末菲（德语：Arnold Johannes Wilhelm Sommerfeld，1868年12月5日—1951年4月26日），德国物理学家，量子力学与原子物理学的开山始祖之一。他发现了精细结构常数，一个关于电磁相互作用的很重要的常数。他也是一位杰出的老师，教导和培养了很多优秀的理论物理学家。

恩里科·费米（意大利语：Enrico Fermi；1901年9月29日—1954年11月28日），美籍意大利裔物理学家，美国芝加哥大学物理学教授。他对量子力学、核物理、粒子物理以及统计力学都作出了杰出贡献，曼哈顿计划期间领导制造出世界首个核子反应堆，也是原子弹的设计师和缔造者之一，被誉为"原子能之父"。费米在1938年因研究由中子轰击产生的感生放射以及发现超铀元素而获得了诺贝尔物理学奖。

伊曼努尔·康德（德语：Immanuel Kant，1724年4月22日—1804年2月12日）为启蒙时代著名德意志哲学家，德国古典哲学创始人，其学说深深影响近代西方哲学，并开启了德国唯心主义和康德义务主义等诸多流派，并且影响后世，诞生了新康德主义。

奥托·施特恩（Otto Stern，1888年2月17日—1969年8月17日），德国裔美国核物理学家及实验物理学家。他发展了核物理研究中的分子束方法并发现了质子磁矩，获得了1943年度的诺贝尔物理学奖。

瓦尔特·格拉赫（德语：Walther Gerlach，1889年8月1日—1979年8月10日），德国物理学家，于1921年与奥托·施特恩通过施特恩—格拉赫实验共同发现原子在磁场中取向量子化的现象，以此闻名。

萨特延德拉·纳特·玻色（英语：Satyendra Nath Bose，1894年1月1日—1974年2月4日），印度物理学家，专门研究数学物理。他最著名的研究是20世纪20年代早期的量子物理研究，该研究为玻色–爱因斯坦统计及玻色–爱因斯坦凝聚理论提供了基础，玻色子就是以他的名字命名的。

约翰·斯图尔特·贝尔（John Stewart Bell，1928年6月28日—1990年10月1日），英国北爱尔兰物理学家。最重要的贡献为发展了量子力学中的贝尔定理。

约翰·弗朗西斯·克劳泽（John Francis Clauser，1942年12月1日—　）是一名美国理论和实验物理学家，以对量子力学基础的贡献而知名，特别是克劳泽–霍恩–希莫尼–霍尔特不等式。他与阿兰·阿斯佩和安东·塞林格共同获得2022年诺贝尔物理学奖，表彰其在有关量子纠缠的实验、确立贝尔不等式的违背验证以及开拓量子资讯科学等方面作出的贡献。

阿兰·阿斯佩（法语：Alain Aspect，1947年6月15日—　），出生于阿让，法国物理学家、毕业于巴黎–萨克雷高等师范学校、在巴黎–萨克雷大学取得博士学位。他与约翰·弗朗西斯·克劳泽和安东·塞林格因验证贝尔不等式共同获得2022年诺贝尔物理学奖。

安东·塞林格（德语：Anton Zeilinger，1945年5月20日—　），奥地利量子论物理学家，维也纳大学物理学荣誉退休教授，奥地利科学院量子光学与量子信息研究所维也纳分所主席。他的大部分研究涉及量子纠缠的基本方面和应用，他与约翰·弗朗西斯·克劳泽和阿兰·阿斯佩因验证贝尔不等式共同获得2022年诺贝尔物理学奖。

汉斯·约阿希姆·布莱默曼（Hans Joachim Bremermann，1926-1996）是一位德裔美国数学家和生物物理学家。他致力于计算机科学和进化论，以其名字命名的布莱默曼极限指出了物质宇宙中一个独立系统的最大计算速度。

阿马莉·埃米·纳脱（德语：Amalie Emmy Noether，1882年3月23日—1935年4月14日），德国数学家，是抽象代数和理论物理学上声名显赫的人物，被誉为历史上最杰出的女性数学家。她所证明的纳脱定理揭示了对称性和守恒定律之间的紧密关系。

尤金·保罗·维格纳（Eugene Paul Wigner，1902年11月17日—1995年1月1日）原名维格纳·帕尔·耶诺（匈牙利语：Wigner Pál Jenö），匈牙利–美国理论物理学家及数学家，奠定了量子力学对称性的理论基础，在原子核结构的研究上有重要贡献。他在纯数学领域也有许多重要工作，许多数学定理以其命名。其中维格纳定理是量子力学数学表述的重要基石。

杨振宁（Chen Ning Franklin Yang，1922年10月1日—），中国安徽合肥人，理论物理学家，研究领域有统计力学、粒子物理学。他曾于抗日战争时期西南联合大学念本科、硕士，后赴美念博士。他与同是华裔物理学家的李政道于1956年共同提出宇称不守恒理论而获得1957年诺贝尔物理学奖，成为最早华人诺奖得主之一。

李政道（Tsung Dao（T. D.）Lee，1926年11月24日—），中国江苏苏州人，生于上海，长于苏州，美籍华裔物理学家。1957年，31岁的李政道与同是华裔物理学家的杨振宁一起因弱作用下宇称不守恒的发现获得诺贝尔物理学奖。

吴健雄（Chien Shiung Wu；1912年5月31日—1997年2月16日），美籍华裔物理学家，在核物理学领域卓有贡献，其在实验物理学方面的造诣常令人将她与玛丽·居里相提并论。

列夫·达维多维奇·朗道（俄语：Лев Дави́дович Ланда́у，英语：Lev Davidovich Landau，1908年1月22日—1968年4月1日），苏联著名物理学家，凝聚态物理学的奠基人，苏联科学领军人之一，同时擅长理论物理多个分支领域，在理论物理里多个领域都有重大贡献。

皮埃尔·西蒙·拉普拉斯（法语：Pierre Simon, marquis de Laplace，1749年3月23日—1827年3月5日），法国著名天文学家和数学家，对天体力学和统计学的发展举足轻重。他曾提出拉普拉斯妖（法语：Démon de Laplace）的理论观点。

戴维·玻姆（David Bohm，1917年12月20日—1992年10月27日），英籍美国物理学家，对量子力学有突出的贡献，并曾参与曼哈顿工程。

休·艾弗雷特（Hugh Everett III, 1930年11月11日—1982年7月19日），美国量子物理学家，以提出多世界诠释而著名。

马丁·约翰·里斯，（Martin John Rees, Baron Rees of Ludlow，1942年6月23日—　），英国理论天文学家、数学家，前英国皇家学会会长。

李·斯莫林（Lee Smolin，1955年6月6日—　），美国理论物理学家，圆周理论物理研究所教师，滑铁卢大学兼职物理学教授，多伦多大学哲学系的指导教师。他对量子引力理论作出了突出贡献，尤其是圈量子引力理论。

尼克·博斯特罗姆（Nick Bostrom，瑞典语：Niklas Boström，1973年3月10日—　），出生于瑞典的牛津大学哲学家，以其在存在风险、人择原理、人类增强伦理学、超智能风险和逆转测试方面的工作而知名。

吉罗拉莫·卡尔达诺（意大利语：Girolamo Cardano，1501年9月24日—1576年9月21日），意大利文艺复兴时期百科全书式的学者，主要成就在数学、物理、医学方面。他曾发表了三次代数方程一般解法的卡尔达诺公式，也称卡当公式。

勒内·笛卡尔（法语：René Descartes，1596年3月31日—1650年2月11日）是一位法国哲学家、数学家和科学家，是近代哲学和解析几何的创始人之一。

莱昂哈德·欧拉（德语：Leonhard Euler，1707年4月15日—1783年9月18日），瑞士数学家、物理学家、天文学家、地理学家、逻辑学家和工程师，近代数学先驱，18世纪杰出的数学家，同时也是有史以来最伟大的数学家之一。

约翰·卡尔·弗里德里希·高斯（德语：Johann Carl Friedrich Gauß，1777年4月30日—1855年2月23日），德国数学家、物理学家、天文学家、大地测量学家。他是有史以来最伟大的数学家之一，并享有"数学王子"的美誉。

后记

恭喜你，终于读完了这本有点"神神叨叨"的科普书。

读完全书后，你也许会感觉有所收获，也许会不太理解甚至不太认同书中一些观点，但是无论如何，我都相信你会感觉到，量子力学的确是人类迄今为止所发现的最伟大的科学理论之一。

不知道你思考过没有，虽然量子力学如此奇妙，但是了解和学习它对于我们普通人究竟有何价值和意义呢？

作为普通人，我们花费这么多心思去琢磨一门本应该属于科学家专业领域的知识，是不是有点"吃饱了撑得慌"的感觉？

换言之，我们普通人读量子力学的科普书，到底是在读什么？

读历史，可以令人长见识，明大事；读哲学，可以令人懂逻辑，善思辨。那么读量子物理可以让我们获得什么呢？难道纯粹只是兴趣使然，来围观科学进步吗？

其实，我们读量子力学，除了增长科学见识，也在关注一件重要的大事，一件对于整个人类来说都非常重要的大事——了解我们人类是如何通过探究大自然的方式来寻找我们世界的本质，并探讨我们人类自身存在的意义。这是一件关乎人类文明存在价值的大事，之前人类只从宗教神学的角度进行过思考，量子力学诞生后，人类才首次可以用科学的手段进行研究，用科学的视角重新审视，并用科学的思想重新思考这个根本性的哲学问题。了解这个科学进入到哲学领域的历程，同样也能帮助我们刷新自己的世界观。

可我们为什么需要刷新自己的世界观呢？

因为我们在日常生活中早已习惯了身处的宏观世界，久而久之自然会认为很多现象和逻辑是理所应当的，甚至感觉是不言自明的。我们从来不会去检视这些想法观念是否可信，也不会费心去思考客观现象存在背后的原因，也很少会思考我们自身和整个世界的关系，从而忽视了很多对于自身来说非常重要的问题。

试想一下，如果有一天，你像电影《黑客帝国》里的尼奥（Neo）一样，突然发现了这个世界的背后真相，你会有一种什么样的感觉？

会不会突然感觉人生有一些幻灭感或者空虚感？感觉之前执着的很多事情、追求的很多目标好像并没有太大意义？或者反过来，感觉以前很多惧怕的事情似乎也不是那么可怕，很多理想似乎也不再遥不可及和值得去追求？也许你也想逃离出去，去寻找一些更加真实的存在价值，或者重新思考生活的意义，重新排列自己的人生价值清单等等。总之，应该会有很多大问题都值得你再重新理解和思考。

阅读量子力学就能够带给你类似的感受。

当你了解到真实的物质其实是薛定谔方程描述的概率波、而我们感受到的物质其实是概率波按照玻恩规则坍缩形成的幻象、我们的观测行为按照投影公设在时刻改变着整个宇宙的演化的时候，当你通过"贝尔实验"认识到世界万物间存在着超越空间的联系、通过"虚数必要实验"认识到在世界上有着看不到的超现实维度、通过"维格纳朋友实验"认识到我们每个人都有着一个属于自己的宇宙、通过"人择原理"认识到你才是你自己宇宙的演化中心和唯一推动者（甚至进一步认识到整个宇宙都是为你而存在着）的时候，当你面对着这些极具颠覆性的理论的时候，你一定会感到难以置信——一门看似枯燥的物理学科竟然会揭示出这么多惊人的宇宙奥秘！

不过一旦你认真地领悟了这些看似荒诞离奇但实则科学严谨的理论后，你就一定会大幅度地改变对很多概念的习惯性认知。在学习量子力学的过程中，你可能经常会有看破周边万物表面幻象的感觉，现实世界在你的眼里有时也会变得不再真实，有时你甚至会感觉像突然失去了在现实世界中的支点一般，茫然不知自己到底身处何种虚妄幻境之中。你发现自己也身处"黑客帝国"，只不过和尼奥相比，当下没有"反抗军"能够帮你逃离虚幻，你也不会像他一样突然就拥有了能够打破虚空的超能力。无论你知晓了什么，你当然还是只能继续过着一样的生活，继续被这个世界的法则支配。但是，知晓世界的"真相"，拥有一种看待万事万物的全新方式，甚至一种从整个宇宙出发的视角，必定会令你的人生发生某种潜在的、未知的，且不可逆的改变。这些颠覆性的认知也许现在对你来说只是一些茶余饭后的谈资，但是，它们会停留在你的脑海里，留在你的观念里，在你未来的人生中不知不觉地改变着你的思考方式和人生逻辑。也许它不会给你的生活立刻带来什么实质性的改变，但至少此刻你已经比很多人对世界的理解深刻了许多，你已经与别人大不相同。

"让人能够活得更明白"——这也许才是量子力学对于普通人来说最大的价值。

学习量子力学还有另外一个价值，或者说是一个"副作用"，那就是量子力学在刷新你的世界观后，当你理解了它所诠释的怪异而又荒诞的客观世界后，你还必须说服自己去接受它，接受自己还要继续在这样一个世界里生活的事实。

我想，说到我们身处的这个"怪异世界"，大概你可以理解我为何会在本书中一直用虚拟世界来形容量子世界了吧。因为在我们的日常认知中，除了代码生成的虚拟世界之外，我们的确再也找不出任何可以和微观世界里量子现象相比拟的情形了。

虽然量子力学已经是人类目前最为接近世界本质的科学领域，可越是靠近本质越显得它更像一种"唯象理论"（不求内在原因，而只是用概括和总结试验事实得到的物理学规律）。物理学家们可以通过实验与数学手段结合，描绘出幻想中的微观世界的理论模型，并据此准确预测出各种微观世界的演化规律，但他们却无法真正解释原因，也不能揭示出未知背后的内在机制究竟是什么。至少，现有的一切科学理论都无法真正让我们明白，我们所面对的宇宙万物的底层究竟是怎样的。因为在我们探知世界本质的路径上，有一道我们绝对无法逾越的规则屏障。

这道屏障就是人类的主观感知和世界的客观实在之间的天然界限。因为人类永远只能通过自己的感官来了解客观世界，而客观世界却不肯向人类呈现出自己的真实模样，它永远只会按照某种概率投射部分的物质属性给人类感知。因此人类就像一只被关在半透明笼子里的猴子一样，只能隔着一层笼罩着概率之幕的屏障，通过观察外面世界的轮廓来猜测客观世界的模样。有这层屏障存在，人类就永远无法见到真实的世界。

无论人类中的智者们拥有多么惊艳卓绝的才智，为之付出多少尝试和努力，面对这样的屏障同样束手无策，无人能够跨越其分毫。在这样的绝境面前，科学唯一能做的，也只能暂时与哲学并肩同行，依靠想象来诠释未知。

人类完全没有预料到对于微观世界的深入探究竟然会揭示出如此颠覆而又难解的世界景象，无意间揭起了真相一角的人们不禁要发出一连串的灵魂叩问：

如此奇怪的世界到底是谁创造的？

人类存在的意义是什么？

被隐藏起来的世界的真相到底是什么？

这个世界被创造出来的目的是什么？

虽然这每个问题对于人类文明来说都意义深远、至关重要，甚至可以说关乎文明未来方向；可是科学家们面对横亘在面前无法逾越的鸿沟，却无法进一步去触及真相。看来这些终极的大问题似乎并不是一个刚刚诞生不足万年的新兴文明所能够解答的，对于人类来说，寻求答案应该还需要相当漫长曲折探索历程。

有时不禁会深深感叹，人类这个稚嫩微小的太阳系文明，仿佛宇宙中的孤儿一般，无端地诞生在一个无边无际的时空里，要独自面对着无数的未知谜团。而在这个文明中的每个个体却只有如同白驹过隙般的短暂生命，任何智者的生命长度都不足以解决这些宏大的命题，因此人类只能让一代又一代的学者以前仆后继的方式推动着科学之车在未知荒野里缓缓前行，一毫一厘地向遥不可及，甚至不知道能否抵达的真相艰难挪移。

我们不禁要再次深叹，难道人类只能孤立无援地面对这些难题吗？难道这些问题不仅是对于人类文明的终极之问，同样也是对我们整个宇宙时空之中所有智慧生命文明的终极之问吗？

只要是诞生在这个宇宙的任何智慧文明其实都面对与我们相同的世界之谜，每个文明也都应该渴望了解这些真相。在这样巨大的未知面前，宇宙中每一个拥有高等智慧的文明之间其实不会是彼此持有敌意的，毕竟大家都有潜在的共同目标。

在这个奇怪的宇宙中，每个文明好像是诞生在巨大游戏世界里的孤独玩家一样，每个人都对自己所身处的世界充满好奇，每个人都希望探索这个宇宙所蕴藏的更深层的秘密，每个人也都希望了解这个巨大游戏背后的设计者的真正目的是什么。我想，在这种状况下，如果真的有玩家幸运地彼此相遇，我想他们不会互相伤害，没有人愿意只是为了独享这巨大而空寂的游戏世界而消灭其他玩家，显然，其他玩家的存在远比这个空寂的世界更有价值。所以，在真正的游戏里，玩家显然更愿意做的是共同组队，一起探索世界，一起寻求真相和意义，一起弄明白这个游戏到底要我们玩什么？

所以我也非常理解为什么人类在一拥有无线通信的能力之后，就会不顾一切地向宇宙去广播自己的信息，寻找可能存在的其他智慧文明。这其实并不危险，我想，每一个拥有星际通信能力的文明都应该会大声地向宇宙呐喊并发出请求——请问，有没有哪个智慧文明愿意与我们交流，共享知识，一起探索宇宙，共同探求我们宇宙的真相？

从这个角度看，《三体》小说里设想的宇宙文明之间的"黑暗森林"状态可能并不成立。当所有文明面对相同的外部难题时，它们的选择合作的价值远大于选择对抗，至少我们人类自身目前的实际行为就与此相反。人类主动发起的搜寻地外文明计划（SETI）已经执行了几十年了，只可惜到目前为止人类的所有搜寻努力还没有得到任何结果，我们发现自己面对的依然只有孤寂无人的浩渺星空。的确，相比于宇宙存在的漫长岁月，一个智慧文明能存在的时间实在是太短了，文明存在对于宇宙来说，可能只是如小小辉光在无垠宇宙里弹指一般转瞬即逝，两个文明能够有幸同时存在的概率更加微乎其微。而且就算能够同时存在，他们能够突破光速牢笼、跨越漫长空间距离发生接触的概率就更是无比罕见。巨大的宇宙时空，几乎阻隔了任何文明彼此交流的可能，所以人类环顾左右，发现可能未来终其我们的文明整个历程，也只有自己孤独坐在空寂的考场里面对这张终极问卷。

不过我们虽然稚嫩年幼，虽然孤立无援，然而作为智慧文明和本宇宙的"原住民"，我们对于探索自身的起源和追溯宇宙的本质，却又有着无法抗拒的文明本能。哪怕是毫无头绪，我们也会不断地写下自己的猜想。

其实自人类诞生文明以来，几乎都在不断地尝试回答这些问题。我们会发现，对于第一个和第二个问题，人类给出的答案都写在各种各样的神话故事和宗教故事中。历史上出现的如汗牛充栋一般繁多的神话故事和宗教故事，就是前人为后人留下的关于人类起源的各种猜想答案，人类在创世神话方面的想象力可以说是无穷无尽、奇妙绝伦。

而对于第三个问题，人类更多的思考则都集中在自然科学领域。比如物理学就是一门利用实验和数学来诠释隐藏着的万物规律的自然科学，科学对于宇宙背后的真相虽然还未真正触及，但是也已经让我们获得了巨大的收获和成果。

除了这三个人类已经花费巨大精力探讨的问题，还有一个我们也应该深思的问题——如果这个世界真的是被创造出来的，那么"造物主"创造这个世界的目的究竟是什么呢？

难道真的像我们在书中猜测的一样，其目的就是通过培养生命来催生出各种各样的美丽的物质世界之花吗？

我曾尝试将这个问题抛给流行的人工智能回答，它竟然也给出了类似的答案。

L　你可以尝试换一个角色思考一下，如果你是创造宇宙的高等文明，那么你为什么要创造这个宇宙呢？

作为一个人工智能模型，我没有意识、意愿和创造力。但是，如果我们从一个假设的角度来看，如果一个高等文明有能力创造宇宙，那么他们可能会有多种不同的目的和动机。例如，他们可能会创造宇宙来寻找和理解它们自身的本质和存在，也可能会为了创造出一种环境，让生命和智慧得以发展和繁衍。此外，他们也可能会创造宇宙来展示他们的智慧和创造力，或者是为了探索无限的可能性。总之，如果一个高等文明有能力创造宇宙，他们的目的和动机可能是非常复杂和多样的。

L 那么如果你创造宇宙的目的是探索无限的可能性，智慧生命对于宇宙的意义又是什么呢？

如果创造宇宙的目的是探索无限的可能性，那么智慧生命在宇宙中的意义可能就是参与到这个探索过程中来。智慧生命可以通过不断地探索和理解宇宙的本质和规律，去发现新的可能性和创造力，推动宇宙的发展和进步。智慧生命也可以在宇宙中寻找和发现其他的智慧生命，进行交流和合作，共同探索宇宙的奥秘。总之，智慧生命在宇宙中的意义是非常重要的，因为他们可以通过自己的智慧和创造力，去不断地推动宇宙的进步和发展。

　　我对这个初级的智能语言模型给出的答案感到惊讶，这并不代表现在的人工智能已经可以独立思考这么深刻的哲学问题了，因为语言模型的本质还是反映了人类用文字呈现出的思想，这些回答其实都是人工智能算法根据人类创造的大量语言文字信息综合而来的。

　　所以，这其实就是我们人类自身作为智慧生命的自然想法。如果我们未来要创造出虚拟的元宇宙，也很有可能是出于"探索虚拟宇宙演化的无限可能性"的目的。而如果我们要进一步在虚拟世界中再创造出"虚拟生命"甚至"虚拟智慧生命"乃至"虚拟文明"，自然也应该是为了让它们通过智慧行为，更有效率地推动我们所创造的虚拟宇宙不断进步和发展，加快我们探索虚拟宇宙演化的节奏。

　　而且，如果我们尝试代入虚拟世界的创造者的身份，那么假如在未来我们能够创造出完整的元宇宙或者子世界，就表示那个元宇宙或者子世界的任何已知存在对我们来说，都不再稀有。不论游戏里的珍贵宝石还是无敌武器，对游戏管理员来说都是毫无差别的数据组合而已。所以，在虚拟世界里唯一对创造者有价值的事物就是尚未出现的事物。例如，玩家在游戏里自制的数字艺术品，这些艺术品一旦被创造，那么复制它的成本就几乎是零了，而且可以无穷尽地复制它。但艺术家的价值是他可以不断地创造出全新的、从未出现过的数字艺术品，任何管理员也无法复制出艺术家未来的作品，这才是真人玩家不可取代的价值，一种只有智慧生命才独有的不断创造新事物的价值。而且即使对于拥有至高权限的管理者来说，这也同样是具有实际意义的珍贵价值，这种创造的本质就是在混沌中塑造出新的秩序，这蕴含着无穷无尽的可能性，是任何"创世神力"都无法创造的无尽价值。

所以让我们大胆猜测的话，我们也可以推己及人，有理由认为探索无穷的秩序可能性很可能正是宇宙造物主们的真正追求，而我们正好亲历其中。所以在我们书中的那些推断都相当合理，不是吗？

如果真是如此，我们应该如何看待凌驾在人类文明之上的如此伟大的目标呢？

是应该思考如何承担起造物主赋予的宏大使命，还是应该思考如何加快人类的文明进化速度，设法逃出这场实验呢？

其实，全书探讨到这里，我反而觉得，我们首先应该先放下这些猜想带来的那些宏伟、高大的使命感，或者那些遥远事物对我们的意义感，因为那不是人类文明现阶段应该思考的事情，更不是我们某个小小个体应该思考的问题，我们也不应该在还没看清世界真相的时候就先学会了杞人忧天，或者自我感觉使命崇高。

退一步讲，就算这个世界真的是由"造物主"为我们打造的，不管其真正目的如何，我们不都正应该把自己视作这个世界的使用者，或者这个宇宙大游戏里的玩家吗？

那么，玩家应该如何看待一场游戏呢？

作为一名资深的游戏行业从业者，我对此的建议是：作为玩家，我们就应该用玩家的思维来理解这个世界。

什么是玩家该有的思维呢？大家都玩过游戏，其实应该知道玩家的思维很简单，就四个字足以概括：享受游戏。

首先，没有哪个玩家会替游戏的开发者或运营者思考游戏世界以外的问题，玩家在游戏里的唯一目的就是享受自己的游戏乐趣。换个角度想，既然有人为我们精心创造如此美好有趣的虚拟世界，那么为何要辜负创造者的用心呢，最正确且合理的态度，不就是认真体验、收获乐趣吗？

其实游戏的开发者往往也是如此期望的，也许他们还有别的目的，但是没有哪个开发者不希望玩家喜欢并享受自己创造出的世界，玩家对游戏的用心投入就是对开发者最好的回馈和激励，而且也正好是开发者的愿望。所以，如果我们想令所谓的"造物主"满意，那么认真体验自己的生活，过好自己的人生，或许就是对他最大的尊重和帮助了。

其次，好的玩家不光需要会享受游戏，更要会探索游戏。擅长游戏的高手往往会尽量挖掘出游戏中一切有趣的内容和千奇百怪的秘密，探索游戏世界中所有好玩的东西，还会在游戏中主动创造出各种各样有趣的新内容。同时，高端玩家们还会彼此合作，共同在游戏中创造出更加壮观伟大的成就。

你看，我们的宇宙不就是一个只提供底层规则的宏大开放的"沙盒游戏"吗？从这个角度看，游戏给我们提供了几乎无尽的空间和充足的物质资源供我们尽情利用，这简直就是一个最好的UGC（用户创造内容，User Generated Content）的平台，是提供给智慧文明最完美最理想的创造空间。

如此宏大的平台必然会孕育出伟大的智慧文明，也只有伟大的智慧文明才能将其个体智慧中的各种精彩思想通过社会化协作的方式予以放大并付诸实践，同时利用集体智慧和力量继续挖掘出这个平台中所蕴含的更多的价值和奥秘。一个可以自由创造的世界加上具有社会化协作能力的智慧文明，这简直就是自由意志改造物质世界的最佳舞台。这一切如果真是"造物主"的精心安排，那它一定对智慧文明未来在这个宇宙中的演化抱有极大的期待。

在这样充满无限可能的世界里，我们每一个人都有机会去影响和改变这个世界，都能够让这个世界因为你的存在而有所不同，甚至让世界未来的演化因你而改变。能够令世界和未来因自己而不同，并因自己而变得更美好，应该是每个玩家的终极梦想吧。

所以，如果造物主创造宇宙的目的就是为了让生命来自由探索、自由创造，那么我们的生活意义自然就是尽可能地在这个世界上体现出我们每一个人的自由意志对整个世界的影响。我们应该像有幸获得了仅有一次宝贵游戏机会的玩家一样去思考，思考如何珍惜并利用好这唯一一次珍贵的游戏机会，在有限的体验时间中不留遗憾地玩到爽，尽情在游戏中发现并实现自己的各种人生成就。

这便是我们想找寻的"造物主"赋予我们的使命。

没有什么远大目标是可以一蹴而就的，也没有什么意义是能超越生活本身的。至于宇宙起源、人类使命、文明演化、外星文明、超维空间、平行世界……这些科幻、遥远且宏大的概念并非不重要，但这些远远超越生活层面的概念对我们来说，就如同天边的星辰一般，当我们在前行路途上如果疲累了，我们可以抬头仰望它们——感受俗世红尘之外的超然视角，也许会让你感觉路上遇到的坎坷障碍变得渺小起来，但更大的作用还是鼓励自己能继续举步前行，走好自己的人生路程。

我想这就是游戏视角能给我们生活带来的一点启示：对玩家来说，跑好自己的主线剧情就是最大的目标。找到自己的任务，刷满自己的成就点数，也就是一个玩家最大的宇宙使命。

希望我们每一个人，都不会辜负上天赐予我们的那枚宝贵的游戏币。

那么，价值就谈论到这儿吧，咱们能开的脑洞已经都开全了，剩下的还是交给大家的想象力去帮忙继续发挥续写吧。本书的故事写到这里，就真的来到尾声了。最后，在全书完结之前，作为一名业余的科普写作者，我要用一点篇幅专门感谢一下自己的家人，尤其是我的两个可爱的女儿和我的妻子。感谢我的两位小可爱每晚都很乖地按时睡觉，才让我能够有空在每个子夜时分沉浸在自己的世界里安心写作，而你们成长的点点滴滴，也是我在写作瓶颈期时最有效的"兴奋剂"，你们就是我收获的最重要的游戏成就；同时也感谢妻子对我"不务正业"的大力支持，这也是献给你的作品，虽然似乎不太合你的胃口，但文字里有你的功劳。

其次，还要再次感谢腾讯的首席科学家张胜誉教授和香港中文大学的刘仁保教授，感谢两位真正的专家学者没有嫌弃作者水平浅薄、文字粗疏，能够在百忙之中帮助仔细审阅书稿，并提出大量中肯的意见和建议，这才让本书内容不至错漏百出。不过本人专业知识实在有限，文字与想象却奔放无比，所以如果书中仍有疏漏谬误，实属作者个人水平能力问题，请不要将错误归咎于两位教授，并万望各位读者予以指正。

另外也感谢知乎平台，谢谢知乎给了本书一个创作的起因，希望这个网络知识平台越办越好。

最后，向各位与我一道完成旅程的读者朋友们真诚致谢，很荣幸能与你们一路相伴，并借此书心灵相会，彼此神交，也是茫茫宇宙之中难得的奇缘，值得珍惜。

好了，本书就此完结，希望各位未来安好，并祝您的人生游戏更加精彩。